M. Thomsing

Spannbetonträger

Berechnungsverfahren

Von Dipl.-Ing. M. Thomsing
Professor an der Fachhochschule Darmstadt

1976. Mit 148 Bildern und 22 Tafeln

B. G. Teubner

Dipl.-Ing. Martin Thomsing

1925 in Breslau geboren. Studium an der Technischen Hochschule Darmstadt; 1953 Diplom-Hauptprüfung. 1953–1955 Konstruktion und Berechnung von Stahlbetonbauten, Gutachtertätigkeit im Büro Prof. Dr.-Ing. A. Kleinlogel, Darmstadt. 1955–1959 Konstruktion und Berechnung von Stahlbetonbauten, Bauleitung, Leitung von Konstruktionsbüros in Arbeitsgemeinschaften in Firma Boswau und Knauer A.G., Düsseldorf. 1959–1960 Konstruktion, Berechnung und Prüfung von Stahlbetonbauten im Büro Prof. Dr.-Ing. habil. J. Pirlet, Köln. 1961–1971 Dozent an der Staatlichen Ingenieurschule für Bauwesen in Darmstadt. Seit 1971 Fachhochschullehrer an der Fachhochschule Darmstadt im Fachbereich Bauingenieurwesen.

CIP-Kurztitelaufnahme der Deutschen Bibliothek

Thomsing, Martin
Spannbetonträger: Berechnungsverfahren. –
1. Aufl. – Stuttgart: Teubner, 1976,

ISBN 978-3-519-05230-2 ISBN 978-3-322-96713-8 (eBook)
DOI 10.1007/978-3-322-96713-8

Satz: G. Hartmann, Nauheim

Umschlaggestaltung: W. Koch, Sindelfingen

Vorwort

Die Spannbetonbauweise ist heute im Hoch-, Brücken- und Behälterbau weit verbreitet. Der Bauingenieur wird deshalb bei der Angebotsbearbeitung, beim Entwerfen und Prüfen von Konstruktionen und in der Bauleitung, sei es in der Bauindustrie, in Ingenieurbüros oder Bauämtern, mit der Spannbetonbauweise konfrontiert. Zur Bewältigung seiner Alltagsarbeit kann sich der Ingenieur bewährter Konstruktions-, Berechnungs- und Ausführungsmethoden bedienen.

In der praxisbezogenen Hochschulausbildung von Bauingenieuren des Konstruktiven Ingenieurbaus sind deshalb im allgemeinen Lehrveranstaltungen für den Spannbetonbau vorgesehen. Dieses Buch will dem Studierenden bei der Erarbeitung der Grundkenntnisse helfen und ihn zur selbständigen Bearbeitung einfacher Spannbetonkonstruktionen anleiten. Dem Lehrenden möchte es in der Vermittlung Entlastung bieten und damit mehr Zeit für die Betreuung von Entwürfen und Studienarbeiten.

Aus diesem Anliegen erwächst die Forderung, sich weder in den Einzelproblemen zu verlieren, noch zur reinen Rezeptur und Faktenanhäufung zu greifen.

Im Vordergrund stehen deshalb die einfachen, mechanischen Grundprinzipien, die durch Gedankenmodelle und Bilder veranschaulicht werden, sowie lückenlose Begriffsbildung und Transparenz jedes einzelnen Lernschrittes.

Kleine Beispiele im Text, Übungen zu den einzelnen Abschnitten und ein komplettes Berechnungsbeispiel sollen zum selbständigen Arbeiten anleiten.

Um ein Überangebot an Stoff zu vermeiden, wurde die Darstellung aus didaktischen Gründen nur auf die für die Alltagsarbeit relevanten Fragen ausgerichtet. Grundkenntnisse der Betontechnologie und des Stahlbetonbaus werden vorausgesetzt.

Das Buch will kein neues Spezialwissen vermitteln, sondern Basis sein für die Berufspraxis und das Studium weiterführender Literatur.

Meinen Mitarbeitern, den Herren Ing. (grad.) K. Keinert und Dipl.-Ing. K. Heusel, sowie meinem Kollegen Dipl.-Ing. H. J. Holzapfel, darf ich für viele Anregungen, für das Anfertigen von Zeichnungen, die Bearbeitung von Berechnungsbeispielen sowie für die Hilfe beim Korrekturlesen, meinen herzlichen Dank aussprechen.

Dem Verlag B. G. Teubner danke ich für die sorgfältige Herstellung und gute Ausstattung des Buches.

Darmstadt, im Frühjahr 1976 M. Thomsing

Inhalt

5 Schwinden und Kriechen

6 Nachweis der Biegebruchsicherheit

7 Nachweis der Rissebeschränkung

8 Schubsicherung

9 Einleitung der Spannkräfte

10 Berechnungsbeispiel – TT-Deckenelement (Spannbettvorspannung)

Hinweise auf DIN-Normen in diesem Werk entsprechen dem Stande der Normung bei Abschluß des Manuskriptes. Maßgebend sind die jeweils neuesten Ausgaben der Normblätter des DIN (Deutsches Institut für Normung, früher DNA), die durch den Beuth-Verlag, Berlin und Köln, zu beziehen sind. – Sinngemäß gilt das gleiche für alle in diesem Buche angezogenen amtlichen Richtlinien, Bestimmungen, Verordnungen usw.

Einheiten

Nach dem Gesetz über Einheiten im Meßwesen vom 2. Juli 1969 und der dazu erlassenen Ausführungsverordnung vom 26. Juni 1970, dürfen „im geschäftlichen und amtlichen Verkehr" ab 1. Januar 1978, Größen nur in gesetzlichen Einheiten – wenn für diese Größen Einheiten festgesetzt sind – angegeben werden.

Für das Bauwesen ist die neue Definition der Krafteinheit $1\ N = 1\ kg \cdot 1\ m/s^2$

mit der Bezeichnung Newton (N) als abgeleitete Einheit von besonderer Bedeutung.

Die zur Zeit gültige Krafteinheit ist $1\ kp = 9{,}80665\ N$

Im Hinblick auf die in der Baupraxis nicht vermeidbaren Ungenauigkeiten bei Belastungen, Systemen und Festigkeitswerten wird die Vereinfachung $1\ kp \approx 10\ N$ zugrunde gelegt.

Damit ergibt sich der einfache Umrechnungsfaktor $1\ p = 10^{-2}\ N$ oder $N = 10^2\ p$

Belastung	**Schnittgrößen**	**Spannungen**
Einzellastkraft kN (10^2 kp)	Normalkraft kN (10^2 kp)	MN/m^2 ($10^2\ Mp/m^2$;
Streckenlast kN/m (10^2 kp/m)	Querkraft kN (10^2 kp)	bzw. $10^{-2}\ Mp/cm^2$;
Flächenlast kN/m^2 ($10^2\ kp/m^2$)	Moment kN · m (10^2 kp · m)	N/mm^2 $10\ kp/cm^2$)

Man beachte, daß die Baustoffkennwerte noch auf die alten Einheiten bezogen sind.

Es bleibt vorerst bei der Nennfestigkeit des Betons nach DIN 1045 (z.B. Bn 250 statt Bn 25) und bei der Festigkeitsbezeichnung für den Stahl (z.B. BSt 42/50 statt BSt 420/500 oder St 145/160 statt 1450/1600).

Formelzeichen

Statisches System, Belastung, Auflagerkräfte

ℓ	Spannweite
w	Lichte Weite
g	Strecken- oder Flächenlast (ständige Last)
G	Einzellast (ständige Last)
p	Strecken- oder Flächenlast (Verkehrslast)
P	Einzellast (Verkehrslast)
q	Strecken- oder Flächenlast (g + p)
Q	Einzellast (G + P)
A, B, C . . .	Auflagerkräfte (Reaktionen)

Querschnittswerte

b	Breite, Druckgurtbreite
d	Höhe
bo	Stegbreite eines Plattenbalkens
do	Gesamthöhe eines Plattenbalkens
F	Querschnittsfläche
y	Abstand von der Schwerlinie
I	Trägheitsmoment
W	Widerstandsmoment
α	Steifigkeitsbeiwert

Fußzeiger zur näheren Kennzeichnung

n	netto
b	Beton (voller Beton- oder Bruttoquerschnitt)
i	ideell (Verbund)
u	unten
o	oben
z	Spannstahl (auch als Ortszeiger)

Beispiele

F_n	Nettoquerschnitt (Aussparungen abgezogen)
F_z	Spannstahlquerschnitt
y_{iu}	Abstand der ideellen Schwerlinie vom unteren Rand
I_b	Trägheitsmoment des vollen Betonquerschnittes
W_{io}	ideelles Widerstandsmoment für den oberen Rand

Schnittgrößen

N	Normalkraft
Q	Querkraft
M	Biegemoment
M_T	Torsionsmoment
D	Druckkraft der Druckzone (Spannungsresultierende)
Z	Zugkraft

Fußzeiger

b Beton
v Vorspannung (Ursache)
g, p, q äußere Lasten (Gebrauchslast)
U rechnerische Bruchlast

Kopfzeiger

(o) Spannbettzustand

Beispiele

Q_{bv} Auf den Beton wirkende Querkraft infolge Vorspannung
M_q Biegemoment infolge Vollast
M_U Biegemoment infolge rechnerischer Bruchlast
Z_v Spannkraft nach dem Lösen der Verankerung
$Z_v^{(o)}$ Spannkraft im Spannbett
D_{bU} Druckkraft des Betons unter rechnerischer Bruchlast

Spannungen

σ Normal- oder Längsspannung
τ Schubspannung
σ_I schräge Hauptzugspannung
σ_{II} schräge Hauptdruckspannung

Fußzeiger

b Beton
z Spannstahl (auch als Ortszeiger)
o oben
u unten
v Vorspannung
g, p, q äußere Lasten
s + k Schwinden und Kriechen

Beispiele

(Die Reihenfolge der Zeiger ist geordnet nach Material, Ort, Ursache)

$\sigma_{bo,v}$ Betonspannung am oberen Rand infolge Vorspannung
$\sigma_{bz,g}$ Betonspannung in Höhe des Spannstahls infolge ständiger Last g
$\sigma_{z,s+k}$ Spannung im Spannstahl infolge Schwinden und Kriechen

Werkstoffkennwerte

E Elastizitätsmodul
G Gleitmodul
β_W Würfelfestigkeit des Betons
β_{WN} Nennfestigkeit des Betons gem. DIN 1045
β_R Rechenwert der Betonfestigkeit
β_S Stahlspannung an der Streckgrenze
$\beta_{o,2}$ Stahlspannung an der 0,2 %-Grenze
β_Z Zugfestigkeit des Stahles

Verformungen

δ Dehnweg, Verschiebung oder Verdrehungswinkel
ϵ Dehnung oder Stauchung pro Längeneinheit

Fußzeiger

b Beton
z Spannstahl
e Betonstahl
v Vorspannung
g, p, q äußere Last
s + k Schwinden und Kriechen
U rechnerische Bruchlast

Kopfzeiger

(o) Spannbettzustand

Beispiele

$\delta_{zv}^{(o)}$ Dehnweg des Spannstahls im Spannbett
$\epsilon_{zv}^{(o)}$ Vordehnung des Spannstahls
ϵ_{bU} Stauchung des Betons unter rechnerischer Bruchlast
$\epsilon_{z,qU}$ Lastdehnung des Spannstahls unter rechnerischer Bruchlast

Reibung

μ Reibungsbeiwert
φ Umlenkwinkel
β ungewollter Umlenkwinkel
γ $= \varphi + \beta$

Schwinden und Kriechen

ϵ_s Schwindmaß
ϵ_k Kriechmaß
φ Kriechzahl

Fußzeiger

t_a, t_i Anfangszeitpunkt
t Zwischenzeitpunkt
t_∞ Endzeitpunkt

Beispiele

$\epsilon_{s,t_i,t_\infty}$ Schwindmaß vom Zeitpunkt t_i bis zum Zeitpunkt t_∞
$\varphi_{t_i,t}$ Kriechzahl vom Zeitpunkt t_i bis zum Zwischenzeitpunkt t

1 Allgemeines über Spannbeton

1.1 Erläuterung der üblichen Bezeichnungen

Die Spannbetonbauweise eignet sich für die Herstellung von Bauwerken in Ortbeton (hier vorwiegend Brücken) und von Fertigteilen in Betonwerken. Die örtlichen Unterschiede in der Herstellung bedingen auch Unterschiede in den Vorspannverfahren.

Auf der Baustelle wird z.B. eine Brücke wie bei schlaff bewehrten Bauwerken aus Stahlbeton eingeschalt. Vor dem Betonieren werden die konstruktive, schlaffe Bewehrung und die Spannkabel verlegt. Die Spannkabel liegen in den Hüllrohren beweglich. Nach dem Schütten des Betons spannt man die Spannkabel mit Spannpressen gegen den erhärteten Beton und verankert sie. Sobald alle Kabel gespannt sind, preßt man die Hüllrohre mit Zementmörtel aus. Diese Vorspannart nennt man Spannen gegen den erhärteten Beton mit nachträglichem Verbund.

Die Bilder 1.1 bis 1.7 (Werkfotos der HOCHTIEF AG) stellen die einzelnen Arbeitsvorgänge, wie das Verlegen der Spannglieder, Ausrichten und Verkeilen der Verankerungen, Ansetzen der Spannpresse und Auspreßglocke für die Mörtelinjektion auf den Spannankern dar.

Der nachträgliche Verbund, d.h. das Auspressen der Spannkanäle mit Zementmörtel, kann auch entfallen. Dann bezeichnet man diese Vorspannart als Spannen gegen den erhärteten Beton o h n e Verbund.

Bild 1.1
Lage der Spannglieder in den 5,50 m hohen Bindern

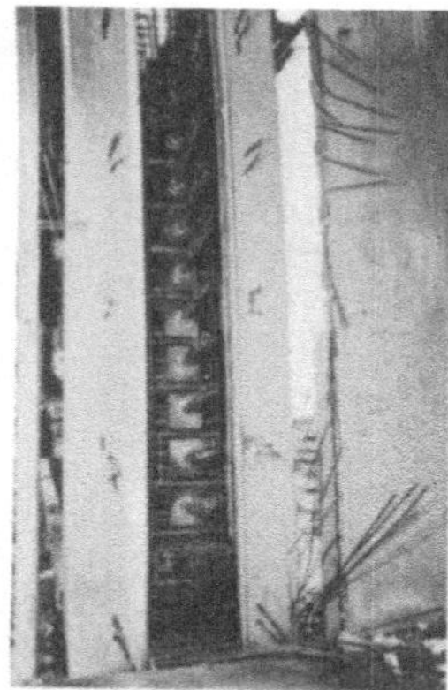

Bild 1.2
Aufbau der Verankerungen mit Zentrierkonen.
Die Zentrierkonen werden zwischen Spannstahl und Ankerplatte geschoben; sie garantieren die rechtwinklige Lage zwischen Spannglied und Platte. (Ausrichten der Verankerungen noch nicht abgeschlossen)

Bild 1.3
Verkeilen der Endanker und überstehenden Spannstahlenden an den Vorspannankern vor dem Vorspannen bei wechselseitiger Vorspannung der Spannbündel (überstehende Enden durch Hülsen geschützt)

Bild 1.7
Verschluß der Spannkopfnischen nach Injektion der Spanngliedhüllrohre mit Mörtel

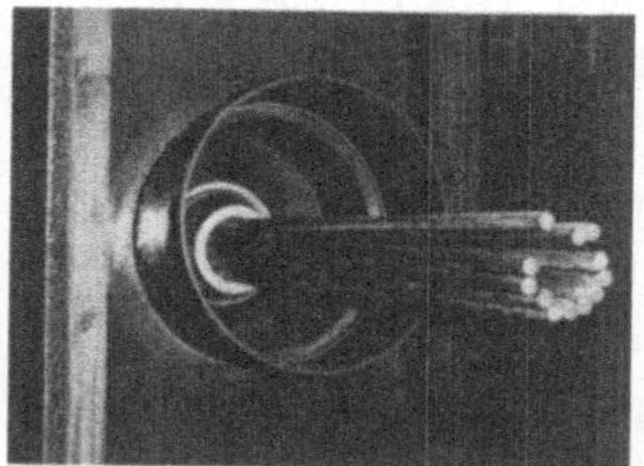

Bild 1.4
Eingeschalte Verankerung

Bild 1.5
Ansetzen der Spannpresse

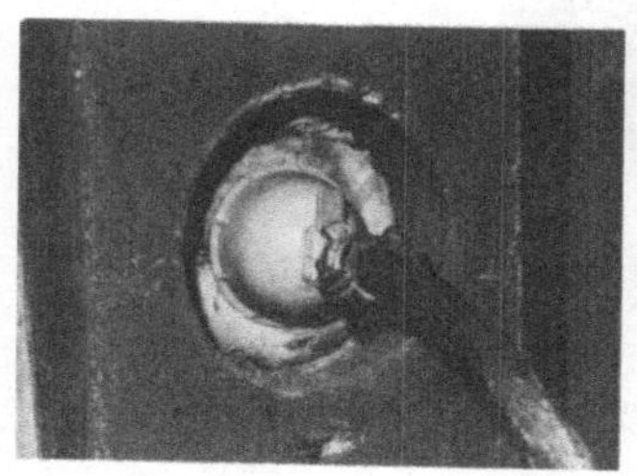

Bild 1.6
Auspreßglocke auf den Spannankern während der Mörtelinjektion

Bild 1.8
Lange Spannbetten mit Ankerböcken

Bild 1.9
Spannbett für Hyperboloidschalen

Wegen der Korrosionsgefahr und der durch die Vorspannart bedingten Nachteile für die Bruchsicherheit wird heute in Deutschland die Vorspannung ohne Verbund kaum ausgeführt.

In Betonwerken, also im stationären Betrieb, hat sich für die Serienfabrikation von Spannbetonbauteilen bzw. Spannbetonfertigteilen die Vorspannung im Spannbett als wirtschaftlich erwiesen (Bild 1.8 und 1.9). Hier stehen an den Enden einer Schalungsbahn Ankerböcke. Zwischen diesen werden die dünnen Spannstähle frei über dem Schalungsboden gespannt. Nach dem Aufstellen der Seitenschalung wird betoniert. Man betoniert die Spannstähle also im gespannten Zustand ein; der Verbund zwischen Spannstahl und Beton ist sofort hergestellt, wobei vor dem Lösen der Verankerung noch keine Spannkraft auf den Beton wirkt. Sobald der Beton ausreichende Festigkeit besitzt, löst man die Verankerung der Spanndrähte; damit wirkt die Vorspannkraft auf den Beton. Diese Vorspannart nennt man Spannen vor dem Erhärten des Betons mit sofortigem Verbund oder Spannbettvorspannung.

Die Herstellungsarten von Spannbeton sind damit charakterisiert durch:

1. Spannen nach dem Erhärten des Betons gegen den Beton – meist mit nachträglichem Verbund
2. Spannen vor dem Erhärten des Betons mit sofortigem Verbund – Spannbettvorspannung.

1.2 Verankerung und Verbund

Die beiden Herstellungsarten verlangen verschiedenartige Verankerungen der Spannstähle im Beton. Beim Spannen nach dem Erhärten des Betons sind an den Einleitungsstellen der Spannkraft Ankerkörper vorzusehen. Die Spannpresse stützt sich gegen diese Ankerkörper und zieht den Spannstahl aus dem Hüllrohr heraus. Nach Erreichen des erforderlichen Dehnweges und der erforderlichen Spannkraft, werden die Spannkabel an den Ankerkörpern befestigt. Wird ein Spannkabel nur an einem Ende (einseitig) vorgespannt, kann man an der anderen Seite einen festen Anker (Verbundanker) in Form von Haken, Spiralen oder Fächern anbringen. Diese Verankerungen sind billiger als die beweglichen Anker an den Einleitungsstellen der Spannkraft.

Beim Spannen vor dem Erhärten des Betons (Spannbettvorspannung) erfolgt die Verankerung durch Haftung, Reibung und Scherverbund. Bei glatten Drähten liegt der Fall reinen Haft- und Reibungsverbundes vor.

Nach dem Lösen der Verankerung in den Ankerböcken wirken am Balkenende Querpressungen von erheblicher Größe auf den Beton, die durch die Querdehnung des Spannstahles ausgelöst werden. Die Querdehnung stellt sich am Balkenkopf nach dem Lösen der Verankerung ein, wenn die Stahlspannung und damit die Längsdehnung des Stahles dort wieder zu Null wird.

Die Querpressungen infolge der Querdehnung lassen jedoch mit der Zeit wegen des Betonkriechens nach, so daß im Kopfbereich des Balkens ein geringfügiger Schlupf eintritt.

Diese Erkenntnis führte von Drähten mit glatter Oberfläche zu profilierten Drähten, bei denen eine „Verzahnung" mit dem Beton erreicht wird. Zum Haft- und Reibungsverbund kommt somit noch der Scherverbund hinzu. Die Verankerung mittels profilierter Drähte hat sich als ausreichend sicher erwiesen.

1.3 Warum Vorspannung? Die Rißfrage

Bekanntlich verdient die Rißfrage bei schlaff bewehrten Stahlbetonkonstruktionen besondere Beachtung. Aus Versuchen an Biegebalken hat man entnommen, daß die Betondehnungen ϵ_b zu Beginn der Rißbildung $\approx 0{,}15\ ‰ \ldots 0{,}25\ ‰$ betragen.

Setzt man voraus, daß die Betondehnungen ausschließlich durch die Belastung entstehen und der elastische Bereich nicht überschritten wird, so gilt im Zustand I:

$$\epsilon_b = \epsilon_e$$

Legt man mit hinreichender Genauigkeit in diesem Bereich das H o o k e sche Gesetz zugrunde, so ist

$$\epsilon_b = \frac{\sigma_b}{E_b} \qquad \text{und} \qquad \epsilon_e = \frac{\sigma_e}{E_e}$$

Die Gleichheit der Dehnungen verlangt

$$\frac{\sigma_b}{E_b} = \frac{\sigma_e}{E_e}$$

Hieraus ergibt sich für die Stahlspannung

$$\sigma_e = n \cdot \sigma_b \qquad \text{mit } n = \frac{E_e}{E_b}$$

Wollte man – um Risse zu vermeiden – für Gebrauchslasten vom Zustand I ausgehen, so könnte man die Stahlspannung bei $E_e = 2{,}1 \cdot 10^5$ MN/m^2 ($2{,}1 \cdot 10^6$ kp/cm^2) je nach der Größe von ϵ nur mit $\sigma_e = 31{,}5 \cdots 52{,}5$ MN/m^2 ($315 \cdots 525$ kp/cm^2) ausnutzen. Das ergäbe jedoch sehr unwirtschaftliche Konstruktionen.

Die Ausnutzung höherer Stahlspannungen im Zustand II ist jedoch ebenfalls durch die Rißfrage begrenzt. Setzt man voraus, daß die Breite eines Risses wegen der Korrosionsgefahr für die Bewehrung $0{,}2 \cdots 0{,}3$ mm nicht überschreiten darf, so entspricht dies einer Stahldehnung von $0{,}2 \cdots 0{,}3$ ‰ bzw. mm/m, wenn alle 1,0 m ein Riß entstehen würde. Die kleinste zulässige Spannung im Gebrauchszustand beträgt beim BSt 22/34 $\sigma_e = 126$ MN/m^2 (1,26 Mp/cm^2) und die Dehnung $\epsilon_e =$ 0,6 ‰ bzw. mm/m. Wenn aber die Grenze von 0,2 mm für die Breite eines Risses nicht überschritten werden soll, dann müssen die Risse verteilt werden auf 3 bis 4 Risse je Meter. Bei glatten Stählen ist keine Gewähr für gleichmäßige Rißverteilung gegeben, und man muß damit rechnen, daß Risse erheblich größerer Breite in weiteren Abständen entstehen. Da unmittelbar neben dem Riß i. allg. die Haftfestigkeit überwunden wird, beginnt der Rundstahl im Beton zu gleiten, und die Dehnung des Stahls kann nicht mehr auf den Beton übertragen werden. Dieser Vorgang kann dazu führen, daß der Verbund – ausgehend von einem breiteren Riß – bis hin zur Endverankerung (Haken) zerstört und damit aufgehoben wird.

Wenn heute im Gebrauchszustand Stahlspannungen bis $\sigma_e = 240$ MN/m^2 (2,4 Mp/cm^2) für Rundstähle zugelassen sind – wobei die Dehnung $\epsilon_e = 1{,}14$ ‰ beträgt –, muß durch Profilierung der Stähle für eine gute Verteilung der Risse gesorgt werden. Um die Einzelrißbreite von 0,2 mm nicht zu überschreiten, müssen 5 bis 6 Risse möglichst gleichmäßig auf einen Meter verteilt werden, was einem Rißabstand von ≈ 20 cm entspricht.

Man erkennt, daß der Ausnutzung höherer Stahlspannungen im Zustand II durch die vertretbaren Rißbreiten Grenzen gesetzt sind.

Erst durch den Spannbeton wird das Problem der Rißbildung befriedigend gelöst. Es müssen für vorgespannte Konstruktionen hochfeste Stähle verwendet werden, deren zulässige Spannungen im Gebrauchszustand ≈ 450 ··· 1100 MN/m² (4,5 ··· 11,0 Mp/cm²) betragen. Durch die Vorspannung wird im Beton ein Spannungszustand erzeugt, der den Spannungen aus äußeren Lasten entgegenwirkt. Damit werden Biege z u g spannungen im Beton ganz ausgeschaltet oder unter einem vertretbar kleinen Wert [z.B. ≈ + 3,0 MN/m² (+ 30 kp/cm²)] gehalten.

Die Spannbetonbauweise hat gegenüber der Bauweise mit schlaff bewehrtem Beton folgende Vorteile:

1. Minimale Rissebildung; dadurch Korrosionsschutz und Dichtigkeit.
2. Verwendung hochfester Stähle; dadurch geringer Platzbedarf für den Stahl im Bauteil, bessere Betoneinbringung und Verdichtung, geringerer Stahlverbrauch.
3. Herabsetzung der schrägen Hauptzugspannungen durch die Vorspannung, d.h. geringere Schubbeanspruchung, damit dünnere Stege bei I-Querschnitten, Plattenbalken- und Hohlkastenquerschnitten.

1.4 Wirkung der Vorspannung

Nach dem Grad der Vorspannung unterscheidet man:

1. volle Vorspannung [Biegezugspannungen vollkommen ausgeschaltet bis auf die Ausnahmen entsprechend den Richtlinien für Bemessung und Ausführung von Spannbetonbauteilen (Juni 1973, Ziff. 10.1.1)]
2. beschränkte Vorspannung [Biegezugspannungen unter vertretbar kleinem Wert; z.B. 3,0 MN/m² (+ 30 kp/cm²)]

Die Wirkung der Vorspannung und die Vorspanngrade sind in Bild 1.10 erläutert.

1.5 Notwendigkeit hochfester Stähle

Die Notwendigkeit hochfester Stähle ist nicht nur eine Frage der Wirtschaftlichkeit. In erster Linie müssen Spannstähle beim Vorspannen große Dehnwege im elastischen Bereich besitzen, weil durch Schwinden und Kriechen des Betons ein unvermeidbarer Verlust an Dehnung und damit an Spannkraft eintritt.

Im elastischen Bereich gilt das H o o k esche Gesetz, und es ist

$$\epsilon_z = \frac{\sigma_z}{E_z}$$

mit ϵ_z = Spannstahldehnung in ‰
σ_z = Spannung im Spannstahl
E_z = E-Modul des Spannstahls

Nimmt man für die Betonverkürzung infolge von Schwinden und Kriechen in der Praxis häufig auftretende Werte von $\epsilon_{s+k} = 0{,}4\ ‰ \cdots 0{,}6\ ‰$ an und soll der Schwind-Kriechverlust an Dehnung bzw. Spannkraft 20 % der Anfangswerte nicht überschreiten, so muß die Vordehnung des Spannstahls $\epsilon_z = 2\ ‰ \cdots 3\ ‰$ betragen. Das bedingt eine Vorspannung von wenigstens $\sigma_z = 2 \cdot 10^{-3} \cdot 2{,}1 \cdot 10^5 = 420 \cdots 630\ \text{MN/m}^2$ ($4200 \cdots 6300\ \text{kp/cm}^2$). Will man den Verlust – bezogen auf die Anfangswerte – noch kleiner halten, so müßten die Vordehnungen $\approx 4\ ‰ \cdots 5\ ‰$ betragen, bzw. die Vorspannungen $\approx 800 \cdots 1000\ \text{MN/m}^2$ ($8000 \cdots 10000\ \text{kp/cm}^2$). Diese Werte sind heute durchaus gebräuchlich. Die derzeit von den Lieferwerken angebotenen Spannstähle ermöglichen Spannungen im Gebrauchszustand von $\approx 450 \cdots 1100\ \text{MN/m}^2$ ($4500 \cdots 11000\ \text{kp/cm}^2$).

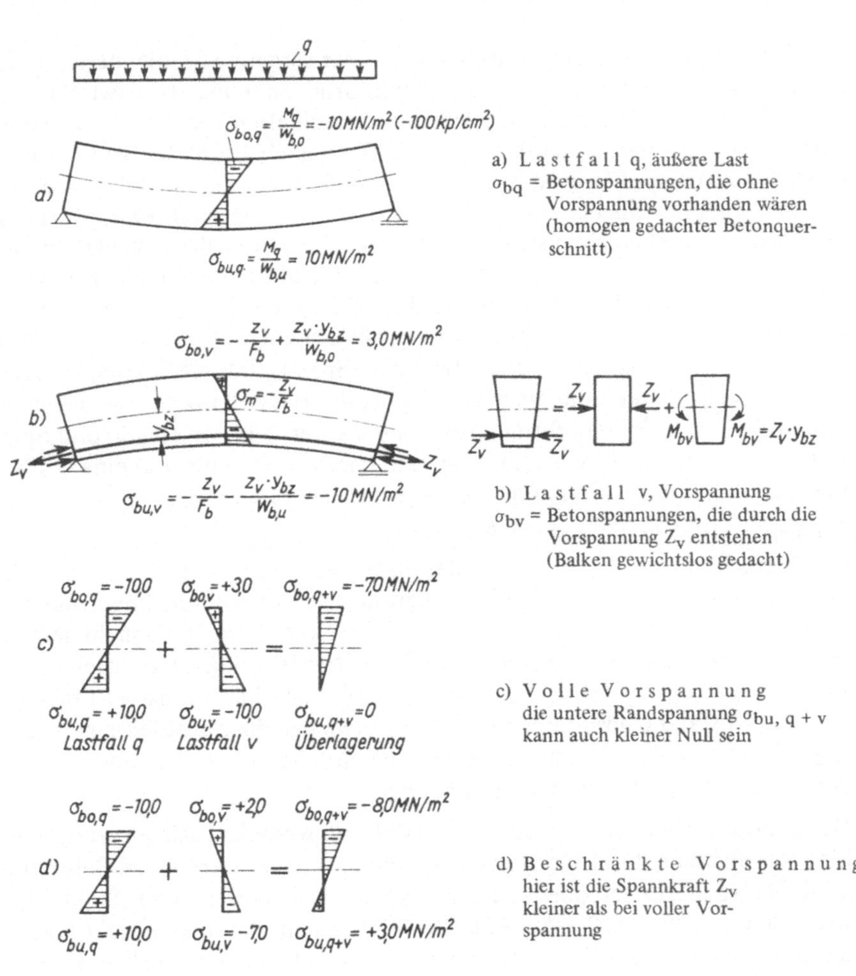

a) Lastfall q, äußere Last
σ_{bq} = Betonspannungen, die ohne Vorspannung vorhanden wären (homogen gedachter Betonquerschnitt)

b) Lastfall v, Vorspannung
σ_{bv} = Betonspannungen, die durch die Vorspannung Z_v entstehen (Balken gewichtslos gedacht)

c) Volle Vorspannung
die untere Randspannung $\sigma_{bu,\,q+v}$ kann auch kleiner Null sein

d) Beschränkte Vorspannung
hier ist die Spannkraft Z_v kleiner als bei voller Vorspannung

Bild 1.10 Wirkung der Vorspannung und Vorspanngrade

Stähle mit zu geringer Festigkeit sind für die Vorspannung nicht brauchbar. Zum Beispiel würde ein BSt 22/34 mit σ_z = 126 MN/m^2 (1260 kp/cm^2) nur eine Vordehnung von $\approx \epsilon_z$ = 0,6 ‰ erlauben. Dadurch aber dinge die Vorspannung mit der Zeit durch Schwinden und Kriechen bei einer Betonverkürzung von ϵ_{s+k} = 0,6 ‰ ganz verloren.

Damit ist gezeigt, daß eine wirtschaftliche Vorspannung nur mit hochfesten Stählen erfolgen kann.

1.6 Bruchsicherheit der Spannstähle

Die Spannstähle sind i. allg. kaltverformte oder vergütete Stähle, deren Streckgrenze „nahe" an der Bruchgrenze liegt und deren Bruchdehnung etwa zwischen 5,0 % und 7,0 % beträgt. Sie sind gegenüber einem unbehandelten BSt 22/34, dessen Bruchdehnung ≈ 18 % beträgt, wesentlich spröder. Die u.a. als Folge der Kaltverformung sich einstellende Versprödung ist zwar von Nachteil, doch stellt sich die Frage, ob bei den heute gebräuchlichen, hochfesten Spannstählen wegen ihrer Sprödigkeit Gefahren für die Spannbetonkonstruktionen hinsichtlich ihrer Bruchsicherheit zu befürchten sind. Sieht man bei schlaff bewehrten Konstruktionen von einer Bewehrung mit glattem Rundstahl BSt 22/34 ab, der für die Tragbewehrung kaum noch Verwendung findet, so wird vorwiegend kalt gereckter Stahl (z. B. BSt 42/50 Rk) eingebaut, dessen Sprödverhalten etwa dem eines Spannstahls gleichkommt. Das Sprödverhalten zeigt sich besonders nachteilig bei der Herstellung von Aufbiegungen und Haken (bei schlaffer Bewehrung) oder beim Anfertigen von Haken und Spiralen an festen Verankerungen von Spanngliedern. Hier wäre zweifelsfrei eine größere Zähigkeit des Stahls von Vorteil, um Sprödbrüche sicher zu vermeiden.

Setzt man aber voraus, daß die Biegearbeiten ordnungsgemäß ausgeführt werden, und betrachtet man das Verhalten des unverletzt eingebauten Stahls im Balken, dann kann von einer geringeren Sicherheit infolge Verwendung hochfester Spannstähle, deren Bruchdehnung im Mittel bei 6 % liegt, keine Rede mehr sein. Zwar liegt die Bruchdehnung des BSt 42/50 RK mit ≈ 10 % über derjenigen des Spannstahls, jedoch ergibt sich daraus kein Vorteil für den Balken, da der kritische Verformungszustand eines Stahlbetonbalkens etwa bei einer Lastdehnung von ≈ 0,5 % liegt. Wichtig ist die „Vorankündigung" des Bruches durch Rißbildung. Der Begriff der Lastdehnung ist in Bild 1.11 erläutert.

Der Stahlbetonbalken nach Bild 1.11 würde bei weiterer Laststeigerung über q_{krit} hinaus schließlich durch Zerstörung der immer kleiner werdenden Betondruckzone (Nullinie wandert nach oben) zu Bruch gehen. Dabei erreicht der Stahl seine Bruchdehnung (z. B. 10 % bei BSt 42/50 RK) nicht. Aus dieser Sicht könnte also die Bruchdehnung des Stahls kleiner sein. Nur sollte nach Erreichen der Streckgrenze (β_S bzw. $\beta_{0,2}$) im Fließbereich noch eine Festigkeitssteigerung bis zur Bruchgrenze (β_Z) möglich sein. Dadurch würde der kritische Verformungszustand

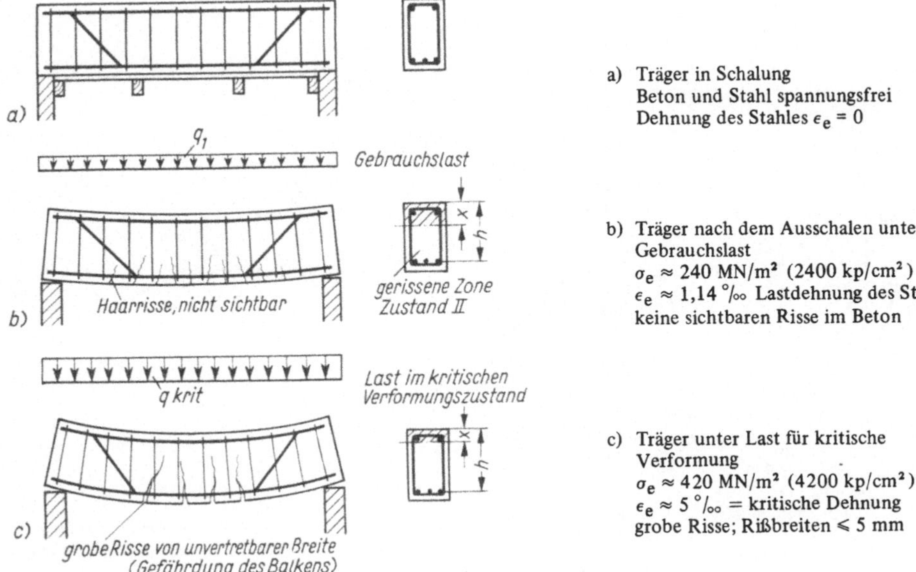

Bild 1.11 Lastdehnung und kritischer Verformungszustand bei schlaffer Bewehrung

eine im Sinne der Sicherheit erwünschte „Vorwarnung" darstellen, weil der eigentliche Bruch erst nach weiterer Laststeigerung erfolgen würde.

Betrachtet man unter diesen Gesichtspunkten die Spannungs-Dehnungslinien der heutigen Spannstähle, so erkennt man, daß die erwünschten Eigenschaften garantiert sind. Bei den hochfesten Stählen liegt die Bruchfestigkeit β_Z i. allg. ≈ 10 % über der Festigkeit der Streckgrenze β_S, also

$$\beta_Z \approx 1{,}1 \cdot \beta_S$$

In den Bildern 1.12 und 1.13 sind die Spannungs-Dehnungslinien von BSt 42/50 RK (schlaffe Bewehrung) und St 145/160 [Spannstahl mit $\beta_S = 1450$ MN/m^2 (14,5 Mp/cm^2) und $\beta_Z = 1600$ MN/m^2 (16,0 Mp/cm^2)] mit den zugehörigen Verformungszuständen des Balkens dargestellt. Man beachte, daß bei Vorspannung die Vordehnung zur Lastdehnung zu addieren ist. Die Vordehnung beträgt in der Regel beim Stahl St 145/160 (Bild 1.14)

$$\epsilon_{zv}^{(0)} \approx 4{,}5\ ‰$$

Die Gesamtdehnung des Spannstahls ist somit

$$\epsilon_z = \epsilon_{zv}^{(0)} + \epsilon_{zq}$$

wobei die Lastdehnung ϵ_{zq} der Dehnung ϵ_e in Bild 1.12 entspricht.

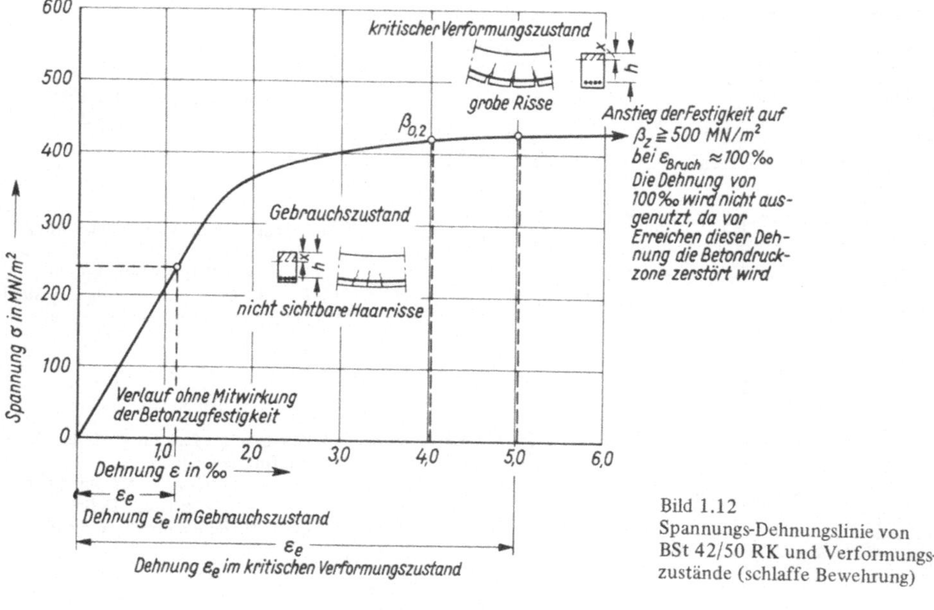

Bild 1.12
Spannungs-Dehnungslinie von BSt 42/50 RK und Verformungszustände (schlaffe Bewehrung)

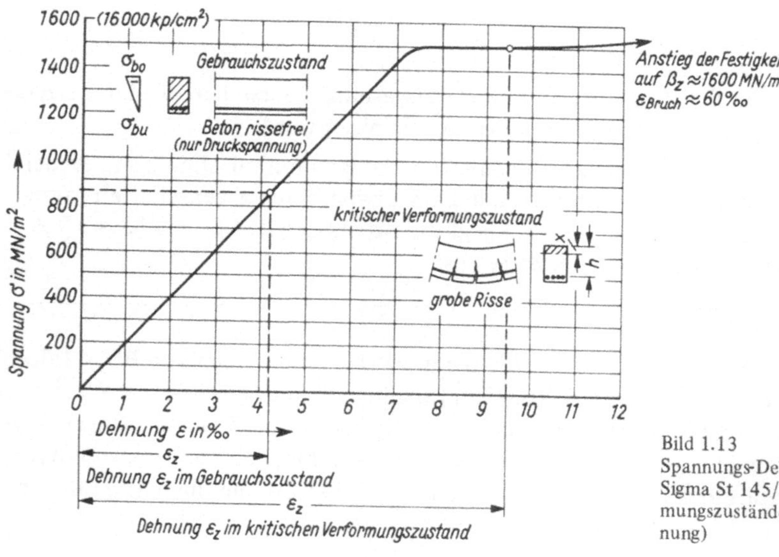

Bild 1.13
Spannungs-Dehnungslinie von Sigma St 145/160 und Verformungszustände (volle Vorspannung)

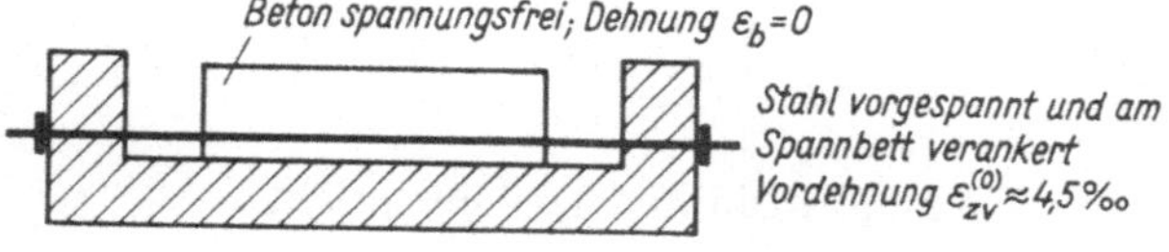

Bild 1.14
Vordehnung im Spannbett

Für den kritischen Verformungszustand hat der Spannstahl eine Gesamtdehnung von krit $\epsilon_z \approx 4{,}5 + 5{,}0 \approx 9{,}5$ ‰. Im Gebrauchszustand, also für Eigengewicht und Verkehrslast hat der Spannstahl eine Spannung von $\sigma_z \approx 860$ MN/m^2 (8,6 Mp/cm^2) und eine Dehnung von $\epsilon_z \approx 4{,}1$ ‰. Dabei ist im Fall der vollen Vorspannung die Betonspannung auf der Zugseite $\sigma_{b,v+q} = 0$, und der Beton bleibt rissefrei. Das Bruchverhalten weist keine Nachteile gegenüber einer schlaff bewehrten Konstruktion auf, weil auch hier vom kritischen Verformungszustand mit krit $\epsilon_z \approx 9{,}5$ ‰ bis zur Bruchdehnung des Stahls von $\epsilon_{z\ \text{Bruch}} = 60$ ‰ ein ausreichender „Dehnungsabstand" von ≈ 50 ‰ vorhanden ist, der i. allg. nicht ausgenutzt wird, weil bereits vor Erreichen der Bruchdehnung die Betondruckzone zerstört wird. Der Festigkeitsanstieg von $\beta_S = 1450$ MN/m^2 (14,5 Mp/cm^2) auf $\beta_Z = 1600$ MN/m^2 (16 Mp/cm^2) beträgt, wie erwähnt, ≈ 10 %.

Damit ist gezeigt, daß die heute gebräuchlichen Spannstähle hinsichtlich der Sicherheit keine Nachteile gegenüber schlaff bewehrten Konstruktionen haben. Zu erwähnen ist noch, daß bei voll vorgespannten Konstruktionen mit nicht vorwiegend ruhenden Lasten (z. B. Brücken) das Verhalten im Hinblick auf den Ermüdungsbruch günstiger ist als bei schlaff bewehrten Konstruktionen, weil die möglichen und zulässigen Schwingbreiten über der hohen Grundspannung bei weitem nicht erreicht werden.

2 Vorspannung mit sofortigem Verbund

Wie in Abschn. 1 dargestellt, dient die Vorspannung der Erzeugung gewünschter Spannungen im Beton, die denjenigen aus äußeren Lasten so entgegenwirken, daß Betonzugspannungen im Gebrauchszustand entweder ausgeschaltet oder unterhalb einer vertretbaren Grenze gehalten werden. Hier werden zunächst nur die Längs- bzw. die Normalspannungen σ_b betrachtet, also die Biegespannungen aus äußeren Lasten sowie die Spannungen aus Biegung mit Längskraft infolge der Vorspannkraft Z_v (Bild 2.1).

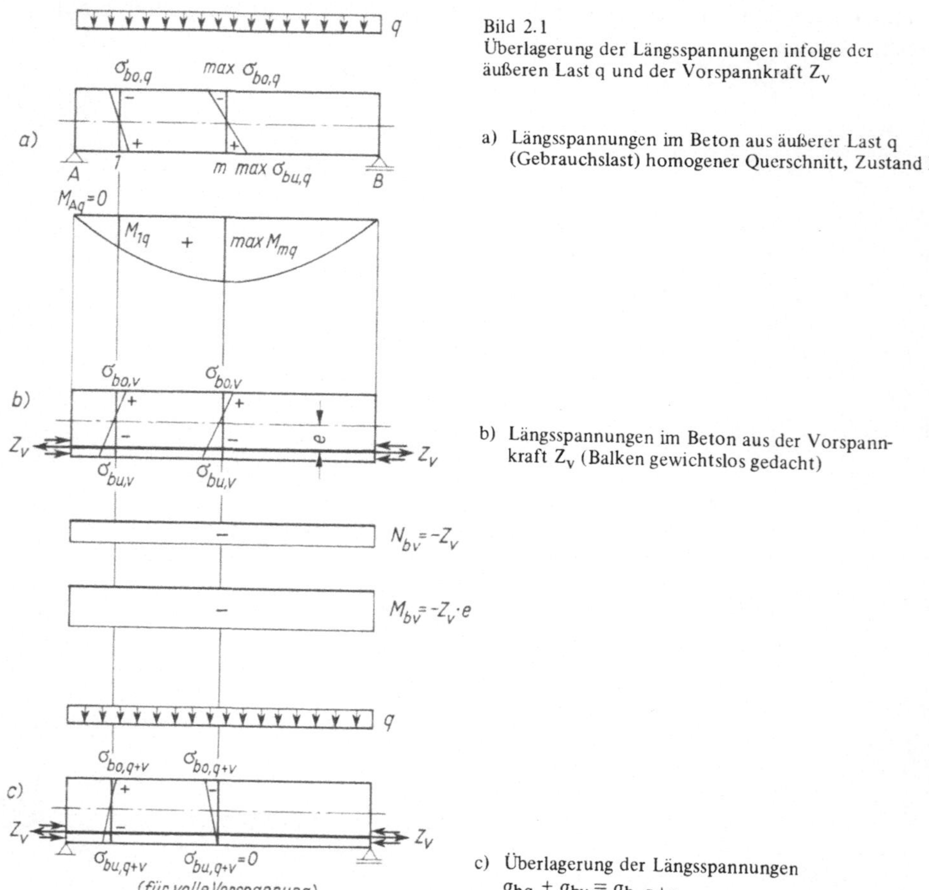

Bild 2.1
Überlagerung der Längsspannungen infolge der äußeren Last q und der Vorspannkraft Z_v

a) Längsspannungen im Beton aus äußerer Last q (Gebrauchslast) homogener Querschnitt, Zustand I

b) Längsspannungen im Beton aus der Vorspannkraft Z_v (Balken gewichtslos gedacht)

c) Überlagerung der Längsspannungen $\sigma_{bq} + \sigma_{bv} = \sigma_{b,q+v}$

Bei Spannbettbalken werden die Spanndrähte vorwiegend gerade geführt, weil die Umlenkung herstellungstechnisch einen zu kostspieligen Aufwand erfordern würde. Man kann aber aus Bild 2.1 ersehen, daß es besser wäre, z. B. in den Auflagerquerschnitten A und B die Spannglieder in die Schwerlinie zu verlegen. Damit bekäme man im Endbereich des Trägers gleichmäßig über den Querschnitt verteilte Druckspannungen aus der dann mittig wirkenden Vorspannkraft Z_v, weil die Biegespannungen aus der äußeren Last q dort zu Null werden. Die Wirkung des umgelenkten Spanngliedes wird in Abschn. 3 bei der Vorspannung mit nachträglichem Verbund behandelt.

2.1 Der Lastfall Vorspannung bei Spannbettvorspannung

Bei der Spannbettvorspannung ist zwischen zwei Spannkraftzuständen zu unterscheiden:

1. Vorspannkraft $Z_v^{(0)}$ im Spannbett v o r dem Lösen der Verankerung (noch keine Kraftübertragung auf den Beton, die Kraft $Z_v^{(0)}$ wird von den Ankerböcken aufgenommen, der Beton ist noch spannungsfrei)
2. Vorspannkraft Z_v n a c h dem Lösen der Verankerung (die Vorspannkraft Z_v wirkt jetzt auf den Beton und erzeugt im Beton die gewünschten Spannungen).

Der Balken verformt sich im Lastfall Vorspannung unter der Wirkung der Vorspannkraft Z_v nach Maßgabe seiner Dehn- und Biegesteifigkeit, wobei er als gewichtslos zu betrachten ist. Gemäß Bild 2.2 erfährt er unter der Wirkung von Z_v eine elastische Längsverkürzung und Krümmung.

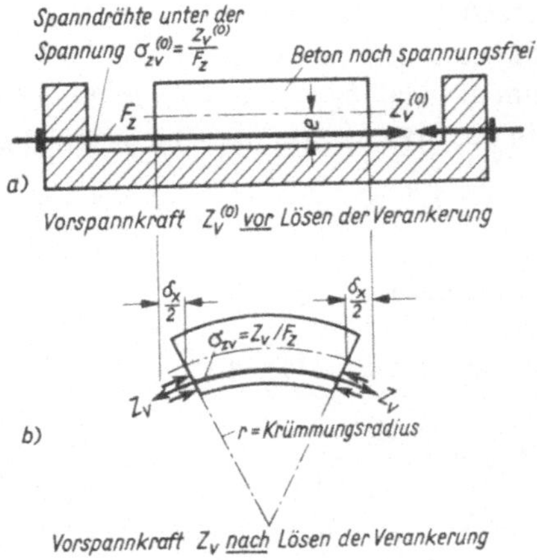

Bild 2.2
Die Spannkraft im Spannbett $Z_v^{(0)}$ vor Lösen der Verankerung und die Spannkraft Z_v nach dem Lösen der Verankerung

a) $Z_v^{(0)}$ wirkt auf die Ankerböcke der Beton ist spannungsfrei

b) Z_v wirkt auf den Beton und bewirkt eine Verkürzung δ_x und eine Krümmung 1/r

Bild 2.2 zeigt, wie sich der Spannstahl nach dem Lösen der Verankerung gegenüber dem Spannbettzustand verkürzt, so daß die Spannkraft Z_v kleiner werden muß als die Spannbettkraft $Z_v^{(0)}$. Die Ermittlung von Z_v aus dem gegebenen $Z_v^{(0)}$ wird der einfacheren Ableitung wegen zunächst für den Sonderfall des in der Schwerachse liegenden Spannstahls durchgeführt. Hierbei tritt als elastische Verformung nur die Längsverkürzung δ_x auf.

2.1.1 Mittige Vorspannung

Bild 2.3 ist zu entnehmen, daß zunächst der Spannstahl von der Länge ℓ unter der Kraft $Z_v^{(0)}$ um das Maß $\delta_{zv}^{(0)}$ vorgedehnt wird. Vordehnung heißt also Dehnwegdifferenz zwischen vorgespanntem Stahl und dem spannungsfreien, unverformten Beton.

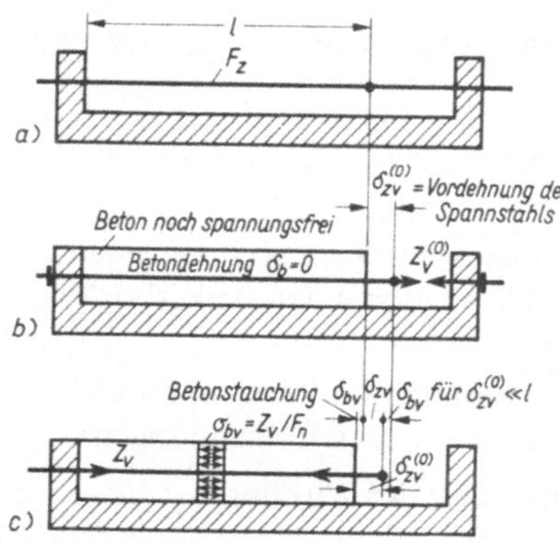

Bild 2.3
Die Verformungen von Stahl und Beton vor und nach dem Lösen der Verankerung

a) $Z_v = 0$
Spannstahl spannungsfrei
b) Spannbettkraft $Z_v^{(0)}$
Spannung im Spannstahl $\sigma_{zv}^{(0)} = Z_v^{(0)}/F_z$
Vordehnung des Spannstahls $\delta_{zv}^{(0)}$
c) Verankerung gelöst
auf den Betonquerschnitt wirkt Z_v
Spannung im Spannstahl $\sigma_{zv} = Z_v/F_z$
Dehnung des Spannstahls $\delta_{zv} = \delta_{zv}^{(0)} - |\delta_{bv}|$

Die Kraft $Z_v^{(0)}$ wirkt dabei auf den Ankerbock des Spannbettes. Der Beton ist nach dem Betonieren zunächst spannungsfrei. Beim Erhärten entsteht der sofortige Verbund. Nach Erreichen der erforderlichen Betonfestigkeit ($\geq$ 80 % der Würfelfestigkeit β_{wM}) löst man die Verankerung und die Kraft wird infolge des Verbundes auf den Beton übertragen, der dabei um das Maß $\delta_{bv} = \delta_x$ gestaucht wird. Die Stahlvordehnung $\delta_{zv}^{(0)}$ verringert sich um das Maß δ_{bv} auf δ_{zv}. Die Verträglichkeitsbedingung lautet somit

$$\delta_{zv} = \delta_{zv}^{(0)} + \delta_{bv} \tag{2.1}$$

δ_{bv} ist hierin als Stauchung negativ einzusetzen.

Für elastische Dehnungen gilt das H o o k esche Gesetz.

$$\delta_{zv}^{(0)} = \frac{Z_v^{(0)} \cdot \ell}{E_z \cdot F_z} \qquad \delta_{bv} = -\frac{Z_v \cdot \ell}{E_b \cdot F_n} \qquad \delta_{zv} = \frac{Z_v \cdot \ell}{E_z \cdot F_z}$$

Eingesetzt in Gl. (2.1) wird $\dfrac{Z_v \cdot \ell}{E_z \cdot F_z} = \dfrac{Z_v^{(0)} \cdot \ell}{E_z \cdot F_z} - \dfrac{Z_v \cdot \ell}{E_b \cdot F_n}$

damit $\qquad Z_v \cdot \left(1 + \dfrac{E_z \cdot F_z}{E_b \cdot F_n}\right) = Z_v^{(0)}$

und $$Z_v = Z_v^{(0)} \cdot \frac{F_n \cdot E_b}{F_n \cdot E_b + F_z \cdot E_z} = Z_v^{(0)} \cdot \frac{F_n}{F_n + n \cdot F_z} = Z_v^{(0)} \cdot \frac{F_n}{F_i} \qquad (2.2)$$

mit den Baustoffkennwerten
E_z = E-Modul des Spannstahls
E_b = E-Modul des Betons
$n = E_z/E_b$

und den Querschnittswerten (Bild 2.4)
F_z = Querschnittsfläche des Spannstahls
$F_n = F_b - F_z$ = Nettoquerschnittsfläche des Betons
F_b = Gesamtquerschnittsfläche des Betons ohne Abzug der Stahlquerschnitte (Bruttoquerschnitt)
$F_i = F_n + n \cdot F_z = F_b - F_z + n \cdot F_z = F_b + (n-1) \cdot F_z$
= ideelle Querschnittsfläche

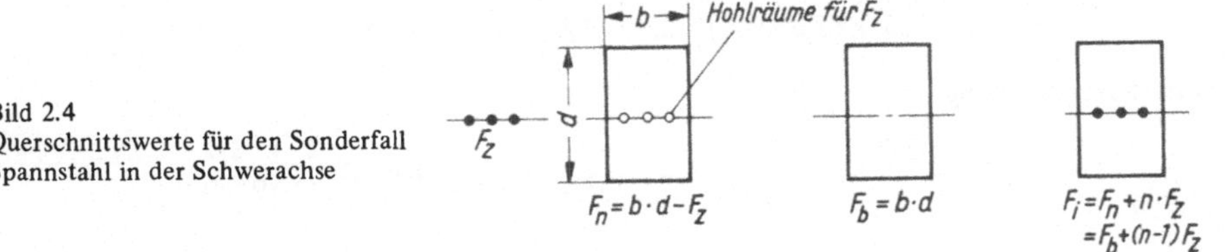

Bild 2.4
Querschnittswerte für den Sonderfall Spannstahl in der Schwerachse

Für Gl. (2.2) kann man schreiben

$$\frac{Z_v}{F_n} = \frac{Z_v^{(0)}}{F_i} = -\sigma_{bv} \qquad (2.3)$$

Gl. (2.3) besagt, daß die Betonspannung bei Spannbettvorspannung sowohl aus dem gegebenen $Z_v^{(0)}$ mit Hilfe der ideellen Querschnittswerte als auch aus dem errechneten Z_v mit Hilfe der Nettoquerschnittswerte berechnet werden kann.

Bei sofortigem Verbund geht man immer von der Spannbettkraft $Z_v^{(0)}$ aus, die man als „äußere Kraft", auf den ideellen Querschnitt wirkend, betrachtet.

Der Berechnungsvorgang wird an einem Beispiel (Bild 2.5) erläutert.

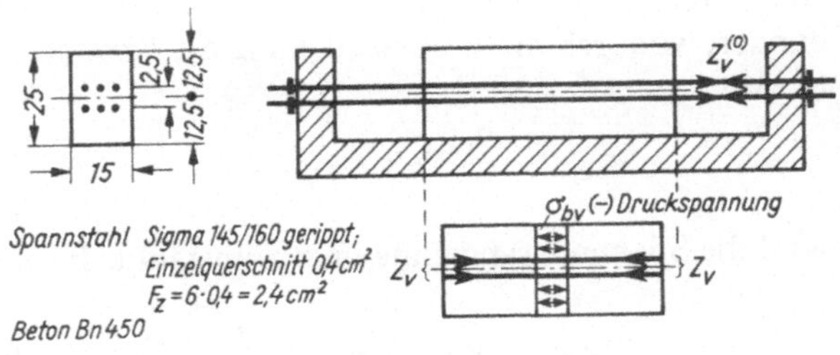

Bild 2.5
Beispiel zur Ermittlung der Beton- und Stahlspannung nach dem Lösen der Verankerung bei mittiger Spanngliedlage; beachte Haft- und Scherverbund an den Balkenenden (s. Abschn. 1)

Man spannt den Stahl in einem Spannbett mit einer Spannung $\sigma_{zv}^{(0)} = 900$ MN/m² $= 90$ kN/cm² (9,0 Mp/cm²) vor.

Damit beträgt die Spannkraft $Z_v^{(0)} = \sigma_{zv}^{(0)} \cdot F_z = 90 \cdot 2{,}4 = 216$ kN (21,6 Mp)

Zur Berechnung von

$$\sigma_{bv} = -\frac{Z_v^{(0)}}{F_i} \text{ (Druckspannung im Beton)}$$

wird der ideelle Querschnittswert F_i benötigt

$$F_i = F_b + (n-1) \cdot F_z \qquad n = E_z/E_b$$

Nach der Zulassung für den Spannstahl ist $E_z = 2{,}1 \cdot 10^5$ MN/m² ($2{,}1 \cdot 10^6$ kp/cm²). Für den Beton Bn 450 ist nach den Spannbetonrichtlinien (Juni 1973) Tab. 4 $E_b = 3{,}7 \cdot 10^4$ MN/m² ($3{,}7 \cdot 10^5$ kp/cm²)

Damit wird $\quad n = \dfrac{2{,}1 \cdot 10^5}{3{,}7 \cdot 10^4} = 5{,}68$

Der ideelle Querschnitt ist dann

$$F_i = 15 \cdot 25 + (5{,}68 - 1) \cdot 2{,}4 = 375 + 11{,}23 = 386{,}23 \text{ cm}^2$$

Die Betonvorspannung wird

$$\sigma_{bv} = -\frac{Z_v^{(0)}}{F_i} = -\frac{216}{386{,}23} = -0{,}55\,93 \text{ kN/cm}^2 \ (-55{,}93 \text{ kp/cm}^2)$$

Zur Ermittlung der Stahlspannung σ_{zv} (nach Lösen der Verankerung) kann Gl. (2.2)

$$Z_v = Z_v^{(0)} \cdot \frac{F_n}{F_i} \quad \text{und} \quad \sigma_{zv} = \frac{Z_v}{F_z}$$

herangezogen werden.

In der Praxis wird bei Vorspannung mit sofortigem Verbund Z_v i. allg. nicht benötigt. Die für den Spannungsnachweis erforderliche Stahlspannung σ_{zv} ermittelt man aus

$$\sigma_{zv} = \sigma_{zv}^{(0)} + n \cdot \sigma_{bz,v} \tag{2.4}$$

In Gl. (2.4) ist $\sigma_{bz,v}$ die Betondruckspannung in Schwerpunkthöhe des Spannstranges. Im Beispiel ist $\sigma_{bv} = \sigma_{bz,v}$, weil infolge der zentrischen Vorspannung σ_{bv} über den Querschnitt konstant ist. σ_{bv} ist als Druckspannung mit negativem Vorzeichen einzusetzen. Gl. (2.4) ergibt sich aus Bild 2.3 unter Beachtung des sofortigen Verbundes, wodurch die Betonstauchung δ_{bv} bzw. ϵ_{bv} gleich der Stahlverkürzung $\Delta\epsilon_{zv}$ ist. Mit

$$\epsilon_{bz,v} = \frac{\sigma_{bz,v}}{E_b} = \Delta\epsilon_{zv}$$

wird die Spannungsabnahme im Spannstahl beim Lösen der Verankerung

$$\Delta\sigma_{zv} = \Delta\epsilon_{zv} \cdot E_z = \frac{\sigma_{bz,v}}{E_b} \cdot E_z = n \cdot \sigma_{bz,v}$$

Es ist zu beachten, daß Druckspannungen und Verkürzungen negatives Vorzeichen erhalten.

Nach Gl. (2.4) errechnet sich die Stahlspannung zu

$$\sigma_{zv} = 900{,}0 + 5{,}68 \cdot (-5{,}593) = 900{,}0 - 31{,}77 = 868{,}23 \text{ MN/m}^2$$
$$(8682{,}3 \text{ kp/cm}^2)$$

Die Spannbettspannung $\sigma_{zv}^{(0)} = 900$ MN/m² (9000 kp/cm²) verringert sich infolge der elastischen Verkürzung des Betons um $\Delta\sigma_{zv} = 31{,}77$ MN/m² (317,7 kp/cm²). Der Spannungs- bzw. Kraftverlust beträgt somit 3,53 % der Spannbettspannung bzw. der Spannbettkraft.

In der Praxis wird dieser Verlust häufig mit Hilfe des sog. Steifigkeitsbeiwertes α ermittelt. Danach ist

$$\alpha = \frac{\Delta\sigma_{zv}}{\sigma_{zv}^{(0)}} \quad \text{und} \quad \Delta\sigma_{zv} = \sigma_{zv}^{(0)} \cdot \alpha \quad \text{bzw.} \quad \Delta Z_v = Z_v^{(0)} \cdot \alpha \tag{2.5}$$

oder die verbleibende Spannung ist

$$\sigma_{zv} = \sigma_{zv}^{(0)} - \Delta\sigma_{zv} = \sigma_{zv}^{(0)} (1 - \alpha) \quad \text{bzw.} \quad Z_v = Z_v^{(0)} (1 - \alpha) \tag{2.6}$$

Je größer also der Steifigkeitsbeiwert α wird, desto größer ist der Spannungs- bzw. Spannkraftabfall infolge der elastischen Verkürzung des Betons im Schwerpunkt des Spannstranges.

Nach Gl. (2.4) ist $\quad n \cdot |\sigma_{bz,v}| = \Delta\sigma_{zv}$.

Mit $\quad |\sigma_{bz,v}| = |\sigma_{bv}| = \frac{Z_v^{(0)}}{F_i}$ wird für $Z_v^{(0)} = \sigma_{zv}^{(0)} \cdot F_z$

$$\alpha = \frac{\Delta\sigma_{zv}}{\sigma_{zv}^{(0)}} = n \cdot \frac{\sigma_{zv}^{(0)} \cdot F_z}{F_i \cdot \sigma_{zv}^{(0)}} = n \cdot \frac{F_z}{F_i} \tag{2.7}$$

Nimmt der Stahlquerschnitt im Verhältnis zum Betonquerschnitt zu, dann wachsen α bzw. die elastische Verkürzung des Betons und damit der Spannungs- bzw. Spannkraftabfall. Man kann sich merken, daß $\alpha \cdot 100$ der Spannungsabfall im Spannstahl in % ist. Die Gl. (2.7) gilt aber nur für mittige Vorspannung, die in der Praxis nur geringe Bedeutung hat.

2.1.2 Ausmittige Vorspannung

Die mittige Vorspannung ist für den Biegebalken unwirtschaftlich und wenig sinnvoll. Der Spannungsverlauf infolge reiner Biegung aus äußeren Lasten ist linear (Bild 2.1) in der Zug- und Druckzone. Man muß nun mit möglichst geringem Spannkraftaufwand einen entgegengesetzten Spannungszustand im Beton erzeugen.

Aus Bild (2.6) ist ersichtlich, daß bei mittiger Vorspannung die untere Randspannung nur aus dem Anteil $\sigma_{bu,v} = -\frac{Z_v^{(0)}}{F_i}$ besteht, während bei ausmittiger Vorspannung die untere Randspannung sich aus den beiden Anteilen

$$\sigma_{bu,v} = -\frac{Z_v^{(0)}}{F_i} + \frac{(-Z_v^{(0)} \cdot y_{iz})}{W_{iu}}$$

zusammensetzt. Die Vorspannkraft $Z_v^{(0)}$ kann bei ausmittiger Lage also kleiner sein als bei mittiger Lage. Ferner ist bei mittiger Vorspannung die Druckzone nicht so günstig ausgenutzt.

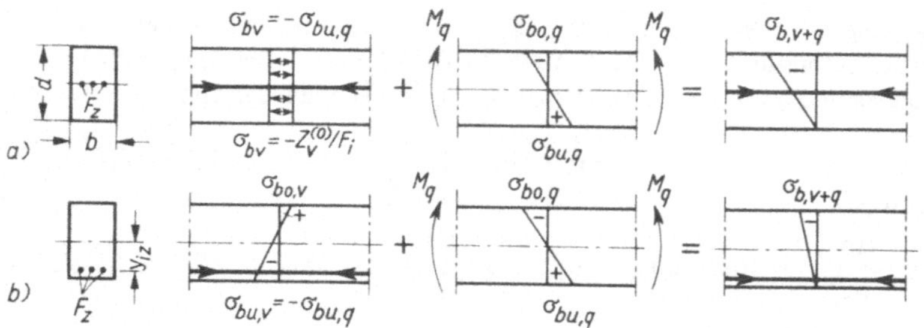

Bild 2.6 Mittige und ausmittige Vorspannung beim Biegebalken (volle Vorspannung)
a) mittige Vorspannung
b) ausmittige Vorspannung

Bei ausmittig gelegenem Spannglied wirken – entsprechend der Erkenntnis aus Gl. (2.3) – die Spannkraft $Z_v^{(0)}$ und das Ausmittenmoment $M_{bv}^{(0)} = Z_v^{(0)} \cdot y_{iz}$ als „äußere Belastung" auf den ideellen Querschnitt.

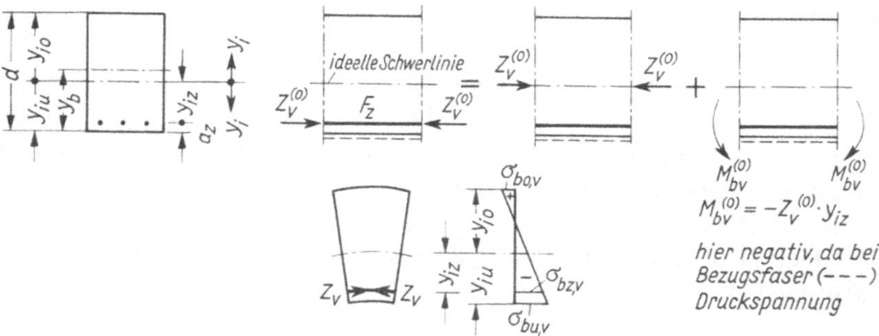

Bild 2.7 Spannungsermittlung bei ausmittiger Lage des Spannstranges mit Hilfe der ideellen Querschnittswerte

In Anlehnung an Gl. (2.3) und nach Bild 2.7 wird die Betonspannung im beliebigen Abstand y_i von der ideellen Schwerlinie

$$\sigma_{bv}(y_i) = -\frac{Z_v^{(0)}}{F_i} \pm \frac{M_{bv}^{(0)}}{I_i} y_i \tag{2.8}$$

Die Betonrandspannungen ergeben sich mit den Momentenvorzeichen nach Bild 2.7 nach den Regeln der Festigkeitslehre zu

$$\sigma_{bo,v} = -\frac{Z_v^{(0)}}{F_i} - \frac{M_{bv}^{(0)}}{W_{io}} \qquad \sigma_{bu,v} = -\frac{Z_v^{(0)}}{F_i} + \frac{M_{bv}^{(0)}}{W_{iu}} \tag{2.9}$$

Die Betonspannung in Höhe des Schwerpunktes des Spannstranges wird

$$\sigma_{bz,v} = -\frac{Z_v^{(0)}}{F_i} + \frac{M_{bv}^{(0)}}{I_i}\, y_{iz} \tag{2.10}$$

Nach Gl. (2.4) wird die Spannung im Spannstahl nach Lösen der Verankerung

$$\sigma_{zv} = \sigma_{zv}^{(0)} + n \cdot \sigma_{bz,v}$$

Der Spannungsabfall im Spannstrang infolge der elastischen Betonverkürzung $\epsilon_{bz,v}$ kann auch wieder durch den Steifigkeitsbeiwert α ausgedrückt werden. Es gelten hier ebenfalls die Gl. (2.5) und (2.6), wonach

$$\Delta\sigma_{zv} = \sigma_{zv}^{(0)} \cdot \alpha \quad \text{bzw.} \quad \Delta Z_v = Z_v^{(0)} \cdot \alpha$$

und

$$\sigma_{zv} = \sigma_{zv}^{(0)} \cdot (1-\alpha) \quad \text{bzw.} \quad Z_v = Z_v^{(0)} \cdot (1-\alpha)$$

Ausgehend von $\Delta\sigma_{zv} = n \cdot |\sigma_{bz,v}|$ in Verbindung mit Gl. (2.10) kann man schreiben

$$\Delta\sigma_{zv} = n \cdot |\sigma_{bz,v}| = n \left(\frac{Z_v^{(0)}}{F_i} + \frac{Z_v^{(0)}}{I_i} \cdot y_{iz}^2\right)$$

Definitionsgemäß ist $\quad \alpha = \dfrac{\Delta\sigma_{zv}}{\sigma_{zv}^{(0)}}$

Setzt man für $\quad Z_v^{(0)} = \sigma_{zv}^{(0)} \cdot F_z$

so wird $\quad \alpha = n\left(\dfrac{F_z}{F_i} + \dfrac{F_z}{I_i} \cdot y_{iz}^2\right) = n \cdot \dfrac{F_z}{F_i}\left(1 + \dfrac{F_i}{I_i} \cdot y_{iz}^2\right) \qquad (2.11)$

Bei mittiger Vorspannung ist $y_{iz} = 0$; damit ergibt sich nach Gl. (2.11) $\alpha = n \cdot \dfrac{F_z}{F_i}$; dieser Ausdruck stimmt mit Gl. (2.7) überein. Gl. (2.7) ist also ein Sonderfall der Gl. (2.11)

Neue Querschnittswerte gemäß Gl. (2.8)

Unterer Randabstand der ideellen Schwerlinie

$$y_{iu} = \frac{F_b \cdot y_{bu} + (n-1) \cdot F_z \cdot a_z}{F_i}$$

Oberer Randabstand $\quad y_{io} = d - y_{iu}$

Abstand des Spannstrangschwerpunktes von der ideellen Schwerlinie $y_{iz} = y_{iu} - a_z$.

Ideelles Trägheitsmoment (bezogen auf die ideelle Schwerlinie)

$$I_i = I_b + F_b \cdot (y_{bu} - y_{iu})^2 + (n-1) \cdot F_z \cdot y_{iz}^2$$

(I_b = Trägheitsmoment des vollen Betonquerschnittes ohne Abzug des Stahlquerschnittes)

$$W_{iu} = \frac{I_i}{y_{iu}} \qquad W_{io} = \frac{I_i}{y_{io}}$$

Zur Erläuterung des Berechnungsganges wird das Beispiel nach Bild 2.5 gewählt, jedoch mit ausmittiger Lage des Spannstranges (Bild 2.8).

Die erforderlichen Querschnittswerte

$$F_b = 15 \cdot 25 = 375 \text{ cm}^2 \qquad F_i = 375 + (5{,}68 - 1) \cdot 2{,}4 = 386{,}23 \text{ cm}^2$$

$$y_{iu} = \frac{375 \cdot 12{,}5 + (5{,}68 - 1) \cdot 2{,}4 \cdot 4{,}5}{386{,}23} = \frac{4687{,}5 + 50{,}5}{386{,}23} = 12{,}3 \text{ cm}$$

$$y_{io} = 25 - 12{,}3 = 12{,}7 \text{ cm}$$
$$y_{iz} = 12{,}3 - 4{,}5 = 7{,}8 \text{ cm}$$

$$I_i = \frac{15 \cdot 25^3}{12} + 375 \cdot (12{,}5 - 12{,}3)^2 + (5{,}68 - 1) \cdot 2{,}4 \cdot 7{,}8^2$$
$$= 19531 + 15 + 683 = 20229 \text{ cm}^4$$

$$W_{iu} = \frac{20229}{12{,}3} = 1645 \text{ cm}^3 \qquad W_{io} = \frac{20229}{12{,}7} = 1593 \text{ cm}^3$$

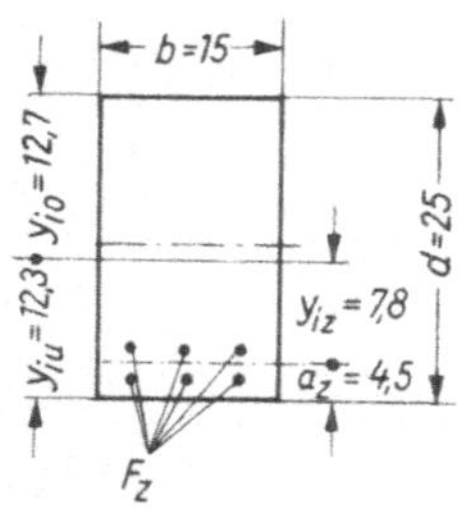

Bild 2.8
Querschnitt für Berechnungsbeispiel nach Bild 2.5, jedoch mit ausmittiger Spanngliedlage

Spannstahl St 145/160
$F_z = 6 \cdot 0{,}4 = 2{,}4 \text{ cm}^2$
$\sigma_{zv}^{(0)} = 900 \text{ MN/m}^2$ (9,0 Mp/cm²)

Beton Bn 450 $n = 5{,}68 = E_z/E_b$

Die Betonrandspannungen nach Gl. (2.9) für die Spannbettkraft

$$Z_v^{(0)} = \sigma_{zv}^{(0)} \cdot F_z = 90 \cdot 2{,}4 = 216 \text{ kN } (21{,}6 \text{ Mp})$$

$$\sigma_{bo,v} = -\frac{216{,}00}{386{,}23} + \frac{216{,}00 \cdot 7{,}8}{1593}$$
$$= -0{,}5593 + 1{,}0576 = 0{,}498 \text{ kN/cm}^2 = 4{,}98 \text{ MN/m}^2 \; (+49{,}83 \text{ kp/cm}^2)$$

$$\sigma_{bu,v} = -\frac{216{,}00}{386{,}23} - \frac{216{,}00 \cdot 7{,}8}{1645} = -0{,}5593 - 1{,}0242 = -1{,}584 \text{ kN/cm}^2$$
$$= -15{,}84 \text{ MN/m}^2 \; (-158{,}35 \text{ kp/cm}^2)$$

Die Betonspannung in Höhe des Spannstrangschwerpunktes Gl. (2.10)

$$\sigma_{bz,v} = -\frac{216{,}00}{386{,}23} - \frac{216{,}00}{20229} \cdot 7{,}8^2 = -0{,}5593 - 0{,}6496 = -1{,}209 \text{ kN/cm}^2$$
$$= -12{,}09 \text{ MN/m}^2 \; (-120{,}89 \text{ kp/cm}^2)$$

Die Spannung im Spannstrang nach Lösen der Verankerung Gl. (2.4)

$$\sigma_{zv} = \sigma_{zv}^{(0)} + n \cdot \sigma_{bz,v} = 900{,}0 + 5{,}68\,(-12{,}09) = 900{,}0 - 68{,}67$$
$$= 831{,}33 \text{ MN/m}^2 \; (8313{,}3 \text{ kp/cm}^2)$$

Der Spannungsabfall $\Delta\sigma_{zv} = \alpha \cdot \sigma_{zv}^{(0)}$ wird mit Hilfe des Steifigkeitsbeiwertes nach Gl. (2.11)

$$\alpha = 5{,}68 \cdot \frac{2{,}4}{386{,}23} \left(1 + \frac{386{,}23}{20229} \cdot 7{,}8^2\right) = \frac{13{,}63}{386{,}23} (1 + 1{,}162) = 0{,}0763$$

$$\Delta\sigma_{zv} = \alpha \cdot \sigma_{zv}^{(0)} = 900{,}0 \cdot 0{,}0763 = 68{,}67 \text{ MN/m}^2 \text{ (686,7 kp/cm}^2\text{)}$$

Als Spannungsabfall bekommt $\Delta\sigma_{zv}$ stets negatives Vorzeichen. Die verbleibende Spannung beträgt

$$\sigma_{zv} = \sigma_{zv}^{(0)} - \alpha \cdot \sigma_{zv}^{(0)} = \sigma_{zv}^{(0)} (1 - \alpha)$$

$$\sigma_{zv} = 900{,}0 (1 - 0{,}0763) = 900{,}0 \cdot 0{,}9237 = 831{,}33 \text{ MN/m}^2 \text{ (8313,3 kp/cm}^2\text{)}$$

Der Rechteckbalkenquerschnitt b/d = 15/25 in Bn 450 mit $F_z = 2{,}4$ cm² und $\sigma_{zv}^{(0)} = 900$ MN/m² (9,0 Mp/cm²) wurde mit der Spannbettkraft von $Z_v^{(0)} = 216$ kN (21,6 Mp) zur Erzeugung der Betondruckvorspannung einmal mittig (Bild 2.5) und einmal ausmittig (Bild 2.8) vorgespannt.

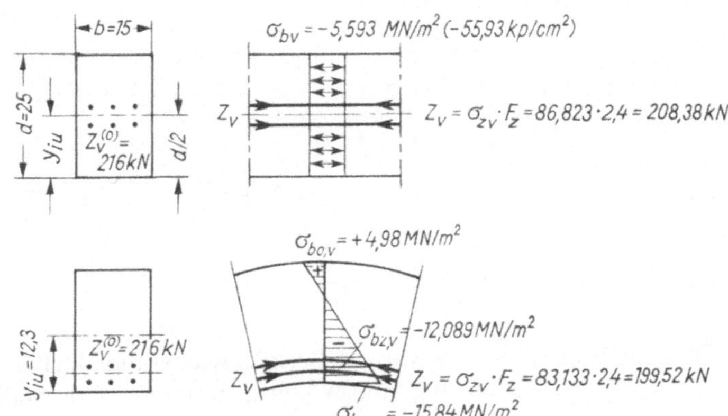

Bild 2.9
Vergleich der Betonspannungen bei mittiger und ausmittiger Vorspannung für gleichen Beton- und Stahlquerschnitt

In Bild 2.9 sind die Spannungsbilder verglichen. Man erkennt, daß bei ausmittiger Vorspannung ein wesentlich höheres Lastmoment M_q aufgenommen werden kann als bei mittiger Vorspannung unter sonst gleichen Bedingungen.

Setzt man volle Vorspannung voraus, so muß sein

$$\sigma_{bu,v+q} = \sigma_{bu,v} + \sigma_{bu,q}$$

Das Lastmoment M_q darf nach Bild 2.9 dann nur eine Spannung von

$$\sigma_{bu,q} = \frac{M_q}{W_{iu}} = 5{,}59 \text{ MN/m}^2 \text{ (55,93 kp/cm}^2\text{)}$$

erzeugen, während im Falle der ausmittigen Vorspannung durch das Lastmoment M_q eine Betonspannung

$$\sigma_{bu,q} = \frac{M_q}{W_{iu}} = 15{,}84 \text{ MN/m}^2 \text{ (158,35 kp/cm}^2\text{)}$$

hervorgerufen werden kann.

Das bedeutet $\dfrac{M_{q\ \text{mittig}}}{M_{q\ \text{ausmittig}}} \approx \dfrac{5{,}593}{15{,}835}$

also $M_{q\ \text{ausmittig}} = 2{,}83 \cdot M_{q\ \text{mittig}}$, wobei die Druckspannungen am oberen Rand in beiden Fällen etwa gleich groß sind.

2.1.3 Mehrsträngige Vorspannung

Bei der üblichen, ausmittigen Vorspannung mit geraden Spannsträngen kann in Auflagernähe oben eine unerwünscht hohe Zugspannung auftreten, weil in diesen Bereichen die Lastmomente sehr klein sind (Bild 2.1). Man hilft sich bei Spannbettbalken dann durch eine kleine obere Vorspannung, die etwa aus zwei bis vier obenliegenden Spanndrähten besteht. In diesem Fall liegt eine zweisträngige Vorspannung vor (Bild 2.10).

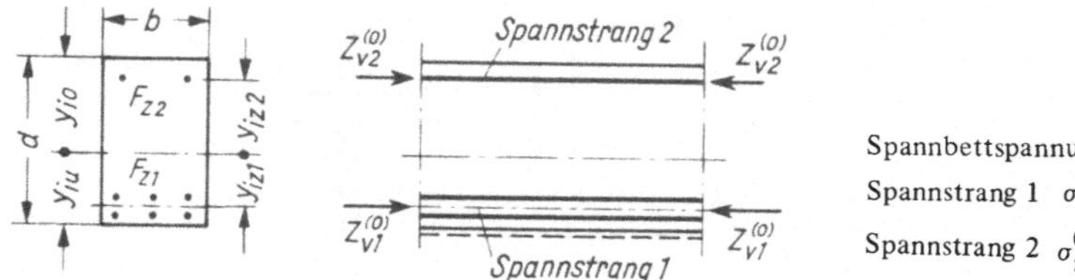

Spannbettspannungen:
Spannstrang 1 $\sigma_{z,v1}^{(0)}$
Spannstrang 2 $\sigma_{z,v2}^{(0)}$

Bild 2.10
Zweisträngige Vorspannung

Zunächst werden wie im vorigen Beispiel wieder die ideellen Querschnittswerte F_i, y_{iu}, y_{io}, y_{iz1}, y_{iz2}, I_i, W_{iu} und W_{io} ermittelt, wobei die Stahlquerschnitte beider Spannstränge zu berücksichtigen sind.

Die Spannbettkräfte werden

$$Z_{v1}^{(0)} = \sigma_{z,v1}^{(0)} \cdot F_{z1} \quad \text{und} \quad Z_{v2}^{(0)} = \sigma_{z,v2}^{(0)} \cdot F_{z2}$$

Damit ergeben sich die Ausmittenmomente, die als „äußere Momente“ zu betrachten sind, zu

$$M_{bv1}^{(0)} = -Z_{v1}^{(0)} \cdot y_{iz1} \quad \text{und} \quad M_{bv2}^{(0)} = +Z_{v2}^{(0)} \cdot y_{iz2}$$

Die Vorzeichen richten sich nach der bekannten Regel, nach welcher Biegemomente dann positiv sind, wenn die gestrichelte Balkenfaser gezogen wird (Bild 2.11).

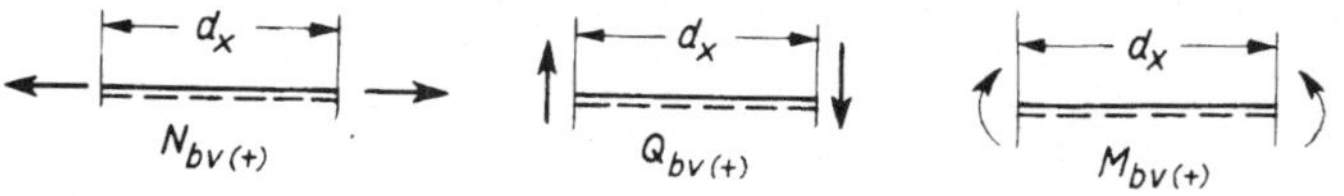

d_x d_x d_x

$N_{bv(+)}$ $Q_{bv(+)}$ $M_{bv(+)}$

Bild 2.11
Vorzeichenregel für Schnittgrößen

Nach Gl. (2.8) und (2.9) können nun die Beton- und Stahlspannungen für den Lastfall Vorspannung errechnet werden.

$$\sigma_{bo,v} = -\frac{Z_{v1}^{(0)} + Z_{v2}^{(0)}}{F_i} - \frac{M_{bv1}^{(0)}}{W_{io}} - \frac{M_{bv2}^{(0)}}{W_{io}}$$

$$\sigma_{bu,v} = -\frac{Z_{v1}^{(0)} + Z_{v2}^{(0)}}{F_i} + \frac{M_{bv1}^{(0)}}{W_{iu}} + \frac{M_{bv2}^{(0)}}{W_{iu}}$$

$$\sigma_{bz1,v} = -\frac{Z_{v1}^{(0)} + Z_{v2}^{(0)}}{F_i} + \frac{M_{bv1}^{(0)}}{I_i} \cdot y_{iz1} + \frac{M_{bv2}^{(0)}}{I_i} \cdot y_{iz1}$$

$$\sigma_{bz2,v} = -\frac{Z_{v1}^{(0)} + Z_{v2}^{(0)}}{F_i} - \frac{M_{bv1}^{(0)}}{I_i} \cdot y_{iz2} - \frac{M_{bv2}^{(0)}}{I_i} \cdot y_{iz2}$$

Die Stahlspannungen der Spannstränge werden

$$\sigma_{z1,v} = \sigma_{z,v1}^{(0)} + n \cdot \sigma_{bz1,v} \qquad \sigma_{z2,v} = \sigma_{z,v2}^{(0)} + n \cdot \sigma_{bz2,v}$$

wobei zu beachten ist, daß $\sigma_{bz,v}$ als Druckspannung negatives Vorzeichen erhält.

Es handelt sich bei mehrsträngiger Vorspannung also nur um eine Überlagerung der Wirkungen aus den Kräften $Z_v^{(0)}$ und den Momenten $M_{bv}^{(0)}$. Die Anzahl der Stränge kann beliebig groß sein.

Allgemein sei zu dem Lastfall Vorspannung mit geraden Spanngliedern und konstantem Querschnitt bemerkt, daß es sich hier um einen Eigenspannungszustand ohne Umlenkkräfte handelt, bei dem im Fall der statisch bestimmten Lagerung keine äußeren Reaktionen auftreten, weil die Resultierende der Betonspannungen $\int_F \sigma_{bv} \cdot dF$ mit der Spannkraft Z_v nach dem Lösen der Verankerung im Gleichgewicht steht.

2.2 Lastfälle im Gebrauchszustand

Der Begriff „Gebrauchszustand“ trat früher bei der Berechnung schlaff bewehrter Stahlbetonkonstruktionen nicht auf, obwohl der Bereich der Gebrauchslasten nach oben durch den Begriff der „zulässigen Spannung“ abgegrenzt war. Durch Einhalten der zulässigen Spannungen für alle vorkommenden Lasten (Gebrauchslasten) war eine ausreichende Sicherheit gewährleistet. Der Bruchzustand eines Bauteils wurde nicht betrachtet.

Wie in Abschn. 6.1 dargelegt wird, setzte diese Betrachtungsweise Linearität zwischen Last und Spannung bis zum Bruch voraus.

Im Spannbetonbau und auch bei schlaff bewehrten Konstruktionen nach DIN 1045 ist man von dieser Betrachtungsweise abgegangen und untersucht nunmehr das Bruchverhalten der Verbundquerschnitte rechnerisch. Dadurch ergeben sich für die Berechnung zwei Lastbereiche, der Gebrauchszustand und der Bruchzustand.

In den Spannbetonrichtlinien heißt es: „Unter Gebrauchslast werden alle Lastfälle verstanden, denen das Bauwerk während seiner Errichtung und im Gebrauch unterworfen ist."

Ferner nennen die „Richtlinien" folgende Lastfälle:

1. Vorspannung
2. ständige Last
3. Verkehrslast
4. Temperatur
5. Kriechen und Schwinden
6. Zwängungen aus Baugrundbewegungen

Im Lastfall „Vorspannung" wird der Stahlbetonbalken als gewichtslos betrachtet, so daß für den Spannungszustand dieses Lastfalles nur sein elastisches Verhalten – seine Dehn- und Biegesteifigkeit – maßgebend ist. Beeinflußt wird dieser Spannungszustand allein durch das Schwinden und Kriechen, wodurch mit der Zeit ein Abbau der anfangs eingeleiteten Vorspannkraft erfolgt und damit eine Veränderung des ursprünglich erzeugten Vorspannungszustandes (s. Abschn. 5). Die auf das gesamte Tragwerk einwirkende Temperatur erzeugt nur bei statisch unbestimmter Lagerung Zwängungsspannungen, so daß bei statisch bestimmter Lagerung die Temperatur auf das Spannungsbild keinen Einfluß hat.

2.2.1 Äußere Lasten

Wegen des Verlustes an Vorspannkraft infolge Schwinden und Kriechen (S und K) ist es notwendig, den Zeitpunkt des Aufbringens der Lasten und deren Wirkungsdauer zu berücksichtigen. Am Beispiel eines Dachbinders sind in Bild 2.12 die Bezeichnungsweisen der Lasten dargestellt.

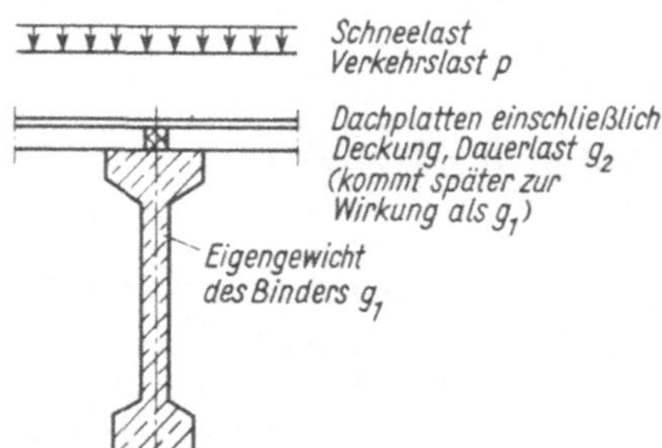

Bild 2.12
Bezeichnungen für äußere Lasten

Für die äußeren Lasten werden wegen des Verbundes zwischen Spannstahl und Beton die Spannungen mit den ideellen Querschnittswerten berechnet. Im allgemeinen Fall, also bei Normalkraft und Biegung, ist die Betonspannung

$$\sigma_{b,g,p} = \frac{N_{g,p}}{F_i} \pm \frac{M_{g,p}}{I_i} \cdot y_i \tag{2.12}$$

Die Betonrandspannungen werden

oben $$\sigma_{bo,g,p} = \frac{N_{g,p}}{F_i} - \frac{M_{g,p}}{W_{io}}$$

unten $$\sigma_{bu,g,p} = \frac{N_{g,p}}{F_i} + \frac{M_{g,p}}{W_{iu}} \qquad (2.13)$$

Die Betonspannung in Höhe des Schwerpunktes des Spannstranges ist

$$\sigma_{bz,g,p} = \frac{N_{g,p}}{F_i} + \frac{M_{g,p}}{I_i} \cdot y_{iz}$$

Die gewählten Vorzeichen richten sich nach Bild 2.11. Im allg. entfällt bei Balken die Normalkraft $N_{g,p}$, so daß $\frac{N_{g,p}}{F_i}$ ebenfalls entfällt.

Die Spannung im Spannstahl aus den äußeren Lasten kann sofort aus der Bedingung, daß die Dehnungen von Beton und Spannstahl gleich sind, bestimmt werden. Hierbei wird immer der Schwerpunkt des Spannstranges betrachtet.

Es ist $\epsilon_{bz,g,p} = \epsilon_{z,g,p}$

Aus $$\frac{\sigma_{bz,g,p}}{E_b} = \frac{\sigma_{z,g,p}}{E_z}$$

wird die Stahlspannung

$$\sigma_{z,g,p} = \frac{E_z}{E_b} \cdot \sigma_{bz,g,p} = n \cdot \sigma_{bz,g,p} \qquad (2.14)$$

Nach Gl. (2.12), (2.13), (2.14) werden nun Beton- und Stahlspannungen für die Lasten g_1, g_2 und p getrennt ermittelt. Für die Bestimmung der maßgebenden Längsspannungen sind die einzelnen Lastfälle mit den Lastfällen Vorspannung und S und K zu überlagern. Die Lastfallkombinationen sind in Tafel 2.13 erläutert.

2.2.2 Spannkraftabfall infolge Schwinden und Kriechen

Der Spannungs- bzw. Spannkraftverlust infolge Schwinden und Kriechen bewirkt eine Zunahme der Betonzugspannungen an der Unterseite und eine Zunahme der Betondruckspannungen an der Oberseite des Balkens. Es tritt also die umgekehrte Wirkung wie beim Lastfall „Vorspannung" auf. Bei bekanntem Spannkraft- bzw. Spannungsverlust $Z_{v,s+k}$ bzw. $\sigma_{zv,s+k}$ werden die Betonspannungen infolge Schwinden und Kriechen näherungsweise proportional zum Lastfall „Vorspannung" – jedoch mit umgekehrtem Vorzeichen – ermittelt (s. Bild 2.14).

Tafel 2.13 Lastfallkombinationen zur Ermittlung der ungünstigsten Längsspannungen

Lastfälle	vor S und K kein Verlust an Vorspannkraft	während S und K Teilverlust an Vorspannkraft nach 1 · · · 3 Monaten	nach S und K größter Verlust an Vorspannkraft nach Beendigung von S und K
$v + g_1$	Gefahr zu hoher Zugspannung (größte Zugspannung) 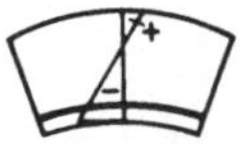 + – Gefahr zu hoher Druckspannung (größte Druckspannung)	nicht maßgebend	nicht maßgebend
$v + g_1 + g_2$	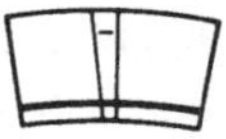 – Gefahr zu hoher Spannung im Spannstahl bei sofortigem Aufbringen von g_2	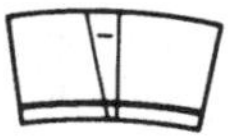 – Spannung im Spannstahl meist im zul. Bereich wenn g_2 nach 1 · · · 3 Monaten aufgebracht wird, da bis zu diesem Zeitpunkt Spannungsabnahme infolge S und K	nicht maßgebend
$v + g_1 + g_2 + p$	nicht maßgebend, da p erst später wirkt	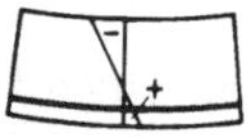 – + bei frühem Aufbringen von p kann die zul. Spannung im Spannstahl überschritten werden	größte Druckspannung 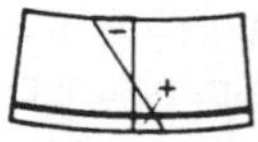 – + größte Zugspannung

Die Überlagerung der Spannungen zu den ungünstigsten Werten geschieht in der Tafel 2.15 in Anlehnung an die „Richtlinien" Ziff. 9.3. Diese Werte dürfen die zulässigen Spannungen (vgl. „Richtlinien" Ziff. 15, Tab. 6) nicht überschreiten.

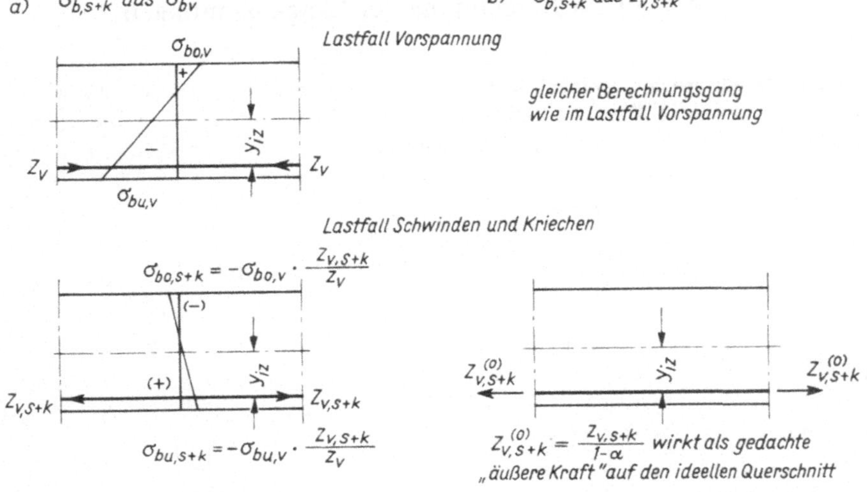

Bild 2.14 Zwei Berechnungsarten für die Betonspannungen $\sigma_{b,\,s+k}$ bei gegebenem Spannkraftverlust $Z_{v,\,s+k}$ aus Schwinden und Kriechen

Tafel 2.15 Zusammenstellung und Überlagerung der Spannungen

Lastfall	Betonspannung oben	Betonspannung unten	Stahlspannung	Bemerkungen
v	$\sigma_{bo,v}(+)$	$\sigma_{bu,v}(-)$	$\sigma_{zv}(+)$	diese Spannungen treten einzeln nicht auf; sie dienen nur der Überlagerung
g_1	$\sigma_{bo,g1}(-)$	$\sigma_{bu,g1}(+)$	$\sigma_{zg1}(+)$	
g_2	$\sigma_{bo,g2}(-)$	$\sigma_{bu,g2}(+)$	$\sigma_{zg2}(+)$	
p	$\sigma_{bo,p}(-)$	$\sigma_{bu,p}(+)$	$\sigma_{zp}(+)$	
min s + k*)	$\sigma_{bo,s+k\,min}(-)$	$\sigma_{bu,s+k\,min}(+)$	$\sigma_{z,s+k\,min}(-)$	
max s + k	$\sigma_{bo,s+k\,max}(-)$	$\sigma_{bu,s+k\,max}(+)$	$\sigma_{z,s+k\,max}(-)$	*) z. B. nach 2 Monaten
Überlagerung	σ_{bo}	σ_{bu}	σ_z	
$v + g_1$	max Zug	max Druck		hier höhere zul. Druckspannungen, da Zustand nur von kurzer Dauer
$v + g_1 + g_2$			max σ_z	max $\sigma_z \leqslant$ zul σ_z
$v + g_1 + g_2$ + p + min s + k			max σ_z	
$v + g_1 + g_2$ + p + max s + k	max Druck	max Zug		$\sigma_{bo} \leqslant \sigma_b$, Druck, zulässig $\sigma_{bu} \leqslant \sigma_b$, Zug, zulässig ggf. Rissesicherung

2.3 Beispiel zur Berechnung der Längsspannungen

Es soll eine Lagerhalle errichtet werden. Die betrieblichen Gegebenheiten verlangen eine lichte Höhe von 6,5 m, eine lichte Weite von 19,5 m und einen Binderabstand von 5,2 m. Die Halle wird zweckmäßig in Fertigteilen gemäß Bild 2.16 ausgeführt.

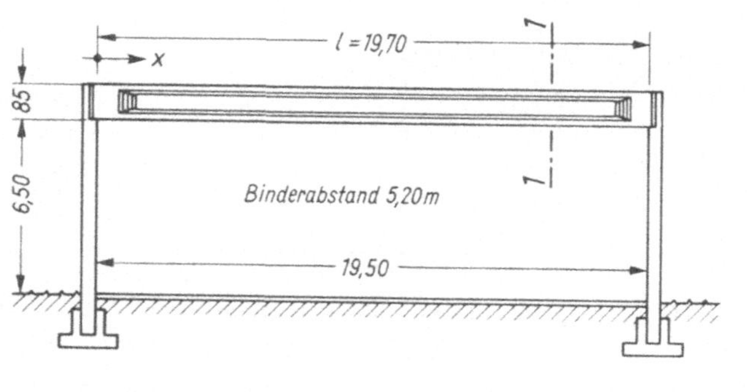

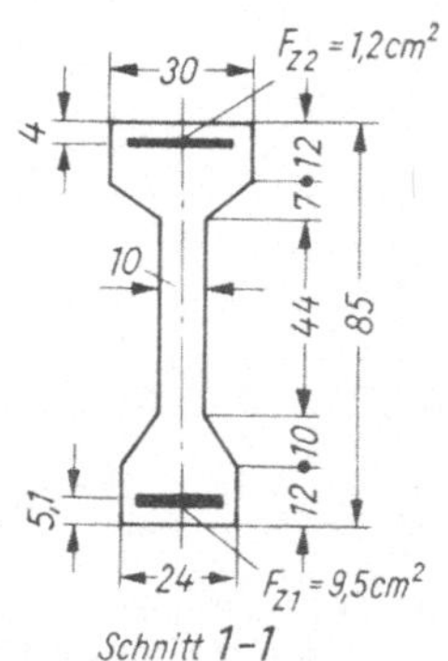

Bild 2.16 Hallen- und Binderquerschnitt für Berechnungsbeispiel

Für die Dachdeckung sind Trapezbleche vorgesehen, die einschließlich Isolierung 0,635 kN/m² (63,5 kp/m²) Dachfläche wiegen. Als Verkehrslast ist hier Schnee mit 0,75 kN/m² (75 kp/m²) nach DIN 1055 einzusetzen. Die Konstruktionshöhe des Binders liegt nach Erfahrungswerten wirtschaftlich zwischen 1/18 und 1/25 der Stützweite. Gewählt wird d = 19,7/23 = 0,85 m. Steg- und Flanschbreiten werden ebenfalls erfahrungsgemäß gewählt, womit das Eigengewicht [γ_{Beton} = 25 kN/m³ (2,5 Mp/m³)] festliegt.

Die Binderlasten betragen

Eigengewicht des Trägers	g_1 = 3,50 kN/m (0,350 Mp/m)
Dachdeckung 0,635 · 5,2	g_2 = 3,30 kN/m (0,330 Mp/m)
Verkehrslast (Schnee) 0,75 · 5,2	p = 3,90 kN/m (0,390 Mp/m)
Vollast:	q = 10,70 kN/m (1,070 Mp/m)

Unter der Voraussetzung beschränkter Vorspannung werden durch eine Vorberechnung Materialgüten und Spannstahlquerschnitte für die Stelle des größten Biegemomentes in x = ℓ/2 = 9,85 m ermittelt und gleichzeitig die Betonrandspannungen kontrolliert. Aus der Vorberechnung ergeben sich

Beton Bn 550 $E_b = 3{,}9 \cdot 10^4$ MN/m² ($3{,}9 \cdot 10^5$ kp/cm²)
(s. „Richtlinien“ Tab. 4)
Spannstahl Sigma St 145/160 $E_z = 2{,}1 \cdot 10^5$ MN/m² ($2{,}1 \cdot 10^6$ kp/cm²)
(s. Zulassung – Spannstahl)

Spannstahlquerschnitte und Spannbettspannungen für

Strang 1 F_{z1} = 9,5 cm² $\sigma_{zv1}^{(0)}$ = 920 MN/m² (9200 kp/cm²)
Strang 2 F_{z2} = 1,2 cm² $\sigma_{zv2}^{(0)}$ = 600 MN/m² (6000 kp/cm²)

Der Nachweis für Längsspannungen soll für zwei Schnitte in $x = \ell/2$ und $x = 0{,}04 \cdot \ell$ geführt werden. Der Spannkraft- bzw. Spannungsverlust im Spannstahl wird jedoch nur im Schnitt $x = \ell/2$ berücksichtigt, da er hier zu hohe Betonzugspannungen an der Balkenunterseite verursachen kann.

Der geschätzte Verlust $\sigma_{z,s+k}$ beträgt zum Zeitpunkt $t = \infty$ (voller Verlust) in $x = \ell/2 = 9{,}85$ m

im Strang 1 $\sigma_{z1,s+k} = 18\,\%$ von $\sigma_{z1,v}$

im Strang 2 $\sigma_{z2,s+k} = 28\,\%$ von $\sigma_{z2,v}$

Berechnungsgang für den Spannungsnachweis (Bild 2.17)

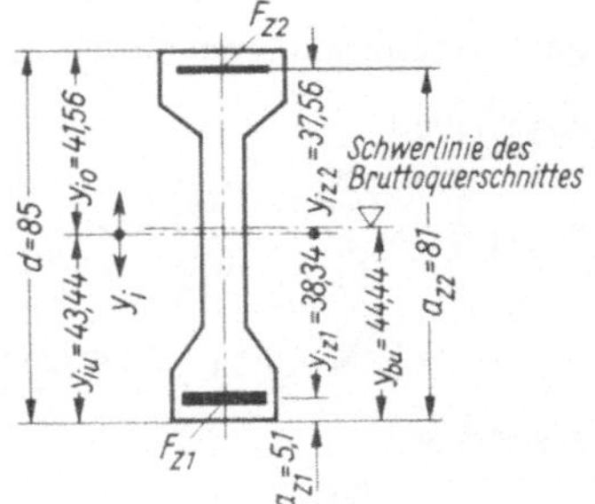

Bild 2.17
Bezeichnungen im ideellen Querschnitt

1. Ermittlung der ideellen Querschnittswerte (für beide Schnitte gleich, da Trägerhöhe konstant)

$$n = \frac{E_z}{E_b} = \frac{2{,}1 \cdot 10^5}{3{,}9 \cdot 10^4} = 5{,}38 \qquad (n-1) = 4{,}38$$

$$F_i = F_b + (n-1) \cdot (F_{z1} + F_{z2}) = 1398 + 4{,}38 \cdot (9{,}5 + 1{,}2) = 1398 + 46{,}9 = 1444{,}90 \text{ cm}^2$$

$$y_{iu} = \frac{F_b \cdot y_{bu} + (n-1) \cdot (F_{z1} \cdot a_{z1} + F_{z2} \cdot a_{z2})}{F_i}$$

$$= \frac{1398 \cdot 44{,}44 + 4{,}38 \cdot (9{,}5 \cdot 5{,}1 + 1{,}2 \cdot 81)}{1444{,}9} = 43{,}44 \text{ cm}$$

$$y_{io} = d - y_{iu} = 85{,}00 - 43{,}44 = 41{,}56 \text{ cm}$$

$$y_{iz1} = y_{iu} - a_{z1} = 43{,}44 - 5{,}10 = 38{,}34 \text{ cm}$$

$$y_{iz2} = a_{z2} - y_{iu} = 81{,}00 - 43{,}44 = 37{,}56 \text{ cm}$$

$$I_i = I_b + F_b \cdot (y_{bu} - y_{iu})^2 + (n-1) \cdot (F_{z1} \cdot y_{iz1}^2 + F_{z2} \cdot y_{iz2}^2)$$

$$= 1\,163053 + 1398 \cdot (44{,}44 - 43{,}44)^2 + 4{,}38 \cdot (9{,}5 \cdot 38{,}34^2 + 1{,}2 \cdot 37{,}56^2) =$$

$$= 1\,233031 \text{ cm}^4$$

$$W_{io} = \frac{I_i}{y_{io}} = \frac{1\,233031}{41{,}56} = 29669 \text{ cm}^3 \qquad W_{iu} = \frac{I_i}{y_{iu}} = \frac{1\,233031}{43{,}44} = 28385 \text{ cm}^3$$

$$W_{iz1} = \frac{I_i}{y_{iz1}} = \frac{1\,233031}{38{,}34} = 32160 \text{ cm}^3 \qquad W_{iz2} = \frac{I_i}{y_{iz2}} = \frac{1\,233031}{37{,}56} = 32828 \text{ cm}^3$$

2. Vorspannkräfte und Vorspannmomente im Spannbett (Vorzeichen der Momente s. Bild 2.11) für beide Schnitte gleich, da Trägerhöhe konstant

$Z_{v1}^{(0)} = F_{z1} \cdot \sigma_{z,v1}^{(0)} = 9{,}5 \cdot 92 = 874$ kN (87,4 Mp)

$M_{bv1}^{(0)} = - Z_{v1}^{(0)} \cdot y_{iz1} = - 874 \cdot 0{,}3834 = - 335$ kNm (– 33,5 Mpm)

$Z_{v2}^{(0)} = F_{z2} \cdot \sigma_{z,v2}^{(0)} = 1{,}2 \cdot 60 = 72$ kN (7,2 Mp)

$M_{bv2}^{(0)} = + Z_{v2}^{(0)} \cdot y_{iz,2} = 72 \cdot 0{,}3756 = 27$ kNm (+ 2,7 Mpm)

3. Lastfall Vorspannung (Balken gewichtslos gedacht)

Betonrandspannung am oberen Rand $\sigma_{bo,v} = \sigma_{bo,v1} + \sigma_{bo,v2}$

aus Strang 1

$$\sigma_{bo,v1} = - \frac{Z_{v1}^{(0)}}{F_i} - \frac{M_{bv1}^{(0)}}{W_{io}} = - \frac{874}{1444{,}9} - \frac{(- 335 \cdot 10^2)}{2{,}9669 \cdot 10^4} = - 0{,}605 + 1{,}129 = 0{,}524 \text{ kN/cm}^2$$

$= 5{,}24$ MN/m² (+ 52,4 kp/cm²)

aus Strang 2

$$\sigma_{bo,v2} = - \frac{Z_{v2}^{(0)}}{F_i} - \frac{M_{bv2}^{(0)}}{W_{io}} = - \frac{72}{1444{,}9} - \frac{27 \cdot 10^2}{2{,}9669 \cdot 10^4} = - 0{,}050 - 0{,}091 = - 0{,}141 \text{ kN/cm}^2$$

$= - 1{,}41$ MN/m² (– 14,1 kp/cm²)

Betonspannung am oberen Rand $\sigma_{bo,v} = \sigma_{bo,v1} + \sigma_{bo,v2} = 3{,}83$ MN/m² (+ 38,3 kp/cm²)

Betonspannung am unteren Rand $\sigma_{bu,v} = \sigma_{bu,v1} + \sigma_{bu,v2}$

aus Strang 1

$$\sigma_{bu,v1} = - \frac{Z_{v1}^{(0)}}{F_i} + \frac{M_{bv1}^{(0)}}{W_{iu}} = - \frac{874}{1444{,}9} + \frac{(- 335 \cdot 10^2)}{2{,}8385 \cdot 10^4} = - 0{,}605 - 1{,}180 = - 1{,}785 \text{ kN/cm}^2$$

$= - 17{,}85$ MN/m² (– 178,5 kp/cm²)

aus Strang 2

$$\sigma_{bu,v2} = - \frac{Z_{v2}^{(0)}}{F_i} + \frac{M_{bv2}^{(0)}}{W_{iu}} = - \frac{72}{1444{,}9} + \frac{27 \cdot 10^2}{2{,}8385 \cdot 10^4} = - 0{,}050 + 0{,}095 = 0{,}045 \text{ kN/cm}^2$$

$= 0{,}45$ MN/m² (4,5 kp/cm²)

Betonspannung am unteren Rand $\sigma_{bu,v} = \sigma_{bu,v1} + \sigma_{bu,v2} = - 17{,}4$ MN/m² (– 174,0 kp/cm²)

Betonspannung in der Achse des Stranges 1 $\sigma_{bz1,v} = \sigma_{bz1,v1} + \sigma_{bz1,v2}$

aus Strang 1

$$\sigma_{bz1,v1} = - \frac{Z_{v1}^{(0)}}{F_i} + \frac{M_{bv1}^{(0)}}{W_{iz1}} = - \frac{874}{1444{,}9} + \frac{(- 335 \cdot 10^2)}{3{,}216 \cdot 10^4} = - 0{,}605 - 1{,}042 = - 1{,}647 \text{ kN/cm}^2$$

$= - 16{,}47$ MN/m² (– 164,7 kp/cm²)

aus Strang 2

$$\sigma_{bz1,v2} = -\frac{Z_{v2}^{(0)}}{F_i} + \frac{M_{bv2}^{(0)}}{W_{iz1}} = -\frac{72}{1444{,}9} + \frac{27 \cdot 10^2}{3{,}216 \cdot 10^4} = -0{,}050 + 0{,}084 = 0{,}034 \text{ kN/cm}^2$$

$$= 0{,}34 \text{ MN/m}^2 \ (+3{,}4 \text{ kp/cm}^2)$$

Betonspannung in der Achse des Stranges 1

$$\sigma_{bz1,v} = \sigma_{bz1,v1} + \sigma_{bz1,v2} = -16{,}13 \text{ MN/m}^2 \ (-161{,}3 \text{ kp/cm}^2)$$

Betonspannung in der Achse des Stranges 2

$$\sigma_{bz2,v} = \sigma_{bz2,v2} + \sigma_{bz2,v1}$$

aus Strang 2

$$\sigma_{bz2,v2} = -\frac{Z_{v2}^{(0)}}{F_i} - \frac{M_{bv2}^{(0)}}{W_{iz2}} = -\frac{72}{1444{,}9} - \frac{27 \cdot 10^2}{3{,}2828 \cdot 10^4} = -0{,}050 - 0{,}082 = -0{,}132 \text{ kN/cm}^2$$

$$= -1{,}32 \text{ MN/m}^2 \ (-13{,}2 \text{ kp/cm}^2)$$

aus Strang 1

$$\sigma_{bz2,v1} = -\frac{Z_{v1}^{(0)}}{F_i} - \frac{M_{bv1}^{(0)}}{W_{iz2}} = -0{,}605 - \frac{(-335 \cdot 10^2)}{3{,}2828 \cdot 10^4} = -0{,}605 + 1{,}020 = 0{,}415 \text{ kN/cm}^2$$

$$= 4{,}15 \text{ MN/m}^2 \ (+41{,}5 \text{ kp/cm}^2)$$

Betonspannung in der Achse des Stranges 2

$$\sigma_{bz2,v} = \sigma_{bz2,v2} + \sigma_{bz2,v1} = 2{,}83 \text{ MN/m}^2 \ (+28{,}3 \text{ kp/cm}^2)$$

Stahlspannung nach dem Lösen der Verankerung

Strang 1
$$\begin{aligned}\sigma_{z1,v} &= \sigma_{z,v1}^{(0)} + \Delta\sigma_{z1,v1} + \Delta\sigma_{z1,v2}\\ &= \sigma_{z,v1}^{(0)} + n \cdot \sigma_{bz1,v1} + n \cdot \sigma_{bz1,v2}\\ &= 920{,}0 + 5{,}38 \cdot (-16{,}47) + 5{,}38 \cdot 0{,}34\\ &= 920{,}0 - 88{,}6 + 1{,}8 = 833{,}2 \text{ MN/m}^2 \ (8332 \text{ kp/cm}^2)\end{aligned}$$

Strang 2
$$\begin{aligned}\sigma_{z2,v} &= \sigma_{z,v2}^{(0)} + \Delta\sigma_{z2,v2} + \Delta\sigma_{z2,v1}\\ &= \sigma_{z,v2}^{(0)} + n \cdot \sigma_{bz2,v2} + n \cdot \sigma_{bz2,v1}\\ &= 600{,}0 + 5{,}38\,(-1{,}32) + 5{,}38 \cdot 4{,}15\\ &= 600{,}0 - 7{,}1 + 22{,}3 = 615{,}2 \text{ MN/m}^2 \ (6152 \text{ kp/cm}^2)\end{aligned}$$

Die Beton- und Stahlspannungen des Lastfalles v sind für beide Schnitte gleich, da die Trägerhöhe und die Querschnittswerte über die Balkenlänge konstant sind.

4. Lastfall g_1

Schnitt $x = \ell/2 = 9{,}85$ m

$M_{g1} = g_1 \cdot \ell^2/8 = +3{,}50 \cdot 19{,}7^2/8 = 169{,}8$ kNm (+ 16,98 Mpm)

$$\sigma_{bo,g1} = -\frac{M_{g1}}{W_{io}} = -\frac{169{,}8 \cdot 10^2}{2{,}9669 \cdot 10^4} = -0{,}572 \text{ kN/cm}^2 = -5{,}72 \text{ MN/m}^2 \ (-57{,}2 \text{ kp/cm}^2)$$

$$\sigma_{bu,g1} = \frac{M_{g1}}{W_{iu}} = +\frac{169{,}8 \cdot 10^2}{2{,}8385 \cdot 10^4} = 0{,}598 \text{ kN/cm}^2 = 5{,}98 \text{ MN/m}^2 \ (+59{,}8 \text{ kp/cm}^2)$$

$$\sigma_{bz1,g1} = \frac{M_{g1}}{W_{iz1}} = +\frac{169{,}8 \cdot 10^2}{3{,}216 \cdot 10^4} = 0{,}528 \text{ kN/cm}^2 = 5{,}28 \text{ MN/m}^2 \ (+52{,}8 \text{ kp/cm}^2)$$

$$\sigma_{bz2,g1} = -\frac{M_{g1}}{W_{iz2}} = -\frac{169{,}8 \cdot 10^2}{3{,}2828 \cdot 10^4} = -0{,}517 \text{ kN/cm}^2 = -5{,}17 \text{ MN/m}^2 \ (-51{,}7 \text{ kp/cm}^2)$$

$\sigma_{z1,g1} = n \cdot \sigma_{bz1,g1} = 5{,}38 \cdot 5{,}28 = 28{,}41$ MN/m² (284,1 kp/cm²)

$\sigma_{z2,g1} = n \cdot \sigma_{bz2,g1} = 5{,}38 \cdot (-5{,}17) = -27{,}81$ MN/m² (− 278,1 kp/ cm²)

Schnitt $x = 0{,}04 \cdot \ell = 0{,}79$ m

$M_{g1} = +4 \cdot 169{,}8 \cdot \omega_R = 679{,}2 \cdot 0{,}0384 = +26{,}1$ kNm (2,61 Mpm)

$$\sigma_{bo,g1} = -\frac{M_{g1}}{W_{io}} = -\frac{26{,}1 \cdot 10^2}{2{,}9669 \cdot 10^4} = -0{,}088 \text{ kN/cm}^2 = -0{,}88 \text{ MN/m}^2 \ (-8{,}8 \text{ kp/cm}^2)$$

$$\sigma_{bu,g1} = +\frac{M_{g1}}{W_{iu}} = +\frac{26{,}1 \cdot 10^2}{2{,}8385 \cdot 10^4} = 0{,}092 \text{ kN/cm}^2 = 0{,}92 \text{ MN/m}^2 \ (+9{,}2 \text{ kp/cm}^2)$$

$$\sigma_{bz1,g1} = +\frac{M_{g1}}{W_{iz1}} = \frac{26{,}1 \cdot 10^2}{3{,}216 \cdot 10^4} = 0{,}081 \text{ kN/cm}^2 = 0{,}81 \text{ MN/m}^2 \ (+8{,}1 \text{ kp/cm}^2)$$

$$\sigma_{bz2,g1} = -\frac{M_{g1}}{W_{iz2}} = -\frac{26{,}1 \cdot 10^2}{3{,}2828 \cdot 10^4} = -0{,}08 \text{ kN/cm}^2 = -0{,}8 \text{ MN/m}^2 \ (-8{,}0 \text{ kp/cm}^2)$$

$\sigma_{z1,g1} = n \cdot \sigma_{bz1,g1} = 5{,}38 \cdot 0{,}81 = 4{,}36$ MN/m² (43,6 kp/cm²)

$\sigma_{z2,g1} = n \cdot \sigma_{bz2,g1} = 5{,}38 \cdot (-0{,}80) = -4{,}30$ MN/m² (− 43,0 kp/cm²)

5. Lastfall g_2

Schnitt $x = \ell/2 = 9{,}85$ m

$M_{g2} = +g_2 \cdot \ell^2/8 = 3{,}30 \cdot 19{,}7^2/8 = 160{,}1$ kNm (+ 16,01 Mpm)

$$\sigma_{bo,g2} = -\frac{M_{g2}}{W_{io}} = -\frac{160{,}1 \cdot 10^2}{2{,}9669 \cdot 10^4} = -0{,}54 \text{ kN/cm}^2 = -5{,}40 \text{ MN/m}^2 \; (-54{,}0 \text{ kp/cm}^2)$$

$$\sigma_{bu,g2} = \frac{M_{g2}}{W_{iu}} = +\frac{160{,}1 \cdot 10^2}{2{,}8385 \cdot 10^4} = 0{,}564 \text{ kN/cm}^2 = 5{,}64 \text{ MN/m}^2 \; (+56{,}4 \text{ kp/cm}^2)$$

$$\sigma_{bz1,g2} = \frac{M_{g2}}{W_{iz1}} = +\frac{160{,}1 \cdot 10^2}{3{,}216 \cdot 10^4} = 0{,}498 \text{ kN/cm}^2 = 4{,}98 \text{ MN/m}^2 \; (+49{,}8 \text{ kp/cm}^2)$$

$$\sigma_{bz2,g2} = -\frac{M_{g2}}{W_{iz2}} = -\frac{160{,}1 \cdot 10^2}{3{,}2828 \cdot 10^4} = -0{,}488 \text{ kN/cm}^2 = -4{,}88 \text{ MN/m}^2 \; (-48{,}8 \text{ kp/cm}^2)$$

$$\sigma_{z1,g2} = n \cdot \sigma_{bz1,g2} = 5{,}38 \cdot 4{,}98 = 26{,}8 \text{ MN/m}^2 \; (268 \text{ kp/cm}^2)$$

$$\sigma_{z2,g2} = n \cdot \sigma_{bz2,g2} = 5{,}38 \cdot (-4{,}88) = -26{,}3 \text{ MN/m}^2 \; (-263 \text{ kp/cm}^2)$$

Schnitt $x = 0{,}04 \cdot \ell = 0{,}79$ m

$$M_{g2} = +4 \cdot 160{,}1 \cdot 0{,}0384 = 24{,}6 \text{ kNm} \; (2{,}46 \text{ Mpm})$$

$$\sigma_{bo,g2} = -\frac{24{,}6 \cdot 10^2}{2{,}9669 \cdot 10^4} = -0{,}083 \text{ kN/cm}^2 = -0{,}83 \text{ MN/m}^2 \; (-8{,}3 \text{ kp/cm}^2)$$

$$\sigma_{bu,g2} = +\frac{24{,}6 \cdot 10^2}{2{,}8385 \cdot 10^4} = 0{,}087 \text{ kN/cm}^2 = 0{,}87 \text{ MN/m}^2 \; (8{,}7 \text{ kp/cm}^2)$$

$$\sigma_{bz1,g2} = +\frac{24{,}6 \cdot 10^2}{3{,}216 \cdot 10^4} = 0{,}076 \text{ kN/cm}^2 = 0{,}76 \text{ MN/m}^2 \; (7{,}6 \text{ kp/cm}^2)$$

$$\sigma_{bz2,g2} = -\frac{24{,}6 \cdot 10^2}{3{,}2828 \cdot 10^4} = -0{,}075 \text{ kN/cm}^2 = -0{,}75 \text{ MN/m}^2 \; (-7{,}5 \text{ kp/cm}^2)$$

$$\sigma_{z1,g2} = 5{,}38 \cdot 0{,}76 = 4{,}09 \text{ MN/m}^2 \; (40{,}9 \text{ kp/cm}^2)$$

$$\sigma_{z2,g2} = 5{,}38 \cdot (-0{,}75) = -4{,}04 \text{ MN/m}^2 \; (-40{,}4 \text{ kp/cm}^2)$$

6. Lastfall p

Schnitt $x = \ell/2 = 9{,}85$ m

$$M_p = p \cdot \ell^2/8 = +3{,}90 \cdot 19{,}7^2/8 = 189{,}2 \text{ kNm} \; (18{,}92 \text{ Mpm})$$

$$\sigma_{bo,p} = -\frac{189{,}2 \cdot 10^2}{2{,}9669 \cdot 10^4} = -0{,}638 \text{ kN/cm}^2 = -6{,}38 \text{ MN/m}^2 \; (-63{,}8 \text{ kp/cm}^2)$$

$$\sigma_{bu,p} = + \frac{189{,}2 \cdot 10^2}{2{,}8385 \cdot 10^4} = 0{,}667\ \text{kN/cm}^2 = 6{,}67\ \text{MN/m}^2\ (66{,}7\ \text{kp/cm}^2)$$

$$\sigma_{bz1,p} = + \frac{189{,}2 \cdot 10^2}{3{,}216 \cdot 10^4} = 0{,}588\ \text{kN/cm}^2 = 5{,}88\ \text{MN/m}^2\ (58{,}8\ \text{kp/cm}^2)$$

$$\sigma_{bz2,p} = - \frac{189{,}2 \cdot 10^2}{3{,}2828 \cdot 10^4} = -0{,}576\ \text{kN/cm}^2 = -5{,}76\ \text{MN/m}^2\ (-57{,}6\ \text{kp/cm}^2)$$

$$\sigma_{z1,p} = 5{,}38 \cdot 5{,}88 = 31{,}60\ \text{MN/m}^2\ (316{,}0\ \text{kp/cm}^2)$$

$$\sigma_{z2,p} = 5{,}38 \cdot (-5{,}76) = -31{,}0\ \text{MN/m}^2\ (-310\ \text{kp/cm}^2)$$

Schnitt $x = 0{,}04 \cdot \ell = 0{,}79$ m

$$Mp = +4 \cdot 189{,}2 \cdot 0{,}0384 = 29{,}10\ \text{kNm}\ (2{,}91\ \text{Mpm})$$

$$\sigma_{bo,p} = - \frac{29{,}1 \cdot 10^2}{2{,}9669 \cdot 10^4} = -0{,}098\ \text{kN/cm}^2 = -0{,}98\ \text{MN/m}^2\ (-9{,}8\ \text{kp/cm}^2)$$

$$\sigma_{bu,p} = + \frac{29{,}1 \cdot 10^2}{2{,}8385 \cdot 10^4} = 0{,}103\ \text{kN/cm}^2 = 1{,}03\ \text{MN/m}^2\ (10{,}3\ \text{kp/cm}^2)$$

$$\sigma_{bz1,p} = + \frac{29{,}1 \cdot 10^2}{3{,}216 \cdot 10^4} = 0{,}09\ \text{kN/cm}^2 = 0{,}90\ \text{MN/m}^2\ (9{,}0\ \text{kp/cm}^2)$$

$$\sigma_{bz2,p} = - \frac{29{,}1 \cdot 10^2}{3{,}2828 \cdot 10^4} = -0{,}089\ \text{kN/cm}^2 = -0{,}89\ \text{MN/m}^2\ (-8{,}9\ \text{kp/cm}^2)$$

$$\sigma_{z1,p} = 5{,}38 \cdot 0{,}90 = 4{,}84\ \text{MN/m}^2\ (48{,}4\ \text{kp/cm}^2)$$

$$\sigma_{z2,p} = 5{,}38 \cdot (-0{,}89) = -4{,}79\ \text{MN/m}^2\ (-47{,}9\ \text{kp/cm}^2)$$

7. Lastfall Schwinden und Kriechen

Die Stahlspannungen ergeben sich aus den genannten Prozentwerten. Die Betonspannungen werden proportional zum Lastfall v, jedoch mit umgekehrtem Vorzeichen berechnet. Da die Spannungsverluste für die beiden Stränge verschieden sind, kann die Umrechnung nur proportional zu den Betonspannungen aus der Vorspannung jeweils eines Stranges vorgenommen werden. Es ist zu beachten, daß sich hierfür die Prozentwerte in $(\sigma_{z1,s+k}/\sigma_{z1,v1}) \cdot 100$ in % bzw. $(\sigma_{z2,s+k}/\sigma_{z2,v2}) \cdot 100$ in % ändern. Es kann jedoch häufig, da die Differenz zwischen $\sigma_{z1,v}$ und $\sigma_{z1,v1}$ bzw. $\sigma_{z2,v}$ und $\sigma_{z2,v2}$ sehr gering ist, mit den Ausgangsprozentwerten gerechnet werden.

Schnitt $x = \ell/2 = 9{,}85$ m

Aus Lastfall v $\quad \sigma_{z1,v} = 833{,}20\ \text{MN/m}^2 = (8332{,}0\ \text{kp/cm}^2)$

$\sigma_{z2,v} = 615{,}20\ \text{MN/m}^2 = (6152{,}0\ \text{kp/cm}^2)$

Entsprechend der angegebenen Prozentwerte wird für

Strang 1 $\sigma_{z1,s+k} = -0{,}180 \cdot 833{,}20 = -150{,}0$ MN/m² $(-1500{,}0$ kp/cm²$)$

Strang 2 $\sigma_{z2,s+k} = -0{,}280 \cdot 615{,}20 = -172{,}3$ MN/m² $(-1723{,}0$ kp/cm²$)$

Mit dem Spannungsabfall im Strang 1 und Strang 2 werden die Betonrandspannungen unter Verwendung der Randspannungen aus Lastfall v

$$\sigma_{bo,s+k} \approx -0{,}180 \cdot 5{,}24 - 0{,}280 \cdot (-1{,}41) = -0{,}94 + 0{,}39 = -0{,}55 \text{ MN/m}^2 \ (-5{,}5 \text{ kp/cm}^2)$$

$$\sigma_{bu,s+k} \approx -0{,}180 \cdot (-17{,}85) - 0{,}28 \cdot 0{,}45 = +3{,}21 - 0{,}13 = 3{,}08 \text{ MN/m}^2 \ (30{,}8 \text{ kp/cm}^2)$$

8. Zusammenfassung

Die für die einzelnen Lastfälle berechneten Spannungen werden tabellarisch zusammengestellt (Taf. 2.18) und zu den ungünstigsten Werten überlagert. Für Schwinden und Kriechen wurde nur der maximale Spannungsabfall zum Zeitpunkt $t = \infty$ berücksichtigt.

Nach den „Richtlinien" Ziff. 15, Tab. 6, sind für beschränkte Vorspannung unter Gebrauchslast zulässig

Beton auf Druck (hier Bn 550)

in der Druckzone $\sigma_{bo} = -19{,}0$ MN/m² $(-190$ kp/cm²$)$

in der vorgedrückten Zugzone $\sigma_{bu} = -21{,}0$ MN/m² $(-210$ kp/cm²$)$

Beton auf Zug

in der Druckzone und in der vorgedrückten Zugzone $\sigma_{bo} = \sigma_{bu} = 4{,}50$ MN/m² $(45$ kp/cm²$)$

Tafel 2.18 Zusammenstellung und Überlagerung der Spannungen zu den ungünstigsten Werten

Lastfall	Schnitt $x = \ell/2 = 9{,}85$ m				Schnitt $x = 0{,}04 \cdot \ell = 0{,}79$ m			
	σ_{bo}	σ_{bu}	σ_{z1} MN/m²	σ_{z2}	σ_{bo}	σ_{bu}	σ_{z1} MN/m²	σ_{z2}
v	+ 3,83	− 17,40	+ 833,20	+ 615,20	+ 3,83	− 17,40	+ 833,20	+ 615,20
g_1	− 5,72	+ 5,98	+ 28,41	− 27,81	− 0,88	+ 0,92	+ 4,36	− 4,30
g_2	− 5,40	+ 5,64	+ 26,80	− 26,30	− 0,83	+ 0,87	+ 4,09	− 4,04
p	− 6,38	+ 6,67	+ 31,60	− 310,0	− 0,98	+ 1,03	+ 4,84	− 4,79
s + k	− 0,55	+ 3,08	− 150,0	− 172,30				
Überlagerung	σ_{bo}	σ_{bu}	σ_{z1}	σ_{z2}	σ_{bo}	σ_{bu}	σ_{z1}	σ_{z2}
$v + g_1$	− 1,89	− 11,42	+ 861,61	+ 587,39	+ 2,95	− 16,48	+ 837,56	+ 610,90
$v + g_1 + g_2$	− 7,29	− 5,78	+ 888,41	+ 561,09	+ 2,12	− 15,61	+ 841,65	+ 606,86
$v + g_1 + g_2 + p + s + k$	− 14,22	+ 3,97	+ 770,01	+ 357,79				

Zur Umrechnung der Spannungen in kp/cm² sind die Werte mit 10 zu multiplizieren.

Stahl auf Zug (hier St 145/160) unter Gebrauchslast zul $\sigma_z = 0{,}75 \cdot \beta_S = 0{,}75 \cdot 1450$
$= 1088$ MN/m^2(10,88 Mp/cm^2)
oder zul $\sigma_z = 0{,}55 \cdot \beta_Z = 0{,}55 \cdot 1600 = 880$ MN/m^2 (8,80 Mp/cm^2)

Maßgebend ist der kleinere Wert, also

$$\text{zul } \sigma_z = 880 \text{ MN/m}^2 \ (8{,}8 \text{ Mp/cm}^2)$$

Die größte Zugspannung am oberen Rand und die größte Druckspannung unten treten für den Beton im Lastfall $v + g_1$ im Schnitt $x = 0{,}04 \cdot \ell = 0{,}79$ m auf, weil hier das Lastmoment aus g_1 geringer ist als in Balkenmitte. Die größtmögliche Betonzugspannung beträgt somit $\sigma_{bo} = 2{,}95$ MN/m^2 (29,5 kp/cm^2) $<$ 4,50 MN/m^2 (45,0 kp/cm^2) und die größtmögliche Betondruckspannung in der vorgedrückten Zugzone $\sigma_{bu} = -16{,}48$ MN/m^2 ($-$ 164,8 kp/cm^2) $<$ 21,0 MN/m^2 (210 kp/cm^2)

Die größte Druckspannung oben und die größte Zugspannung unten ergeben sich im Lastfall $v + g_1 + g_2 + p + s + k$ für den Schnitt $x = \ell/2 = 9{,}85$ m zu

$\sigma_{bo} = -14{,}22$ MN/m^2 ($-$ 142,2 kp/cm^2) $<$ 19,0 MN/m^2 (190 kp/cm^2) und

$\sigma_{bu} = 3{,}97$ MN/m^2 (39,7 kp/cm^2) $<$ 4,50 MN/m^2 (45 kp/cm^2)

d. h. bei den größten Lastmomenten in Balkenmitte und bei verringerter Spannkraft infolge S und K.

Die größte Stahlspannung erhält man bei möglichst großem Lastmoment vor dem Spannkraftverlust aus S und K. Hier ergibt sich für den Lastfall $v + g_1$ im unteren Spannstrang in Balkenmitte $\sigma_{z1} = 861{,}61$ MN/m^2 (8616,1 kp/cm^2) $<$ 880 MN/m^2 (8800 kp/cm^2).

Für den Lastfall $v + g_1 + g_2$ wird wegen des noch größeren Lastmomentes aus g_2 die Stahlspannung sogar

$$\sigma_{z1} = 888{,}41 \text{ MN/m}^2 \ (8884{,}1 \text{ kp/cm}^2) > 880 \text{ MN/m}^2 \ (8800 \text{ kp/cm}^2)$$

Da die Last g_2 i. allg. erst zwei bis drei Monate nach der Herstellung aufgebracht wird, fällt die Spannung σ_{z1} wegen des bis zu diesem Zeitpunkt eintretenden Spannkraftverlustes infolge S und K hier sicher ab unter den zulässigen Wert zul $\sigma_{z1} = 880$ MN/m^2 (8800 kp/cm^2). Gegebenenfalls ist der Spannungsabfall aus S und K zu diesem Zeitpunkt nachzuweisen (s. Abschn. 5).

3 Vorspannung mit nachträglichem Verbund

Gemäß Definition in Abschn. 1 wird bei Vorspannung mit nachträglichem Verbund gegen den erhärteten Beton vorgespannt, so daß während des Vorspannens und unmittelbar danach kein Verbund zwischen Spannstahl und Beton besteht. Die aufzubringende Vorspannkraft Z_v kann direkt an der Spannpresse abgelesen und durch Messen des vorausberechneten Spannweges kontrolliert werden.

3.1 Lastfälle Vorspannung und äußere Lasten bei gerader Spanngliedführung

Zur Erläuterung der wesentlichen Zusammenhänge dient auch hier wieder der zentrisch vorgespannte Balken, an dem sich die grundlegenden Beziehungen zwischen Spannweg, Betonstauchung und krafterzeugender Stahldehnung, also die Frage der Steifigkeiten und der Querschnittswerte quantitativ einfach herleiten lassen.

In Abschn. 2 wurden die Lastfälle Vorspannung und äußere Lasten für Vorspannung mit sofortigem Verbund behandelt. Als Resultat ergab sich, daß die Spannbettkraft $Z_v^{(0)}$ und die äußeren Lasten auf den ideellen Querschnitt wirken. In Bild 3.1 ist gezeigt, daß die Kraft $Z_v^{(0)}$ bei nachträglichem Verbund nicht existiert.

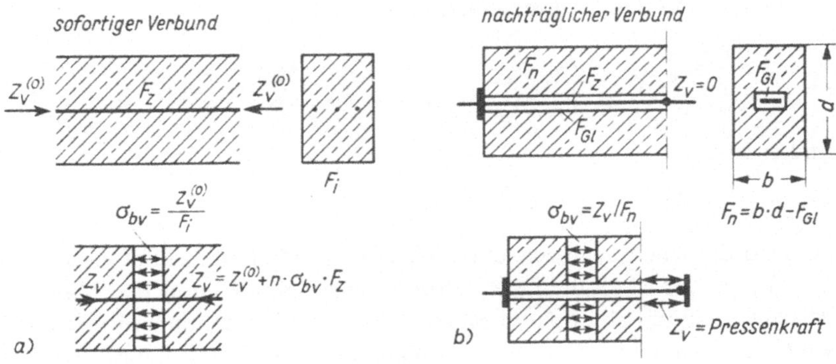

Bild 3.1 Vergleich des Lastfalles Vorspannung bei sorfortigem und nachträglichem Verbund

3.1.1 Die Spannkraft Z_v

Hier entspricht die Kraft Z_v an der Spannpresse der Kraft Z_v nach dem Lösen der Verankerung im Falle des sofortigen Verbundes. Diese Kraft wirkt auf den Nettoquerschnitt $F_n = F_b - F_{Gl}$, wobei F_{Gl} die noch nicht mit dem Einpreßmörtel gefüllte Querschnittsfläche des Gleitkanals ist.

Die Kraft Z_v ergibt sich aus der erforderlichen Betonvorspannung σ_{bv} zu $Z_v = \sigma_{bv} \cdot F_n$. Mit den gegebenen Größen F_z, E_z und ℓ (Bild 3.2) wird die für die Kraft Z_v erforderliche Stahldehnung $\delta_{zv} = \dfrac{Z_v \cdot \ell}{E_z \cdot F_z}$.

δ_{zv} bedeutet die Dehnung, die über die Länge ℓ des spannungsfreien Spanngliedes hinaus gemessen wird (Bild 3.2)

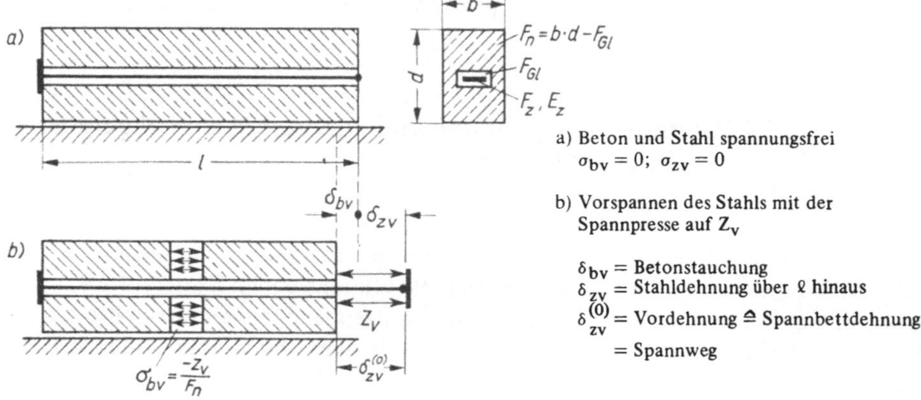

Bild 3.2 Zur Berechnung der Vordehnung bzw. des Spannweges $\delta_{zv}^{(0)}$

3.1.2 Spannweg und Stahldehnung bei mittiger Spanngliedlage

Es entsteht mit dem Spannen die Betonstauchung

$$\delta_{bv} = -\frac{Z_v \cdot \ell}{E_b \cdot F_n}$$

und es ist

$$\delta_{zv}^{(0)} = \delta_{zv} - \delta_{bv} \tag{3.1}$$

der erforderliche Spannweg, der je nach der Steifigkeit des Betonquerschnitts $E_b \cdot F_n$ größer ist als die für Z_v erforderliche Stahldehnung δ_{zv}. Man bezeichnet deshalb auch $\delta_{zv}^{(0)}$ als „Spannbettdehnung“ oder Vordehnung, weil diese Dehnung v o r der Stauchung des Betons (also gegenüber dem spannungsfreien Beton,

$\sigma_{bv} = 0$) vorhanden sein müßte, um nach Lösen der Verankerung die gewünschte Stahldehnung δ_{zv} übrigzubehalten. Die Betonstauchung δ_{bv} vermindert die Vordehnung $\delta_{zv}^{(0)}$ im Spannstahl, und es verbleibt von der Vordehnung $\delta_{zv} = \delta_{zv}^{(0)} + \delta_{bv}$. Dieser Dehnungsverlust δ_{bv} kann auch ausgedrückt werden im Verhältnis zu $\delta_{zv}^{(0)}$ durch den Steifigkeitsbeiwert

$$\alpha = \frac{-\delta_{bv}}{\delta_{zv}^{(0)}} = \frac{-\delta_{bv}}{\delta_{zv} - \delta_{bv}} \tag{3.2}$$

Somit ist $\alpha \cdot 100$ der Dehnungsverlust in %.

Für $Z_v = 1$ ist bei mittiger Spanngliedlage

$$\delta_{zv} = \frac{\ell}{E_z \cdot F_z} \quad \text{und} \quad \delta_{bv} = \frac{-\ell}{E_b \cdot F_n}$$

$$\text{Damit wird } \alpha = \frac{1}{1 + F_n/n \cdot F_z} \tag{3.3}$$

Die für die erforderliche Stahldehnung δ_{zv} notwendige Vordehnung kann aus Gl. (3.1) und (3.2) bestimmt werden.

Wird $\delta_{bv} = -\alpha \cdot \delta_{zv}^{(0)}$ in Gl. (3.1) eingesetzt, erhält man die Vordehnung bzw. den Spannweg zu

$$\delta_{zv}^{(0)} = \delta_{zv} + \alpha \cdot \delta_{zv}^{(0)} \quad \text{oder} \quad \delta_{zv}^{(0)} = \frac{\delta_{zv}}{1-\alpha} \tag{3.4}$$

Es ist hier der gleiche Vorgang wie im Abschn. 2 bei Vorspannung mit sofortigem Verbund; nur wurde dort über den Steifigkeitsbeiwert α die Verbindung zwischen der Spannbettspannung $\sigma_{zv}^{(0)}$ und der Spannung im Stahl nach dem Lösen der Verankerung σ_{zv} hergestellt, während hier die Verbindung zwischen der Vordehnung bzw. „Spannbettdehnung" $\delta_{zv}^{(0)}$ und der verbleibenden Dehnung δ_{zv} geschaffen wird.

3.1.3 Querschnittswerte für die einzelnen Lastfälle

Im Lastfall „Vorspannung" erfährt der Balken bei mittiger Spanngliedlage (in der Schwerlinie) nur eine Verkürzung, aber keine Krümmung; er hebt sich also nicht von der Schalung ab. Das Eigengewicht g_1 wird erst nach Entfernen der Schalung wirksam. Wir nehmen an, daß beim Wirken von g_1 der Gleitkanal noch nicht mit Einpreßmörtel gefüllt ist, so daß für den Lastfall g_1 die Nettoquerschnittswerte gelten. Danach wird der Gleitkanal ausgepreßt, d.h., es wird ein Verbund zwischen Stahl und Beton hergestellt, so daß für die späteren Lastfälle g_2 und p die ideellen Querschnittswerte maßgebend sind. Mit den in Bild 3.3 erläuterten Querschnittswerten werden die Beton- und Stahlspannungen für die einzelnen Lastfälle berechnet.

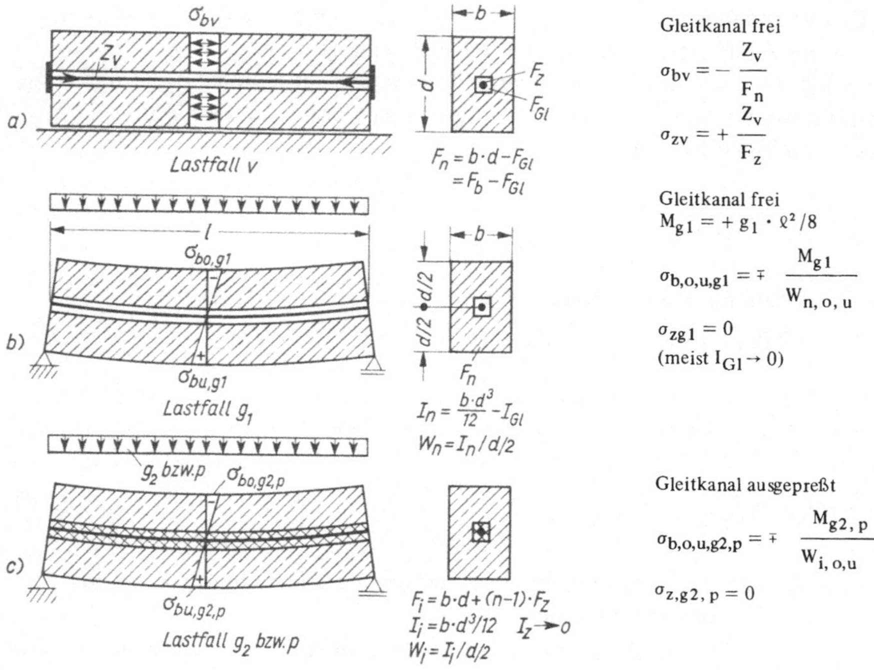

Bild 3.3 Lastfälle, zugehörige Querschnittswerte und Spannungsermittlung

Lastfall v $\quad \sigma_{bv} = -\frac{Z_v}{F_n} \qquad \sigma_{zv} = +\frac{Z_v}{F_z}$

Lastfall g_1 $\quad \sigma_{b,o,u,g_1} = \mp \frac{M_{g_1}}{W_{n,o,u}} \qquad \sigma_{zg_1} = 0$

Lastfall g_2 $\quad \sigma_{b,o,u,g_2} = \mp \frac{M_{g_2}}{W_{i,o,u}} \qquad \sigma_{zg_2} = 0$ $\quad$ nur bei mittigem Spannglied

Lastfall p $\quad \sigma_{b,o,u,p} = \mp \frac{M_p}{W_{i,o,u}} \qquad \sigma_{zp} = 0$

Die Überlagerung und tabellarische Zusammenstellung zu den ungünstigsten Werten erfolgt nach Abschn. 2 (Tafel 2.13 und 2.15).

3.1.4 Ausmittige Spanngliedlage

Bei ausmittiger Spanngliedlage treten beim Lastfall „Vorspannung" sowohl eine Verkürzung als auch eine Krümmung auf. Der Balken hebt sich deshalb beim Vorspannen mehr oder weniger von der Schalung ab. Vordehnung bzw. Spannweg ist

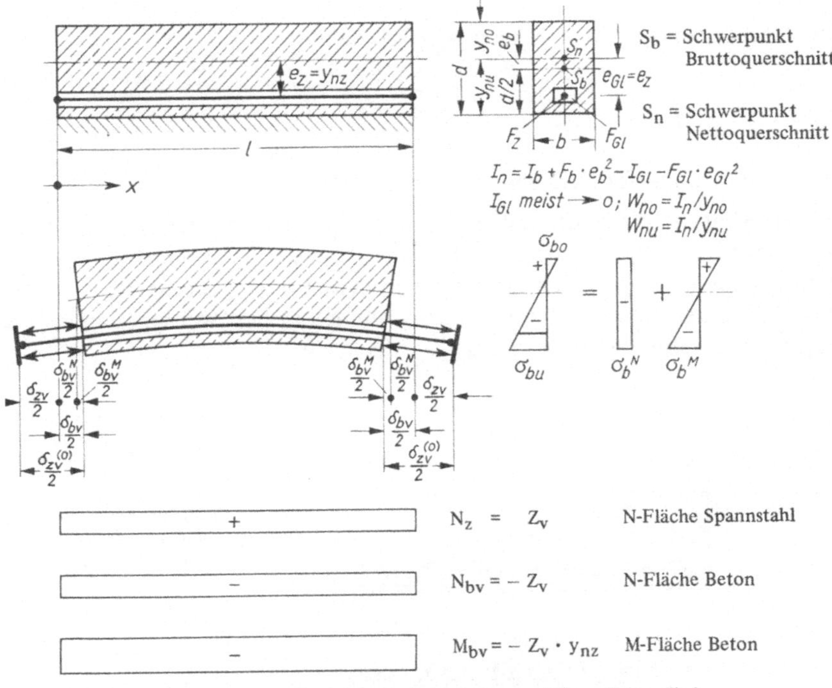

Bild 3.4 Vordehnung bzw. Spannweg bei geradem, ausmittigem Spannglied

nach Gl. (3.1) $\delta_{zv}^{(0)} = \delta_{zv} - \delta_{bv}$. Die Ermittlung der Betonstauchung δ_{bv} erfolgt nach Bild 3.4.

Mit gegebenem E_z und F_z sowie ℓ wird $\quad \delta_{zv} = \dfrac{Z_v \cdot \ell}{E_z \cdot F_z}$

Die Betonstauchung setzt sich zusammen aus Normalkraft- und Momentenanteil $\delta_{bv} = \delta_{bv}^N + \delta_{bv}^M$. Mit der Dehnsteifigkeit $E_b \cdot F_n$ und der Biegesteifigkeit $E_b \cdot I_n$ wird

$$\delta_{bv}^N = \frac{-Z_v \cdot \ell}{E_b \cdot F_n} \quad \text{und} \quad \delta_{bv}^M = -\int_0^\ell \frac{|M_{bv}|}{E_b \cdot I_n} \cdot y_{nz} \cdot dx$$

Damit ist die Vordehnung bzw. der Spannweg bei ausmittigem Spannglied für den gewichtslos gedachten Balken

$$\delta_{zv}^{(0)} = \frac{Z_v \cdot \ell}{E_z \cdot F_z} + \frac{Z_v \cdot \ell}{E_b \cdot F_n} + \int_0^\ell \frac{Z_v \cdot y_{nz}^2}{E_b \cdot I_n} \cdot dx \tag{3.5}$$

Die Berechnung über den Steifigkeitsbeiwert erfolgt nach Gl. (3.2) mit

$$\alpha = \frac{-\delta_{bv}}{\delta_{zv}^{(0)}} = \frac{-\delta_{bv}}{\delta_{zv} - \delta_{bv}} = \frac{-(\delta_{bv}^N + \delta_{bv}^M)}{\delta_{zv} - (\delta_{bv}^N + \delta_{bv}^M)}$$

Die Vordehnung ergibt sich nach Gl. (3.4) zu

$$\delta_{zv}^{(0)} = \frac{\delta_{zv}}{1-\alpha}$$

(δ_{zv} ist die zum erforderlichen Z_v gehörende Stahldehnung)

Wie erwähnt, hebt sich der Balken beim Vorspannen von der Schalung ab, so daß sein Eigengewicht g_1 wirksam wird. Daher ist in der Spannkraft Z_v ein Anteil aus dem Eigengewicht g_1 enthalten, und man müßte genaugenommen schreiben Z_{v+g1}. Soll der „reine" Lastfall „Vorspannung" isoliert werden, dann ist der Anteil Z_{g1} zu ermitteln, womit $Z_v = Z_{v+g1} - Z_{g1}$.

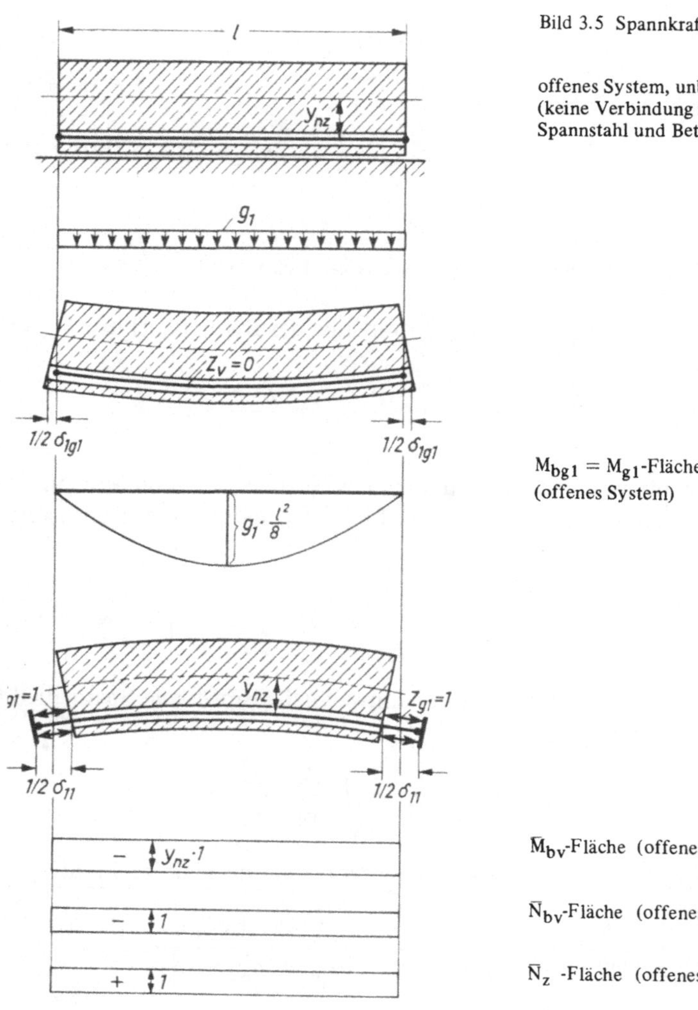

Bild 3.5 Spannkraftanteil Z_{g1}

offenes System, unbelastet (keine Verbindung zwischen Spannstahl und Beton)

$M_{bg1} = M_{g1}$-Fläche (offenes System)

$\bar{M}_{bv}$-Fläche (offenes System)

$\bar{N}_{bv}$-Fläche (offenes System)

$\bar{N}_z$ -Fläche (offenes System)

Der Anteil Z_{g1} ergibt sich aus der statisch unbestimmten Berechnung im „offenen System" nach Bild 3.5.

$$Z_{g1} \cdot \delta_{11} + \delta_{1g1} = 0 \qquad \text{hieraus} \qquad Z_{g1} = -\frac{\delta_{1g1}}{\delta_{11}} \tag{3.6}$$

Wenn keine äußeren Normalkräfte wirken, errechnet sich das Belastungsglied zu

$$\delta_{1g1} = \int_0^{\ell} \frac{M_{bg1} \cdot \overline{M}_{bv}}{E_b \cdot I_n} \cdot dx = -\int_0^{\ell} \frac{M_{bg1} \cdot y_{nz}}{E_b \cdot I_n} \cdot dx \tag{3.7}$$

Der Wert δ_{11}, d.h., die Relativverschiebung zwischen Spannstahl und Beton wird für $Z_v = 1$ nach Gl. (3.5)

$$\delta_{11} = \frac{\ell}{E_z \cdot F_z} + \frac{\ell}{E_b \cdot F_n} + \int_0^{\ell} \frac{y_{nz}^2}{E_b \cdot I_n} \cdot dx \tag{3.8}$$

Für $Z_v = 1$ ist $\delta_{11} = \delta_{zv}^{(0)}$, also gleich der Vordehnung. Das gezeigte Verfahren gilt grundsätzlich für Vorspannung ohne Verbund, womit auch die Spannkraftanteile anderer Lastfälle zu ermitteln wären. Hier aber interessiert nur der vor dem Auspressen vorhandene Lastfall g_1, da für alle Lastfälle nach dem Auspressen des Gleitkanals Verbund zwischen Spannstahl und Beton besteht und deshalb nach Abschn. 2 $\epsilon_z = \epsilon_{bz}$ bzw. $\sigma_z = n \cdot \sigma_{bz}$ für jede beliebige Stelle über die ideellen Querschnittswerte zu berechnen ist. Der Aufwand, Z_{g1} aus einer statisch unbestimmten Berechnung zu ermitteln, lohnt sich aus zwei Gründen nicht. Erstens setzt die Berechnung voraus, daß der Balken beim Vorspannen über seine volle Länge von der Schalung abhebt, was aber infolge der Elastizität der Schalung und Rüstung eine unsichere Annahme darstellt, und zweitens ist der Spannkraftanteil Z_{g1} sehr klein im Verhältnis zu Z_v.

Für die Ermittlung von Z_{g1} genügt deshalb i. allg. eine Näherungsformel nach Rüsch-Kupfer (s. Betonkalender 1975 I. S. 868).

Danach ist $$Z_{g1} \approx \frac{n}{2} \cdot \frac{M_{g1}}{I_b} \cdot y_{bz} \cdot F_z \tag{3.9}$$

wobei $$M_{g1} = g_1 \cdot \frac{\ell^2}{8} \qquad \text{und} \qquad n = \frac{E_z}{E_b}$$

Würde g_1 auf den Verbundquerschnitt wirken, dann wäre für die Balkenmitte

mit $$I_i \approx I_b \qquad Z_{g1} = n \cdot \frac{M_{g1}}{I_b} \cdot y_{bz} \cdot F_z$$

also doppelt so groß wie Z_{g1} nach Gl. (3.9). Hierbei ist zu beachten, daß dann Z_{g1} nur für die maximale Dehnung in Balkenmitte gelten würde. Bei nicht ausgepreßtem Gleitkanal ist aber die mittlere Dehnung über die ganze Spanngliedlänge ℓ zu nehmen, die bei parabelförmiger Spanngliedführung ≈ 50 % der maximalen Dehnung beträgt. Für gerade Spanngliedführung wird Z_g nach Gl. (3.9) etwa um 25 % zu klein.

In Tafel 3.6 sind die für die Spannungsermittlung maßgebenden Schnittgrößen mit und ohne Trennung von Z_{g1} und Z_v verglichen.

Tafel 3.6 Vergleich der einzusetzenden Schnittgrößen für Trennung oder Zusammenfassung von Z_v und Z_{g1}

Trennung von Z_v und Z_{g1}		keine Trennung von Z_v und Z_{g1}	
Lastfall		Lastfall	
v	$M_{bv} = - Z_v \cdot y_{nz}$	v	$M_{bv} = -(Z_v + Z_{g1}) \cdot y_{nz}$
g_1	$M_{bg1} = M_{g1} - Z_{g1} \cdot y_{nz}$	g_1	$M_{bg1} = M_{g1}$

Man erkennt aus Tafel 3.6, daß die Überlagerung in beiden Fällen das gleiche Ergebnis liefert.

Die Trennung von Z_v und Z_{g1} ist bei Vorspannung mit nachträglichem Verbund nicht erforderlich, so daß man zweckmäßig mit der Spannkraft Z_{v+g1} rechnet und dafür bei der Spannungsermittlung für Lastfall g_1 das volle Lastmoment $M_{bg1} = M_{g1}$ einsetzt. Zur weiteren Vereinfachung sei bemerkt, daß bei nicht zu großen Aussparungen für die Gleitkanäle an Stelle der Nettoquerschnittswerte mit den Bruttoquerschnittswerten F_b gerechnet werden kann.

Für alle Lastfälle nach der Herstellung des Verbundes sind die ideellen Querschnittswerte F_i, y_{iu}, y_{iz} und I_i sowie W_{io} und W_{iu} nach den Angaben in Abschn. 2 zu berechnen. Häufig weichen bei geringer Spannbewehrung die ideellen Querschnittswerte nur wenig von den Bruttoquerschnittswerten ab. In diesen Fällen kann auch nach Herstellen des Verbundes mit den Bruttoquerschnittswerten, anstelle der ideellen Querschnittswerte gerechnet werden.

3.2 Schnittgrößen N_{bv}, Q_{bv} und M_{bv} des Lastfalles Vorspannung bei beliebiger Spanngliedführung in statisch bestimmten Systemen

In statisch bestimmten Systemen stehen die inneren Kräfte (Schnittgrößen) mit der Vorspannkraft im Gleichgewicht, so daß im Lastfall „Vorspannung" keine Lagerreaktionen entstehen. Wie aus Bild 3.7 ersichtlich, sind die Schnittgrößen die Spannungsresultierenden, was bei gerader Spanngliedführung direkt zu erkennen ist, da keine Umlenkkräfte auftreten.

Nach Bild 3.7 ist wegen $\Sigma H = 0$ und $D + Z = 0$ $\quad \int_F (\sigma_{bv}^N + \sigma_{bv}^M) \cdot dF = - Z_v$

Die Spannungen $(\sigma_{bv}^N + \sigma_{bv}^M)$ bilden den sog. Eigenspannungszustand des Lastfalles „Vorspannung".

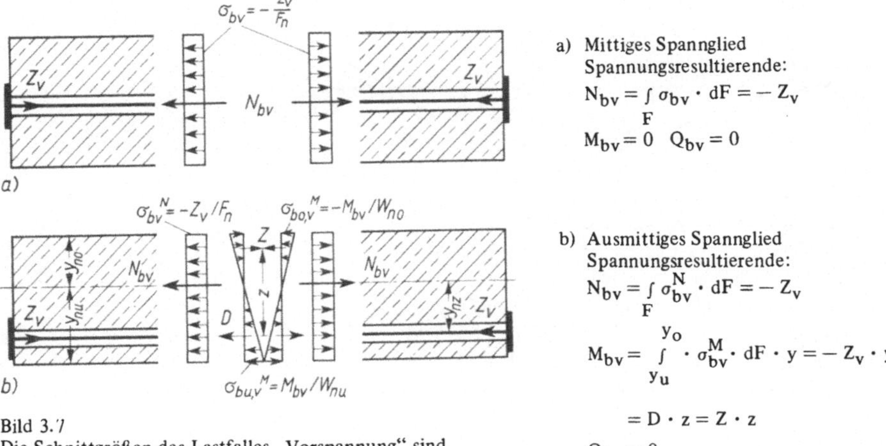

a) Mittiges Spannglied
Spannungsresultierende:
$N_{bv} = \int_F \sigma_{bv} \cdot dF = -Z_v$
$M_{bv} = 0 \quad Q_{bv} = 0$

b) Ausmittiges Spannglied
Spannungsresultierende:
$N_{bv} = \int_F \sigma_{bv}^N \cdot dF = -Z_v$
$M_{bv} = \int_{y_u}^{y_o} \cdot \sigma_{bv}^M \cdot dF \cdot y = -Z_v \cdot y_{nz}$
$= D \cdot z = Z \cdot z$
$Q_{bv} = 0$

Bild 3.7
Die Schnittgrößen des Lastfalles „Vorspannung" sind Spannungsresultierende des Eigenspannungszustandes

3.2.1 Ermittlung von N_{bv}, Q_{bv} und M_{bv} über die Umlenkkräfte und über den Eigenspannungszustand

Bei einem nicht geradlinig geführten Spannglied treten Umlenkkräfte auf, die mit den Spannkräften im Gleichgewicht stehen, so daß auch hier im statisch bestimmten Lagerungsfall keine Auflagerreaktionen auftreten und die inneren Kräfte (Schnittgrößen) mit den Vorspannkräften einen Gleichgewichtszustand (Eigenspannungszustand) bilden. In Bild 3.8 sind die Umlenkkräfte an einem polygonal geführten Spannglied dargestellt. Die Schnittgrößen des Lastfalles „Vorspannung" können wie gewohnt ermittelt werden, wenn man Einleitungs- und Umlenkkräfte als äußere Kraft deutet.

Die Umlenkkräfte errechnen sich nach Bild 3.8a und b zunächst ohne Berücksichtigung der Reibung zu

$$U = 2 \cdot Z_v \cdot \sin \alpha/2 \tag{3.10}$$

Die lotrechte und waagerechte Komponente von U ist

$$U_\ell = U \cdot \cos \alpha/2, \; U_w = U \cdot \sin \alpha/2$$

und mit

$$U = 2 \cdot Z_v \cdot \sin \alpha/2$$

$$U_\ell = 2 \cdot Z_v \cdot \sin \alpha/2 \cdot \cos \alpha/2 = Z_v \cdot \sin \alpha$$

$$U_w = 2 \cdot Z_v \cdot \sin \alpha/2 \cdot \sin \alpha/2 = Z_v \cdot (1 - \cos \alpha) \tag{3.11}$$

Am Ersatzbalken nach Bild 3.8c werden die auf die Schwerlinie bezogenen Schnittgrößen mit der Vorzeichenregel nach Bild 2.11 für die Stellen a und b mit Hilfe der Umlenkkräfte berechnet.

Stelle a $\quad N_{bv}(a) = -Z_{vwA} = -Z_v \cdot \cos \alpha$

$\quad Q_{bv}(a) = -Z_{v\ell A} = -Z_v \cdot \sin \alpha$

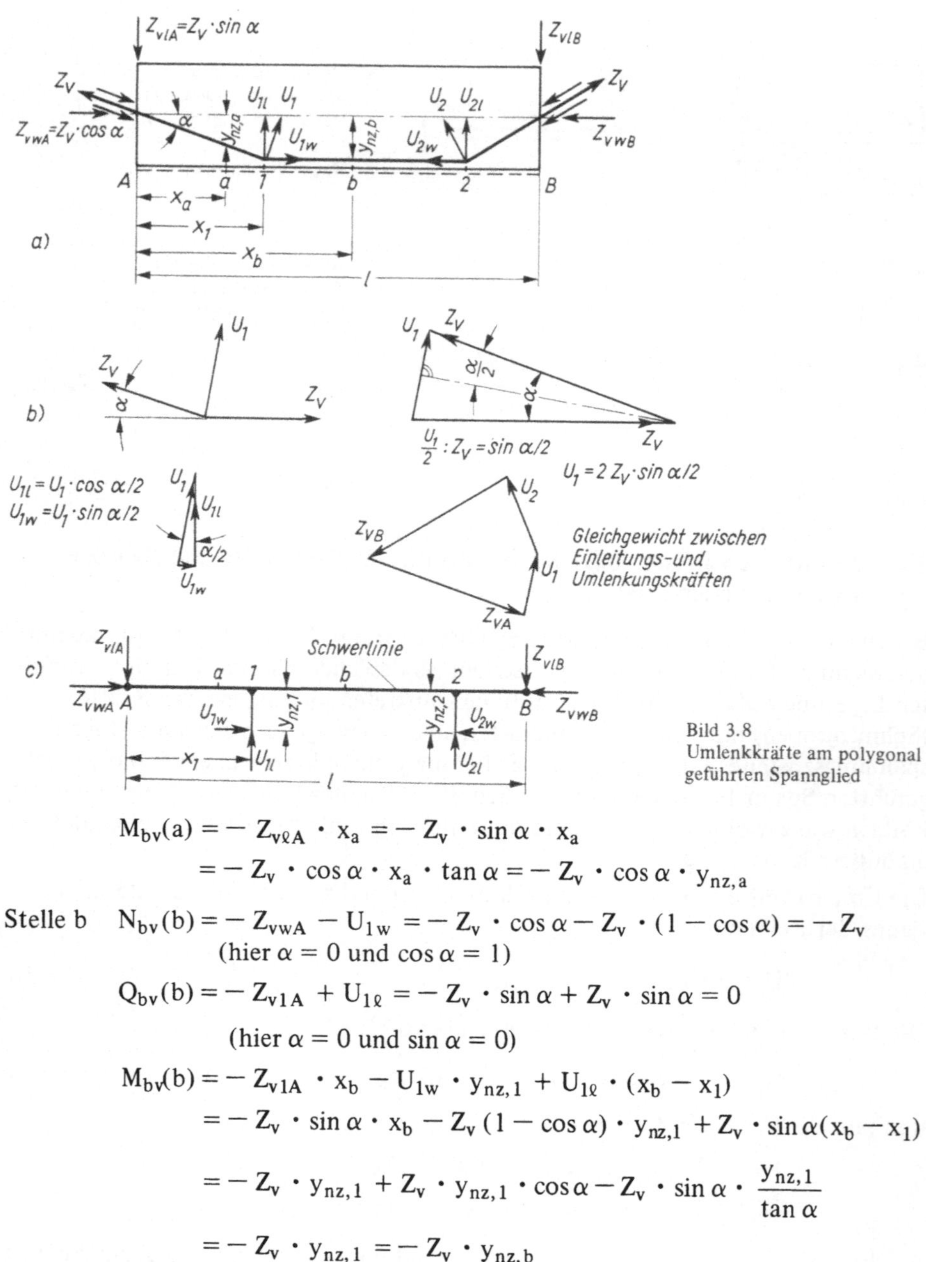

Bild 3.8
Umlenkkräfte am polygonal geführten Spannglied

$$M_{bv}(a) = - Z_{v\ell A} \cdot x_a = - Z_v \cdot \sin\alpha \cdot x_a$$
$$= - Z_v \cdot \cos\alpha \cdot x_a \cdot \tan\alpha = - Z_v \cdot \cos\alpha \cdot y_{nz,a}$$

Stelle b $N_{bv}(b) = - Z_{vwA} - U_{1w} = - Z_v \cdot \cos\alpha - Z_v \cdot (1 - \cos\alpha) = - Z_v$
(hier $\alpha = 0$ und $\cos\alpha = 1$)

$$Q_{bv}(b) = - Z_{v1A} + U_{1\ell} = - Z_v \cdot \sin\alpha + Z_v \cdot \sin\alpha = 0$$

(hier $\alpha = 0$ und $\sin\alpha = 0$)

$$M_{bv}(b) = - Z_{v1A} \cdot x_b - U_{1w} \cdot y_{nz,1} + U_{1\ell} \cdot (x_b - x_1)$$
$$= - Z_v \cdot \sin\alpha \cdot x_b - Z_v (1 - \cos\alpha) \cdot y_{nz,1} + Z_v \cdot \sin\alpha (x_b - x_1)$$
$$= - Z_v \cdot y_{nz,1} + Z_v \cdot y_{nz,1} \cdot \cos\alpha - Z_v \cdot \sin\alpha \cdot \frac{y_{nz,1}}{\tan\alpha}$$
$$= - Z_v \cdot y_{nz,1} = - Z_v \cdot y_{nz,b}$$

Die Ergebnisse zeigen, daß mit Hilfe der Umlenkkräfte die gleichen Resultate erzielt werden wie bei der Berechnung der Schnittgrößen als Spannungsresultierende des Eigenspannungszustandes. Man kann allgemein schreiben

$$\begin{aligned} N_{bv}(x) &= Z_{vw} + \Sigma U_w = - Z_v \cdot \cos\alpha_x \\ Q_{bv}(x) &= Z_{v\ell} + \Sigma U_\ell = - Z_v \cdot \sin\alpha_x \\ M_{bv}(x) &= Z_{v\ell} \cdot x + \Sigma U_w \cdot y_{nz,u} + \Sigma U_\ell \cdot x_u \\ &= - Z_v \cdot \cos\alpha_x \cdot y_{nz}(x) \end{aligned} \quad (3.12)$$

In Gl. (3.12) bedeutet

$N_{bv}(x)$ = Komponente der Spannkraft an der Stelle x in Richtung der Schwerlinie

$Q_{bv}(x)$ = Komponente der Spannkraft an der Stelle x senkrecht (quer) zur Schwerlinie

$M_{bv}(x)$ = Moment der Spannkraft, bezogen auf die Schwerlinie

Bei mehreren Spanngliedern gilt als Spannkraft die Summe aller Einzelkräfte und als Abstand y_{nz} der Schwerpunkt des Spannstranges von der Schwerlinie des Querschnitts.

Die Reibung zwischen Spannglied und Gleitkanal wird in Gl. (3.12) dadurch berücksichtigt, daß anstatt der Spannkraft Z_v an der Einleitungsstelle die an der Stelle x noch vorhandene Spannkraft $Z_v(x)$ eingesetzt wird (s. Abschn. 4).

Für die Ermittlung der Schnittgrößen des Lastfalls „Vorspannung" wird bei statisch bestimmten Systemen immer der wesentlich schnellere Weg über den Eigenspannungszustand gewählt. Nur bei statisch unbestimmten Systemen wird man sich der Umlenkkräfte bedienen, wenn die Schnittgrößen durch Auswerten von Einflußlinien oder Einflußflächen (bei Platten) gewonnen werden sollen.

Eine übliche Näherung ergibt sich aus der meist geringen Spanngliedneigung, die etwa zwischen 3° bis 6° liegt, so daß $\cos\alpha = 1$ gesetzt werden kann und damit $Z_{vw} = Z_v$. Bei stetig gekrümmten Spanngliedern können die Schnittgrößen ebenfalls über die Umlenkkräfte oder über den Eigenspannungszustand ermittelt werden (Bild 3.9). Die Umlenkkräfte u (kN/m) sind hier die Leibungsdrücke, die sich aus der bekannten Grundgleichung

$$Z_v = u \cdot r \qquad u = \frac{Z_v}{r} \quad (3.13)$$

errechnen lassen, wenn der Krümmungsradius r und die Spannkraft Z_v an jeder Stelle x bekannt sind.

Ohne Berücksichtigung der Reibung ist

$$u_\ell = \frac{Z_v}{r(x_1)} \cdot \cos\varphi_{x1} \qquad u_w = \frac{Z_v}{r(x_1)} \cdot \sin\varphi_{x1} \quad (3.14)$$

Die Krümmung $1/r(x_1)$ kann aus der gegebenen Kurvengleichung des Spanngliedes $y_{nz}(x) = f(x)$ bestimmt werden für jede Stelle x zu

$$\frac{1}{r(x)} = \frac{y''_{nz(x)}}{(1 + y'^2_{nz(x)})^{3/2}} \quad (3.15)$$

Mit Gl. (3.14) und (3.15) können jetzt die Schnittgrößen als Summe aller Kräfte links vom Schnitt x_1 wie folgt dargestellt werden (Bild 3.9):

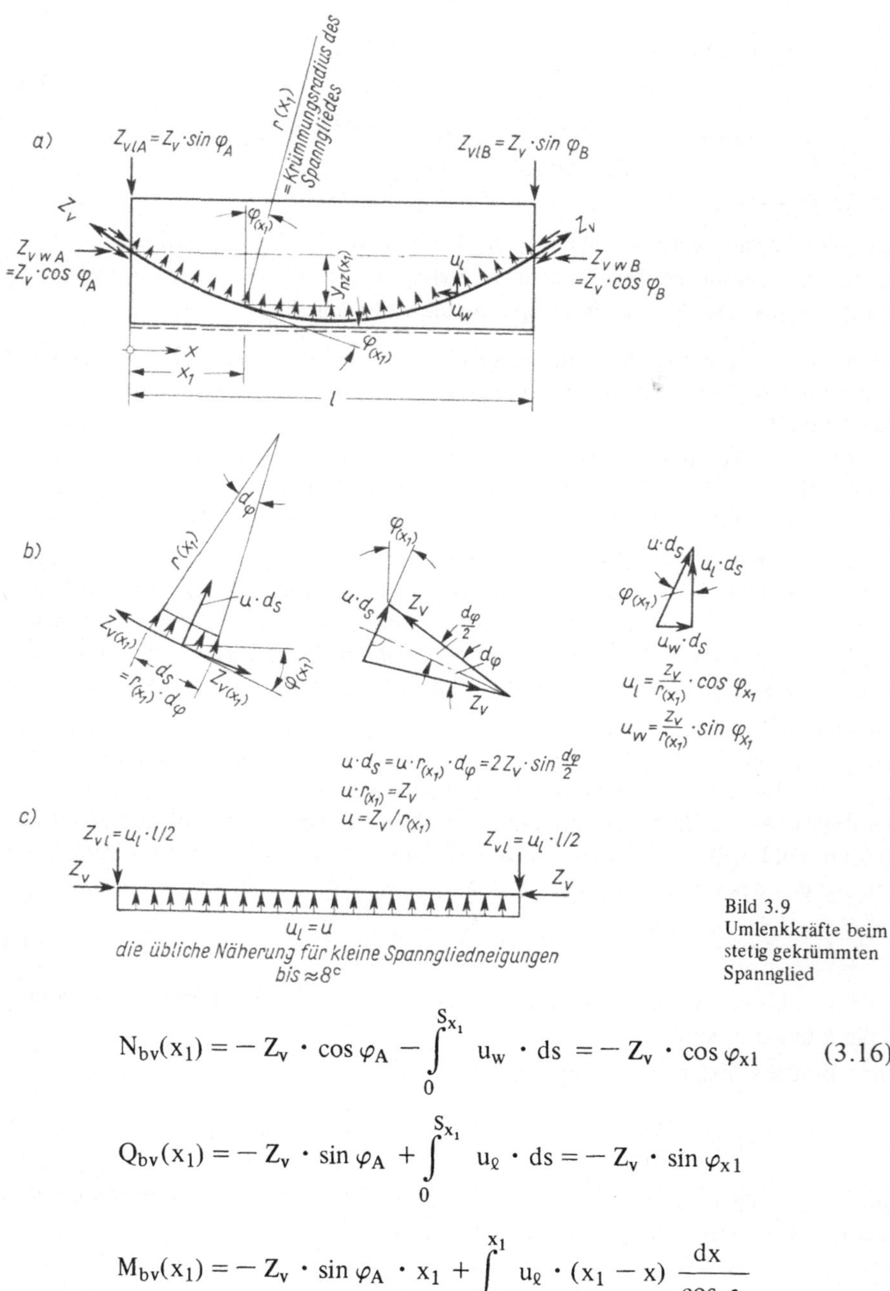

Bild 3.9
Umlenkkräfte beim stetig gekrümmten Spannglied

$$N_{bv}(x_1) = -Z_v \cdot \cos\varphi_A - \int_0^{S_{x_1}} u_w \cdot ds = -Z_v \cdot \cos\varphi_{x1} \tag{3.16}$$

$$Q_{bv}(x_1) = -Z_v \cdot \sin\varphi_A + \int_0^{S_{x_1}} u_\ell \cdot ds = -Z_v \cdot \sin\varphi_{x1}$$

$$M_{bv}(x_1) = -Z_v \cdot \sin\varphi_A \cdot x_1 + \int_0^{x_1} u_\ell \cdot (x_1 - x)\,\frac{dx}{\cos\varphi_x}$$

$$-\int_0^{x_1} u_w \cdot y_{nz(x)}\,\frac{dx}{\cos\varphi_x} = -Z_v \cdot \cos\varphi_{x1} \cdot y_{nz}(x_1)$$

Die Ergebnisse von Gl. (3.16) sind die gleichen wie die von Gl. (3.12) für das polygonale Spannglied.

Die Schnittgrößen N_{bv}, Q_{bv} und M_{bv} lassen sich also auch beim gekrümmten Spannglied am leichtesten über den Eigenspannungszustand ermitteln.

Bei Berücksichtigung der Reibung wird in Gl. (3.16) anstatt der konstanten Kraft Z_v die an einer beliebigen Schnittstelle x verbleibende Spannkraft $Z_v(x)$ eingesetzt, so daß es allgemein heißt

$$N_{bv}(x) = - Z_v(x) \cdot \cos \varphi_x \qquad (3.17)$$

$$Q_{bv}(x) = - Z_v(x) \cdot \sin \varphi_x$$

$$M_{bv}(x) = - Z_v(x) \cdot \cos \varphi_x \cdot y_{nz}(x)$$

Deutet man die Spannkräfte an den Einleitungsstellen wie die Umlenkkraft u als äußere Kräfte, so werden folgende Vereinfachungen getroffen:

Wegen der geringen Spanngliedneigung ist

$$y'_{nz}(x) = \tan \varphi_x \approx \sin \varphi_x \approx \varphi_x \qquad \text{und} \qquad \cos \varphi_x \approx 1$$

Damit wird $y'^2_{nz}(x) \ll 1$ und die Krümmung $\frac{1}{r(x)} = y''_{nz}(x)$ (3.18)

Für Gl. (3.14) erhält man dadurch

$$u_\ell = u = Z_v \cdot y''_{nz}(x) \qquad \text{und} \qquad u_w = Z_v \cdot y''_{nz}(x) \cdot \varphi_x$$

Der Einfluß von u_w auf M_{bv} und N_{bv} ist vernachlässigbar klein, und man setzt

$$u_w = 0$$

Diese Vereinfachungen führen zu der üblichen Näherung für die Berechnung der Schnittgrößen über die Umlenkkräfte nach Bild (3.9c). Für die Berechnung über den Eigenspannungszustand bedeutet es

$$N_{bv}(x) = - Z_v(x)$$

$$Q_{bv}(x) = - Z_v(x) \cdot \sin \varphi_x \qquad (3.19)$$

$$M_{bv}(x) = - Z_v(x) \cdot y_{nz}(x)$$

Die Vereinfachungen sind nur gültig, wenn

$$\frac{\cos \varphi_x}{(1 + y'^2_{nz(x)})^{3/2}} \approx 1$$

was aber in der Praxis fast immer zutrifft.

Bild 3.10 stellt die Zustandsflächen der Schnittgrößen für verschiedene Spanngliedführungen dar, in denen Näherung und genaue Werte angedeutet sind. Außerdem wurden Einleitungs- und Umlenkkräfte, als äußere Kräfte am Träger wirkend, dargestellt.

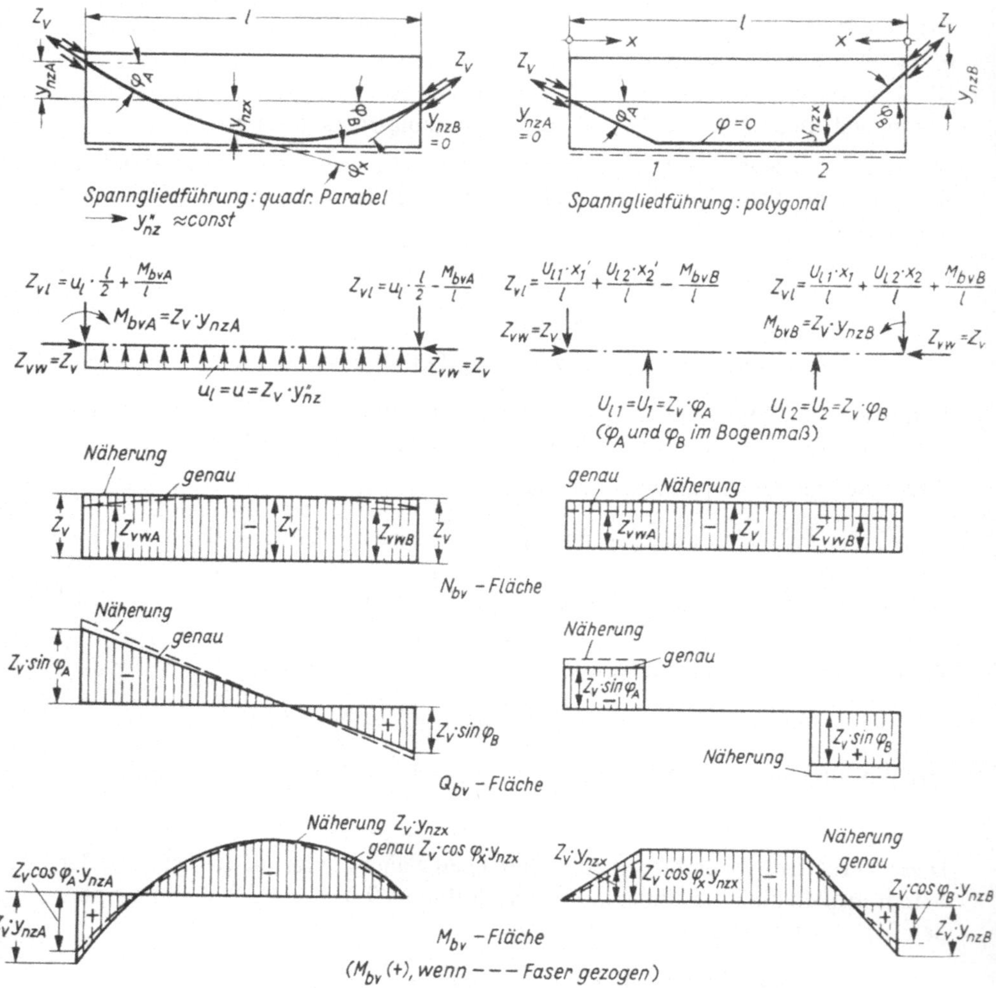

Bild 3.10 Schnittgrößen des Lastfalls „Vorspannung“ für verschiedene Spanngliedführungen (im praktischen Gebrauch üblich: N_{bv}, M_{bv} als Näherung, $Q_{bv} = Z_v \cdot \sin \varphi$ genau)

3.2.2 Zweckmäßige Spanngliedführung

Die Führung der Spannglieder ergibt sich aus der Grundforderung (Bild 2.1), daß die durch Vorspannung erzeugten Betonspannungen den Spannungen aus äußeren Lasten (g und p) entgegenwirken sollen und Zugspannungen ganz oder teilweise auszuschalten sind. Soll bei einem mit Gleichstreckenlast belasteten Einfeldbalken die Betonspannung am unteren Rand über die gesamte Balkenlänge gleich Null sein, so muß das Spannglied nach einer quadratischen Parabel verlaufen und an den Balkenköpfen durch den oberen Kernpunkt gehen (Bild 3.11).

Setzt man volle Vorspannung voraus, das heißt $\sigma_{bu,v+q} = 0$, so ist

$$\sigma_{bu,v+q} = 0 = -\frac{Z_v}{F_b} + \frac{Z_v \cdot k_o}{W_{bu}} + \left(\frac{4 \cdot q \cdot \ell^2/8}{W_{bu}} - \frac{4\, u_\ell \cdot \ell^2/8}{W_{bu}}\right) \cdot \omega_R$$

Soll für jede beliebige Stelle x die untere Betonrandspannung $\sigma_{bu,v+g} = 0$ sein, müssen nach obiger Gleichung folgende Bedingungen erfüllt werden:

$$\frac{Z_v}{F_b} = \frac{Z_v \cdot k_o}{W_{bu}} \quad \text{und} \quad q \cdot \ell^2/8 = \frac{u_\ell \cdot \ell^2}{8}$$

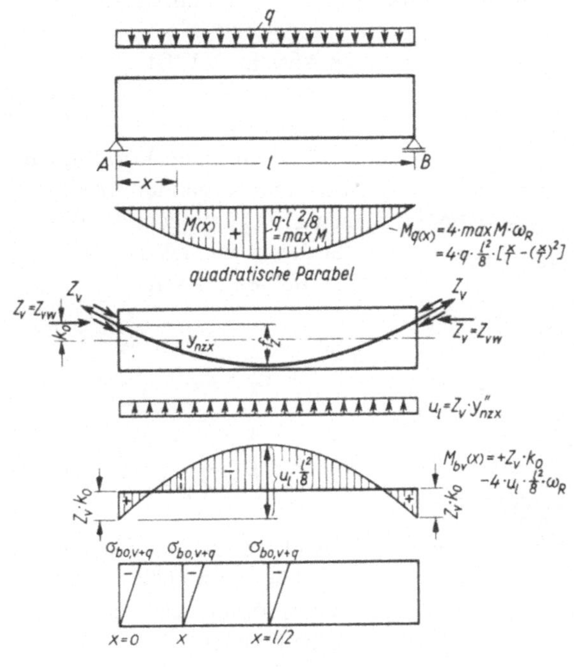

Außerdem muß der Verlauf des Vorspannmomentes (Scheitelwert $u_\ell \cdot \ell^2/8$) gleich sein dem Verlauf des Lastmomentes (Scheitelwert $q \cdot \ell^2/8$). Das Spannglied muß also die Form einer quadratischen Parabel nach der Funktion

$$\omega_R = \frac{x}{\ell} - \left(\frac{x}{\ell}\right)^2 \text{ haben.}$$

Bild 3.11
Spanngliedführung beim Einfeldbalken mit Streckenlast

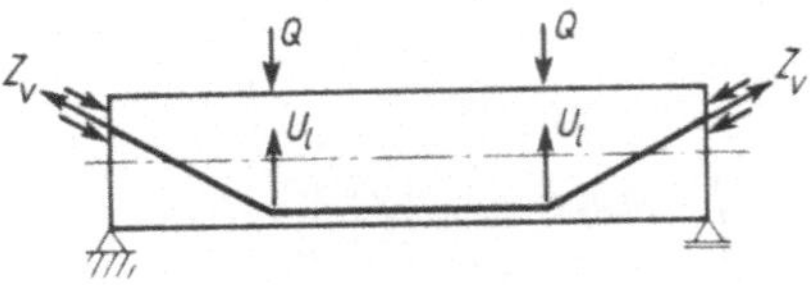

Bild 3.12
Die konzentrierten Umlenkkräfte wirken den Einzellasten entgegen

Bei zwei Einzellasten (Bild 3.12) ist das Spannglied polygonal zu führen, damit die Umlenkkräfte konzentriert den äußeren Lasten entgegenwirken. Die Spanngliedführung wird im allgemeinen dem Verlauf der Momentenfläche aus äußeren Lasten entsprechen und das Spannglied in Balkenmitte möglichst tief liegen.

3.3 Der Spannweg bei beliebiger Spanngliedführung

Bei der Ermittlung des Spannweges wird vorausgesetzt, daß das Eigengewicht g_1 voll zur Wirkung kommt. Wie schon in Abschn. 3.1 bemerkt, trifft diese Annahme nur bedingt zu, so daß mit kleinen Ungenauigkeiten zu rechnen ist.

Da infolge der Reibung beim Vorspannen die Spannkraft Z_v über die Balkenlänge nicht konstant ist (sie nimmt von der Einleitungsstelle zum anderen Balkenende hin ab), wird mit einer mittleren Kraft Z_{vm} gerechnet (s. Abschn. 4, Reibungsverluste).

Für die Herleitung der Gebrauchsformeln wird hier zunächst der Einfluß der Reibung vernachlässigt.

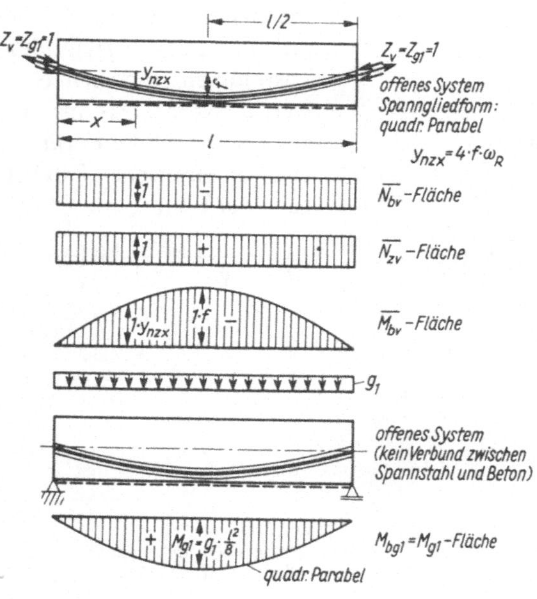

Bild 3.13 Zustandsflächen zur Ermittlung von δ_{11} und δ_{1g1} bei gekrümmter Spanngliedführung

In Abschn. 3.1, Gl. (3.5) wurde die Vordehnung bzw. der Spannweg $\delta_{zv}^{(0)}$ ohne den Einfluß des beim Vorspannen wirksam werdenden Eigengewichts g_1 berechnet, also für den gewichtslos gedachten Balken. Es war

$$\delta_{zv}^{(0)} = \frac{Z_v \cdot \ell}{E_z \cdot F_z} + \frac{Z_v \cdot \ell}{E_b \cdot F_n} + \int_0^{\ell} \frac{Z_v \cdot y_{nz}^2(x)}{E_b \cdot I_n} dx$$

Nach Gl. (3.6) (s. auch Bild 3.5) wurde unter Berücksichtigung von g_1 der in Z_v enthaltene Anteil

$Z_{g1} = -\frac{\delta_{1g1}}{\delta_{11}}$ ermittelt.

Hierbei ist nach Gl. (3.7)

$$\delta_{1g1} = \int_0^{\ell} \frac{M_{bg1} \cdot \overline{M}_{bv}}{E_b \cdot I_n} dx = -\int_0^{\ell} \frac{M_{bg1} \cdot y_{nz}(x)}{E_b \cdot I_n} dx$$

Der δ_{11}-Wert ist zu bestimmen nach Gl. (3.8) zu

$$\delta_{11} = \frac{\ell}{E_z \cdot F_z} + \frac{\ell}{E_b \cdot F_n} + \int_0^{\ell} \frac{y_{nz}^2(x)}{E_b \cdot I_n} dx$$

Es ist zu beachten, daß hier für beliebige Spanngliedführung anstatt y_{nz} gesetzt wird $y_{nz}(x)$. In Bild 3.13 sind die Zustandsflächen zur Ermittlung von δ_{11} und δ_{1g1} dargestellt.

Setzt man unter der Wirkung des Eigengewichtes g_1 für Z_v nun Z_{v+g1}, ergibt sich der Spannweg zu

$$\delta_{Sp} = \delta^{(0)}_{zv+g1} - \delta_{1g1} = Z_{v+g1} \cdot \delta_{11} - \delta_{1g1} \tag{3.20}$$

Für δ_{11} und δ_{1g1} obige Ausdrücke eingesetzt, wird

$$\delta_{Sp} = Z_{v+g1} \cdot \frac{\ell}{E_z \cdot F_z} + Z_{v+g1} \cdot \frac{\ell}{E_b \cdot F_n} + $$
$$+ Z_{v+g1} \int_0^\ell \frac{y^2_{nz}(x)}{E_b \cdot I_n}\, dx - \int_0^\ell \frac{M_{g1} \cdot y_{nz}(x)}{E_b \cdot I_n}\, dx$$

und mit $Z_{v+g1} \cdot y_{nz}(x) = M_{b,v,g1}$

$$\delta_{Sp} = Z_{v+g1} \cdot \frac{\ell}{E_z \cdot F_z} + Z_{v+g1} \cdot \frac{\ell}{E_b \cdot F_n} + $$
$$+ \int_0^\ell \frac{|M_{b,v,g1}| - M_{g1}}{E_b \cdot I_n}\, y_{nz}(x)\, dx \tag{3.21}$$

Nach Gl. (3.21) kann der Spannweg δ_{Sp} für gleichzeitiges Vorspannen eines Spannstranges ohne Trennung von Z_v und Z_{g1}, also mit der Pressenkraft Z_{v+g1} berechnet werden, wobei

$$Z_{v+g1} \cdot \frac{\ell}{E_z \cdot F_z} = \delta_{zv}$$ Dehnung des Spannstahls durch die Pressenkraft Z_{v+g1} über die Länge ℓ hinaus (hier ℓ = wahre Länge des Spannglieds)

$$Z_{v+g1} \cdot \frac{\ell}{E_b \cdot F_n} = \delta^N_{bv}$$ Stauchung des Betons für die Mittenkraft Z_{v+g1}

$$\int_0^\ell \frac{|M_{b,v,g1}| - M_{g1}}{E_b \cdot I_n}\, y_{nz}(x)\, dx = \delta^M_{bv}$$ Stauchung des Betons infolge der Differenz zwischen Vorspann- und Eigengewichtsmoment (Stauchung, wenn $|M_{b,v,g1}| > |M_{g1}|$)

Da $|M_{b,v,g1}| \approx |M_{g1}|$ ist, wird $|M_{b,v,g1}| - M_{g1} \approx 0$, und man kann in der Praxis auf den Anteil

$$\int_0^\ell \frac{|M_{b,v,g1}| - M_{g1}}{E_b \cdot I_n}\, y_{nz}(x)\, dx$$

verzichten, was insbesondere dadurch begründet ist, daß $\delta_{zv} \gg \delta^M_{bv}$.

Mit ausreichender Genauigkeit wird dann

$$\delta_{Sp} = \delta_{zv} - \delta_{bv}^{N} = \frac{Z_v \cdot \ell}{E_z \cdot F_z} + \frac{Z_v \cdot \ell}{E_b \cdot F_n} \tag{3.22}$$

wobei hier Z_v anstatt Z_{v+g1} die erforderliche Pressenkraft darstellt.

Werden mehrere Spannglieder eines Stranges nacheinander gespannt, so müssen die einzelnen Spannglieder wegen der stufenweise zunehmenden Betonstauchung unterschiedliche Spannwege haben. Die Berechnung der einzelnen Spannwege ist in Bild 3.14 erläutert. Allgemein kann bei insgesamt n Spanngliedern von gleich großer Kraft Z_{vk} der Spannweg des k-ten Spanngliedes berechnet werden aus

$$\delta_{Sp,k} = \delta_{zv} + |\delta_{b1,v}^{N}| + (n-k) \cdot |\delta_{b1,v}^{N}| \tag{3.23}$$

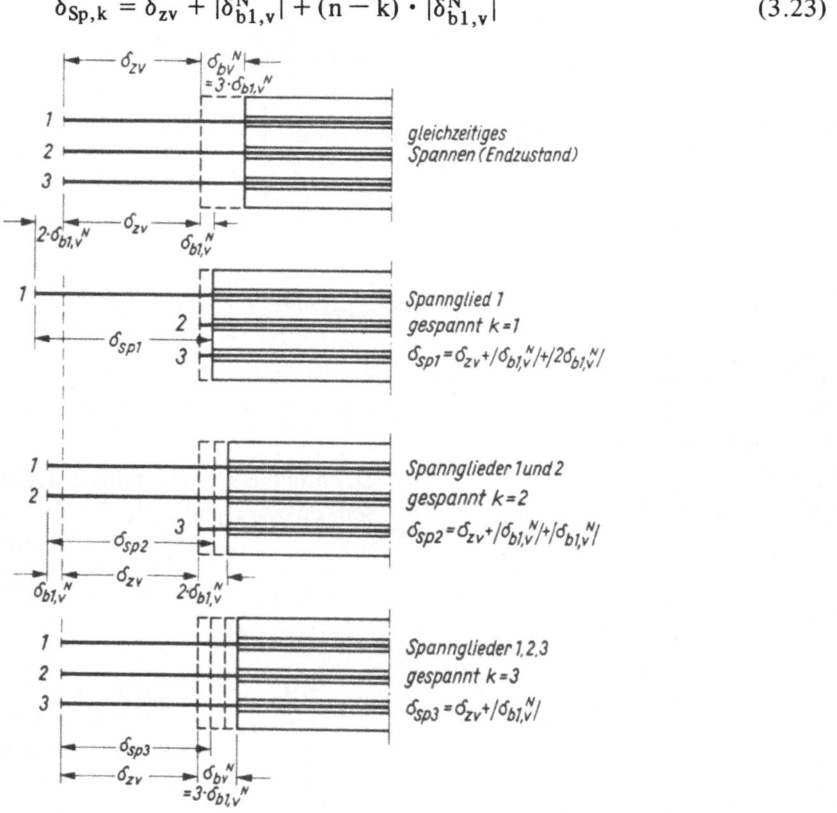

Bild 3.14 Spannwege $\delta_{sp,k}$ beim Nacheinanderspannen von n Spanngliedern

$$\delta_{zv} = \delta_{zk,v} = \frac{Z_v \cdot \ell}{E_z \cdot F_z} = \frac{Z_{vk} \cdot \ell}{E_z \cdot F_{zk}}$$

Z_v = gesamte Spannkraft

F_z = gesamter Spannstahlquerschnitt

Z_{vk} = Spannkraft eines Spanngliedes

F_{zk} = Stahlquerschnitt eines Spanngliedes

$\delta_{b1,v}^{N}$ = Betonstauchung infolge Z_{vk}

n = Gesamtzahl der Spannglieder

k = 1 ⋯ n

3.4 Schnittgrößen N_{bv}, Q_{bv} und M_{bv} des Lastfalles Vorspannung bei Durchlaufträgern

3.4.1 Die Zwängungen. Ermittlung der Zwängungsmomente und Querkräfte. Kraftgrößenverfahren

Infolge Vorspannung ist in statisch unbestimmten Systemen grundsätzlich der gleiche Eigenspannungszustand wie in dem bisher behandelten Einfeldbalken. Zusätzlich aber entstehen Stütz- bzw. Zwängungsmomente, wenn durch den Eigenspannungszustand die Trägerachse eine Krümmung und die Trägerenden eine Tangentenneigung erfahren. Da es für das Berechnungsverfahren zur Ermittlung der Stütz- bzw. Zwängungsmomente M_{zw} ohne Belang ist, ob die Krümmung der Trägerachse durch äußere Lasten, Temperatur, Stützensenkung oder durch den Eigenspannungszustand aus Vorspannung zustande kommt, kann jedes bekannte Berechnungsverfahren zur Ermittlung der unbekannten Zwängungsmomente $M_{Zw} = X$ gewählt werden. Für Durchlaufträger eignen sich besonders das Kraftgrößenverfahren in Form der Clapeyronschen Gleichungen oder bei größerer Stützenzahl, das Crosssche Iterationsverfahren. In Bild 3.15 ist ein Träger mit mittiger Vorspannung dargestellt, bei dem keine Zwängungsmomente auftreten, da auch keine krümmungserzeugenden Eigenspannungsmomente M_{eig} vorhanden sind. Man beachte, daß im Lastfall „Vorspannung" der Träger als gewichtslos zu betrachten ist.

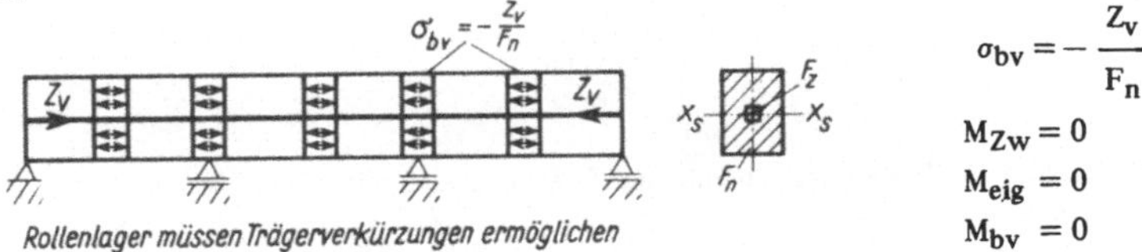

Bild 3.15 Durchlaufträger mit mittiger Vorspannung

Liegt das Spannglied ausmittig, so treten Momente aus Vorspannung auf (Bild 3.16). Wegen der Krümmung des Trägers stellen sich im statisch bestimmten Hauptsystem mit Gelenken über den Stützen an den Enden der Einfeldträger Tangentenneigungen ein, die aus der gegebenen Momentenfläche $M_{eig} = Z_v \cdot y_{nz}$ in bekannter Weise zu berechnen sind. Für die Vorzeichen der Momente gilt Bild 2.11.

Die Tangentenneigungen infolge der Momente aus Vorspannung werden

$$EI_n \cdot \delta_{10,\ell} = \int_A^B M_{eig} \cdot M_1 \cdot dx \quad \text{und} \quad EI_n \cdot \delta_{10,r} = \int_B^C M_{eig} \cdot M_1 \cdot dx$$

Mit Hilfe der üblichen Tafeln für die Auswertung der Integrale oder nach Mohr erhält man für parabelförmige Spanngliedführung

$$EI_n \delta_{10,\ell} = 1/3\, Z_v \cdot e_B \cdot 1 \cdot \ell_1 - 1/3\, Z_v \cdot f_1 \cdot 1 \cdot \ell_1$$

und

$$EI_n \delta_{10,r} = 1/3\, Z_v \cdot e_B \cdot 1 \cdot \ell_2 - 1/3\, Z_v \cdot f_2 \cdot 1 \cdot \ell_2$$

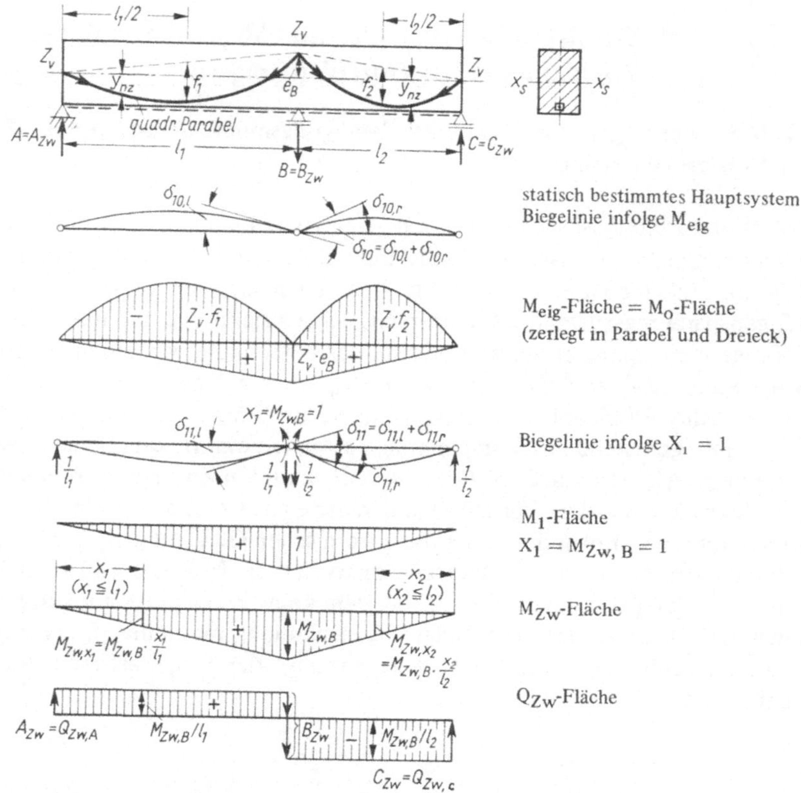

Bild 3.16 Zwängungsmomente und Zwängungsquerkräfte beim Zweifeldträger

Das Zwängungsmoment $X_1 = M_{Zw,B} = 1$ erzeugt die Winkel

$$EI_n \delta_{11,\ell} = 1/3 \cdot 1^2 \cdot \ell_1 \quad \text{und} \quad EI_n \delta_{11,r} = 1/3 \cdot 1^2 \cdot \ell_2$$

Aus der Kontinuitätsbedingung für die Stütze B folgt

$$\delta_{10} + X_1 \cdot \delta_{11} = 0 \quad \text{und} \quad X_1 = -\frac{\delta_{10}}{\delta_{11}}$$

Mit $EI_n \delta_{10} = EI_n \delta_{10,\ell} + EI_n \delta_{10,r} = 1/3\, Z_v \cdot e_B\, (\ell_1 + \ell_2) - 1/3\, Z_v \cdot (f_1 \cdot \ell_1 + f_2 \cdot \ell_2)$

und $EI_n \delta_{11} = 1/3\, (\ell_1 + \ell_2)$

wird
$$M_{Zw,B} = X_1 = -\frac{Z_v \cdot e_B\, (\ell_1 + \ell_2) - Z_v\, (f_1 \cdot \ell_1 + f_2 \cdot \ell_2)}{(\ell_1 + \ell_2)} =$$

$$= Z_v \left(\frac{f_1 \cdot \ell_1 + f_2 \cdot \ell_2}{\ell_1 + \ell_2} - e_B \right) \tag{3.24}$$

Für den Sonderfall $f_1 = f_2 = f$ wird auch bei unterschiedlichen Spannweiten $\ell_1 \neq \ell_2$

$$M_{Zw,B} = X_1 = Z_v \cdot (f - e_B) \tag{3.25}$$

In den Gl. (3.24) und (3.25) sind Z_v, f und e_B nur mit den Beträgen einzusetzen, da die Vorzeichen der Momente auf die gestrichelte Faser bezogen wurden. I. allg. ist $f > e_B$ und das Zwängungsmoment $M_{Zw,B}$ positiv. Es wird am größten für $e_B = 0$ unter der Voraussetzung gleicher Stichhöhe f. Die Auflagerreaktionen infolge der Zwängung werden berechnet aus

$$A_{Zw} = \frac{M_{Zw,B}}{\ell_1} \qquad B_{Zw} = -M_{Zw,B}(1/\ell_1 + 1/\ell_2) \quad C_{Zw} = \frac{M_{Zw,B}}{\ell_2}$$

Der Querkraftverlauf aus der Zwängung ist in Bild 3.16 dargestellt.

Für die Spannungsermittlung werden die Schnittgrößen des Eigenspannungszustandes mit denen aus Zwängung überlagert.

$$\begin{aligned} M_{bv} &= M_{eig} + M_{Zw} = Z_v \cdot y_{nz} + M_{Zw} \\ Q_{bv} &= Q_{eig} + Q_{Zw} = Z_v \cdot \sin\varphi + Q_{Zw} \end{aligned} \tag{3.26}$$

Unabhängig von der Zwängung bleibt gemäß Abschn. 3.2

$$N_{bv} = -Z_v$$

3.4.2 Besonderheiten am Zweifeldträger

Führt man für den Zweifeldträger nach Bild 3.16 die Überlagerung durch, so wird für Stütze B mit Gl. (3.24)

$$\begin{aligned} M_{bv,B} &= +Z_v \cdot e_B + Z_v \left(\frac{f_1 \cdot \ell_1 + f_2 \cdot \ell_2}{\ell_1 + \ell_2} - e_B\right) = \\ &= +Z_v \cdot \frac{f_1 \cdot \ell_1 + f_2 \cdot \ell_2}{\ell_1 + \ell_2} \end{aligned} \tag{3.27}$$

Die Querkraft setzt sich ebenfalls aus Eigenspannungs- und Zwängungsanteil zusammen (Bild 3.16)

$$Q_{bv,B\ell} = +Z_v \cdot \sin\varphi_{B\ell} + \frac{M_{Zw,B}}{\ell_1} \tag{3.28}$$

und $$Q_{bv,Br} = -Z_v \cdot \sin\varphi_{Br} - \frac{M_{Zw,B}}{\ell_2}$$

Die Winkel $\varphi_{B\ell}$ und φ_{Br} sind die Neigungen des Spanngliedes gegen die Trägerachse.

Die Zustandsflächen für M_{bv} und Q_{bv} sind in Bild 3.17 für den Träger nach Bild 3.16 dargestellt.

Bei geradliniger Spanngliedführung (Bild 3.18) mit der Exzentrizität e_B über der Mittelstütze sowie ohne Endexzentrizität wird

$$M_{bv} = M_{eig} + M_{Zw} = 0 \quad \text{und} \quad Q_{bv} = Q_{eig} + Q_{Zw} = 0$$

da $$M_{eig} = -M_{Zw} \quad \text{und} \quad Q_{eig} = -Q_{Zw}$$

Es bleiben nur die Auflagerreaktionen aus der Zwängung.

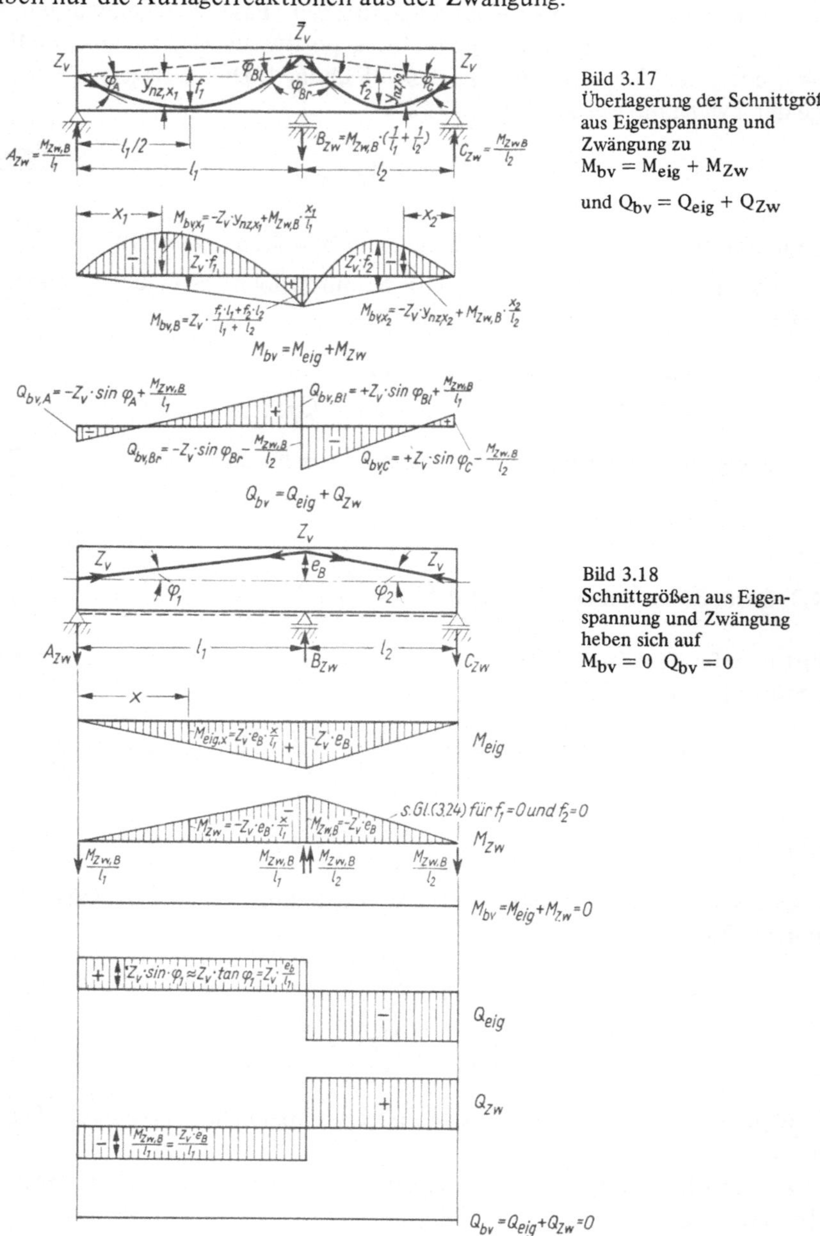

Bild 3.17
Überlagerung der Schnittgrößen aus Eigenspannung und Zwängung zu $M_{bv} = M_{eig} + M_{Zw}$ und $Q_{bv} = Q_{eig} + Q_{Zw}$

Bild 3.18
Schnittgrößen aus Eigenspannung und Zwängung heben sich auf $M_{bv} = 0$ $Q_{bv} = 0$

3.4.3 Berechnung über die Umlenkkräfte

In Abschn. 3.2 (Bild 3.10) wurden die Schnittgrößen des Eigenspannungszustandes für den Einfeldbalken mit Hilfe der Umlenkkräfte berechnet, wobei mit hinreichender Genauigkeit die Näherungen eingeführt wurden

$$\cos\varphi \approx 1 \quad \sin\varphi \approx \tan\varphi \approx \varphi \quad u_\varrho \approx u \approx Z_v \cdot y''_{nz} \quad u_w \approx 0$$

Über die Umlenkkräfte können auch bei statisch unbestimmten Systemen die Schnittgrößen M_{bv} und Q_{bv} ermittelt werden. Die so berechneten Schnittgrößen sind dann $M_{bv} = M_{eig} + M_{Zw}$ und $Q_{bv} = Q_{eig} + Q_{Zw}$. Will man daraus die Zwängungsanteile M_{Zw} und Q_{Zw} isolieren, ist von M_{bv} bzw. Q_{bv} der bekannte Eigenspannungsanteil M_{eig} bzw. Q_{eig} abzuziehen, so daß

$$M_{Zw} = M_{bv} - M_{eig} \qquad Q_{Zw} = Q_{bv} - Q_{eig} \tag{3.29}$$

Die Berechnungsweise ist in Bild 3.19 ohne Endexzentrizitäten erläutert. Treten Endexzentrizitäten auf, sind sie als äußere Momente $Z_v \cdot e_A$ und $Z_v \cdot e_C$ einzuführen.

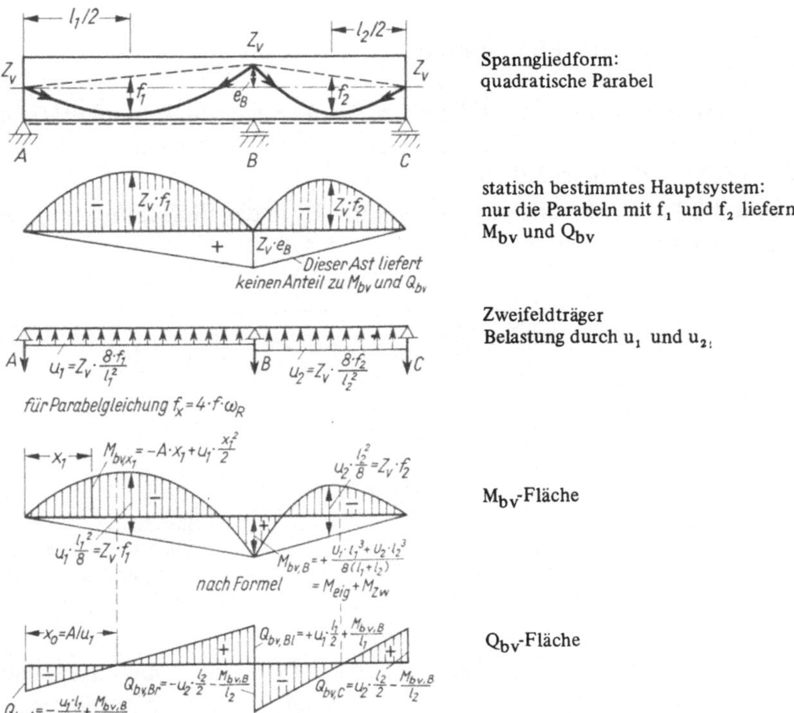

Bild 3.19 Berechnung von M_{bv} und Q_{bv} über die Umlenkkräfte

Die Bilder 3.17 und 3.19 zeigen die gleichen Ergebnisse einmal über die Ermittlung der Zwängungsmomente und zum anderen über die Umlenkkräfte. Betrachtet man nach Bild 3.19

$$M_{bv,B} = \frac{u_1 \cdot \ell_1^3 + u_2 \cdot \ell_2^3}{8\,(\ell_1 + \ell_2)}$$

und setzt für $u_1 = Z_v \cdot \dfrac{8f_1}{\ell_1^2}$ und $u_2 = Z_v \cdot \dfrac{8f_2}{\ell_2^2}$

so wird $M_{bv,B} = Z_v \dfrac{f_1 \cdot \ell_1 + f_2 \cdot \ell_2}{\ell_1 + \ell_2}$

was mit Gl. (3.27) übereinstimmt.

Den Zwängungsanteil $M_{Zw,B}$ erhält man aus

$$M_{Zw,B} = M_{bv,B} - M_{eig,B} = Z_v \cdot \frac{\ell_1 f_1 + \ell_2 f_2}{\ell_1 + \ell_2} - Z_v \cdot e_B$$

was mit Gl. (3.24) übereinstimmt.

3.4.4 Auswerten von Einflußlinien

Für das Auswerten der Einflußlinien ist der Weg über die Umlenkkräfte erforderlich.(bzw. für die Auswertung von Einflußflächen bei Platten); er bietet in jedem Falle Kürze und Übersichtlichkeit.

In Bild 3.20 ist die Ermittlung von M_{bv} mit Hilfe der Einflußlinien am Beispiel eines Dreifeldträgers erläutert.

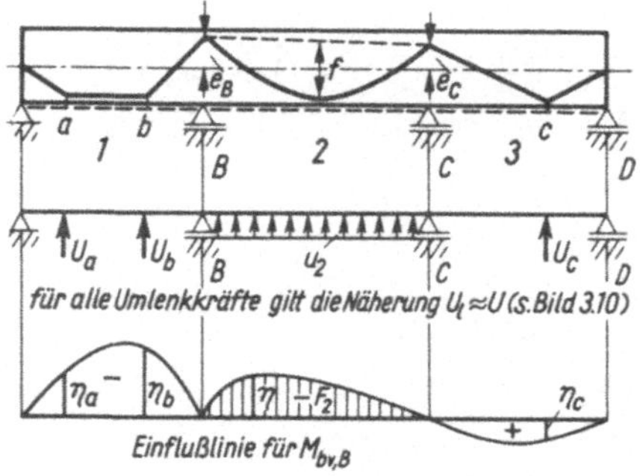

Bild 3.20
Ermittlung von $M_{bv,B}$ über die Umlenkkräfte mit Hilfe von Einflußlinien

Bei der Berechnung der Auflagerkräfte aus Lastfall v ist zu beachten, daß die Anteile aus den Stützmomenten von den Zwängungsmomenten herrühren. Das Isolieren der Zwängungsanteile erfolgt nach Gl. (3.29). Danach ist z. B.

$$M_{Zw,B} = M_{bv,B} - M_{eig,B} \qquad \text{mit} \qquad M_{eig,B} = Z_v \cdot e_B$$

3.4.5 Cross-Verfahren

Der Momentenausgleich nach C r o s s kann grundsätzlich nur mit Zwängungsmomenten erfolgen. In den geometrisch bestimmten Hauptsystemen nach Bild 3.21 können die Einspannungsmomente $\overline{M}_{Zw}$ entweder über die Neigung der Endtangenten infolge M_{eig} oder über die Umlenkkräfte bestimmt werden.

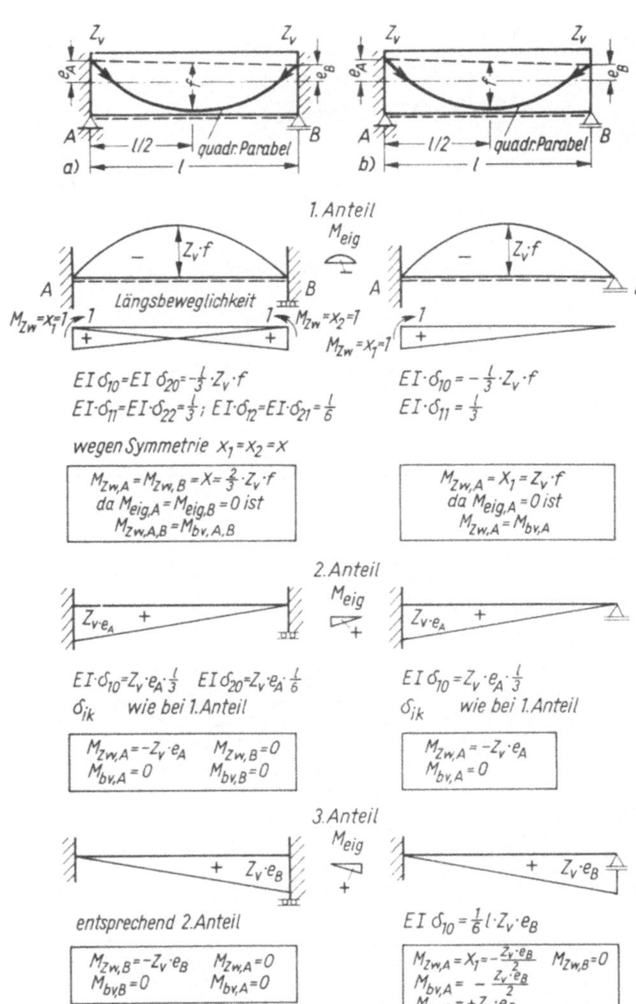

Bild 3.21
Geometrisch bestimmte Hauptsysteme für das Cross-Verfahren zur Ermittlung von $\overline{M}_{Zw}$

Bild 3.22
M_{Zw} und M_{bv} in den Hauptsystemen für das Cross-Verfahren bei parabolischer Spanngliedführung und beliebiger Endexzentrizität

Die Eigenspannungsmomente (Bild 3.21) lassen sich in drei Anteile gemäß Bild 3.22 zerlegen. Über die Neigung der Endtangenten δ_{i0} werden die Zwängungsmomente M_{Zw} für die einzelnen Anteile berechnet, um sie beliebig überlagern zu können.

Leichter sind die Zwängungsmomente $\overline{M}_{Zw}$ über die Umlenkkräfte unter Berücksichtigung der Endexzentrizität zu gewinnen (Bild 3.23).

Der in Bild 3.23 gezeigte Weg kann selbstverständlich auch bei polygonaler Spanngliedführung beschritten werden, wenn die Umlenkkräfte U nach Abschn. 3.2 angesetzt werden. Für einen Dreifeldträger ist die Bestimmung der Knotenmomente für den C r o s s ausgleich in Bild 3.24 erläutert.

Nach durchgeführtem Ausgleich erhält man die Momente $M_{bv} = M_{Zw} + M_{eig}$. Für die Ermittlung der Auflagerkräfte sind nur die Stützmomentenanteile aus M_{Zw} zu nehmen.

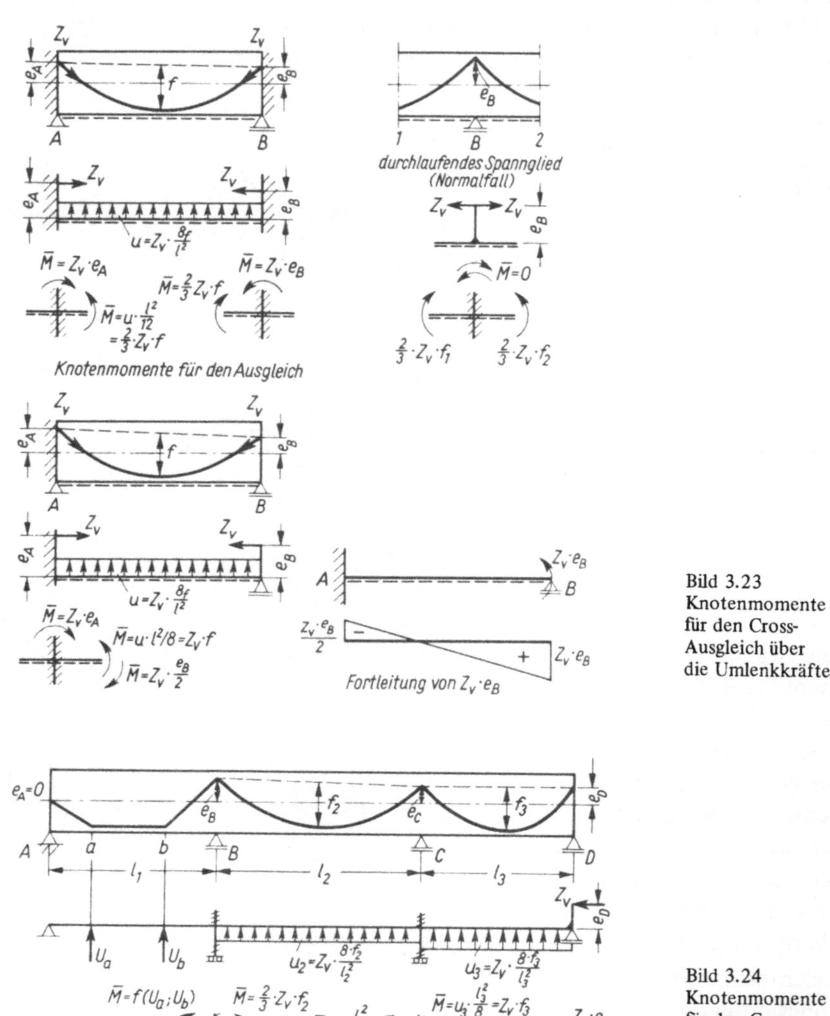

Bild 3.23 Knotenmomente für den Cross-Ausgleich über die Umlenkkräfte

Bild 3.24 Knotenmomente für den Cross-Ausgleich am Dreifeldträger

4 Reibungsverluste beim Vorspannen

Sowohl für die Spannungsermittlung als auch für die Berechnung der Spannwege wurde in Abschn. 3 konstante Vorspannkraft Z_v über die gesamte Balkenlänge angenommen. Wird zum Beispiel nur von einer Seite vorgespannt (Bild 4.1), so vermindert sich die Vorspannkraft Z_v stetig von A bis B. Da die Spannkraft i. allg. für den Mittenquerschnitt berechnet ist, muß die Einleitungskraft Z_{vA} entsprechend größer gewählt werden. Der erforderliche Spannweg δ_{Sp} ist unter Berücksichtigung der Reibung ebenfalls für Z_{vm} nach Gl. (3.22) zu berechnen.

4.1 Berechnung des Spannkraftabfalles. Bestimmung der Umlenkwinkel

Der Spannkraftabfall dZ_v ist durch die Reibungskräfte $dR = u \cdot ds \cdot \mu$ bedingt, wobei $u \cdot ds = Z_v \cdot d\varphi$ (für $\sin d\varphi = d\varphi$) (Bild 3.9)

Es ist $$dZ_v = -dR = -Z_v d\varphi \cdot \mu$$

und $$\frac{dZ_v}{d\varphi} + Z_v \cdot \mu = 0 \qquad (4.1)$$

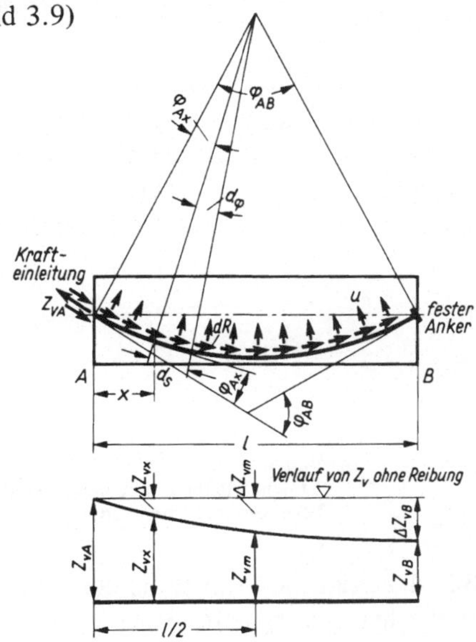

Bild 4.1
Spannkraftverlauf von A nach B
bei Berücksichtigung der Reibung

Gl. (4.1) ist die Differential-Gleichung der Seilreibung. Ihre Lösung liefert die Spannkraft Z_{vx} an beliebiger Stelle, ausgehend von der Einleitungskraft Z_{vA} (Bild 4.1)

$$Z_{vx} = Z_{vA} \cdot e^{-\mu \cdot \varphi_{Ax}} \qquad (4.2)$$

Die Verkleinerung der Spannkraft Z_{vA} ist demnach nur von dem Reibungsbeiwert μ und dem Umlenkwinkel φ_{Ax} von A bis x abhängig. Man beachte, daß hier der Winkel φ_{Ax} immer die Umlenkung von A bis x im Bogenmaß darstellt und nicht die Tangentenneigung in x.

Während Gl. (4.2) die an der Stelle x verbleibende Spannkraft Z_{vx} angibt, ergibt sich für den Spannkraftverlust

$$\Delta Z_{vx} = Z_{vA} - Z_{vx} = Z_{vA}\,(1 - e^{-\mu \cdot \varphi_{Ax}}) \tag{4.3}$$

Die Werte $e^{-\mu \cdot \varphi_{Ax}}$ oder $(1 - e^{-\mu \cdot \varphi_{Ax}})$ sind mathematischen Tafeln zu entnehmen. Für k l e i n e Werte $\mu \cdot \varphi_{Ax}$ bzw. $\mu \cdot \varphi_{AB}$ werden Spannkraft und Spannkraftverlust näherungsweise

$$Z_{vx} = Z_{vA}\,(1 - \mu \cdot \varphi_{Ax}) \tag{4.4}$$

$$\Delta Z_{vx} = Z_{vA}\,\mu \cdot \varphi_{Ax} \tag{4.5}$$

Die Näherungswerte ergeben sich aus den ersten Gliedern der Exponentialreihe für die e-Funktion. Die Umlenkwinkel sind im Bogenmaß einzusetzen (z. B. für $\varphi_{Ax} =$ 90° der Wert $\varphi_{Ax} = \frac{3{,}14}{2}$).

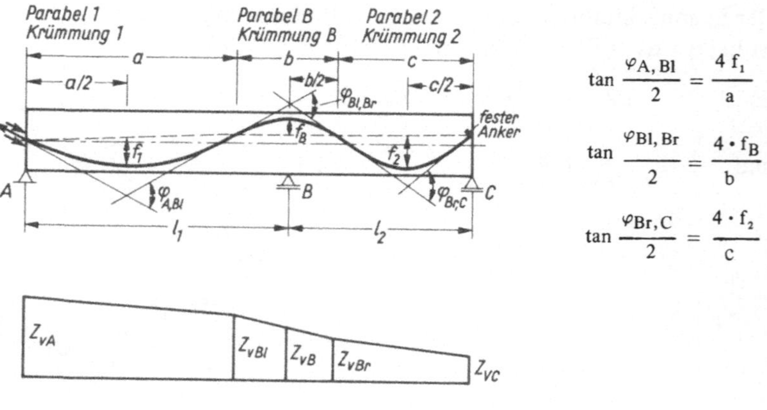

Bild 4.2
Umlenkwinkel und Spannkraftverlauf für einen Zweifeldträger bei einseitiger Vorspannung

Bild 4.2 zeigt die Ermittlung der Umlenkwinkel für einen Zweifeldträger mit parabolischer Spanngliedführung.

Die Krümmungen in den einzelnen Abschnitten der quadratischen Parabel (Bild 4.2) sind näherungsweise konstant, so daß die Neigungen des Spannkraftverlaufs innerhalb der einzelnen Bereiche mit hinreichender Genauigkeit ebenfalls konstant sind, jedoch Neigungsänderungen von Bereich zu Bereich auftreten können.

4.2 Ungewollte Umlenkwinkel

Neben den Umlenkwinkeln aus der Geometrie des Spanngliedes treten aus Ungenauigkeiten der Ausführung bei Spanngliedern und Gleitkanälen ungewollte Umlenkwinkel selbst bei gerader Spanngliedführung auf. Diese Ungenauigkeiten werden berücksichtigt durch den Winkel β in Grad je Meter Spanngliedlänge. Für den Spannkraftverlust ist damit in die Gl. (4.2) und (4.3) bzw. (4.4) und (4.5) der Winkel einzusetzen

$$\gamma_{Ax} = \varphi_{Ax} + \beta \cdot x \tag{4.6}$$

Für den Zweifeldträger nach Bild 4.2 werden die Umlenkwinkel in Grad

$$\gamma_{A,B\ell} = \varphi_{A,B\ell} \text{ in }^\circ + \beta \text{ in }^\circ/\text{m} \cdot a \text{ in m}$$
$$\gamma_{B\ell,Br} = \varphi_{B\ell,Br} \text{ in }^\circ + \beta \text{ in }^\circ/\text{m} \cdot b \text{ in m}$$
$$\gamma_{Br,C} = \varphi_{Br,C} \text{ in }^\circ + \beta \text{ in }^\circ/\text{m} \cdot c \text{ in m}$$

Der gesamte Umlenkwinkel von A bis C wird

$$\gamma_{A,C} = \gamma_{A,B\ell} + \gamma_{B\ell,Br} + \gamma_{Br,C}$$

Die zugehörigen Bogenmaße können Tafeln[1)] entnommen werden.

Wegen der ungewollten Umlenkwinkel β tritt der Spannkraftverlust auch in geraden Bereichen auf (Bild 4.3). Selbstverständlich ist der Spannkraftabfall im Bereich scharf gekrümmter Umlenkungen erheblich größer.

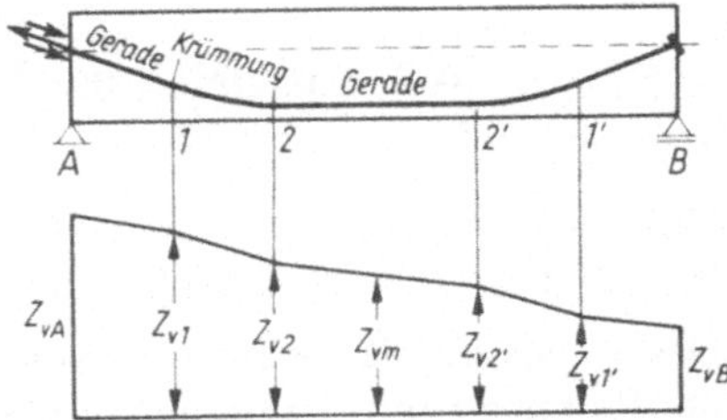

Bild 4.3
Spannkraftverlust auch in Bereichen gerader Spanngliedführunf

Die Reibungsbeiwerte μ und die ungewollten Umlenkwinkel β in °/m sind in den Zulassungen für die einzelnen Spannverfahren festgelegt. Sie betragen etwa

$$\mu = 0{,}15 \cdots 0{,}3 \qquad \text{und} \qquad \beta = 0{,}20 \cdots 1{,}0\ ^\circ/\text{m}$$

Geht man davon aus, daß im Bereich der größten Beanspruchung des Spanngliedes (beim Einfeldbalken etwa in Feldmitte) die zulässige Spannung im Spannstahl bzw. die zulässige Spannkraft Z_v = zul $\sigma_{zv} \cdot F_z$ erreicht werden soll, dann ist es notwendig, den Spannkraftverlust ΔZ_{vm} durch überhöhte Spannungen an der Einleitungsstelle auszugleichen.

1) u.a. Wendehorst/Muth, Bautechnische Zahlentafeln. 18. Aufl. Stuttgart 1976

Nach den „Richtlinien" Tab. 6, Zeile 66, kann dort die zulässige Stahlspannung im Gebrauchszustand um 5 % überschritten werden, ohne die Überspannung durch Nachlassen wieder abbauen zu müssen. Beträgt ΔZ_{vm} zwischen der Einleitungsstelle und dem maßgebenden Querschnitt für zul Z_v (für Einfeldbalken etwa bei $\ell/2$) mehr als 5 %, dann ist der Ausgleich des Reibungsverlustes ΔZ_{vm} nur durch Überspannen mit anschließendem Nachlassen möglich (Bild 4.4).

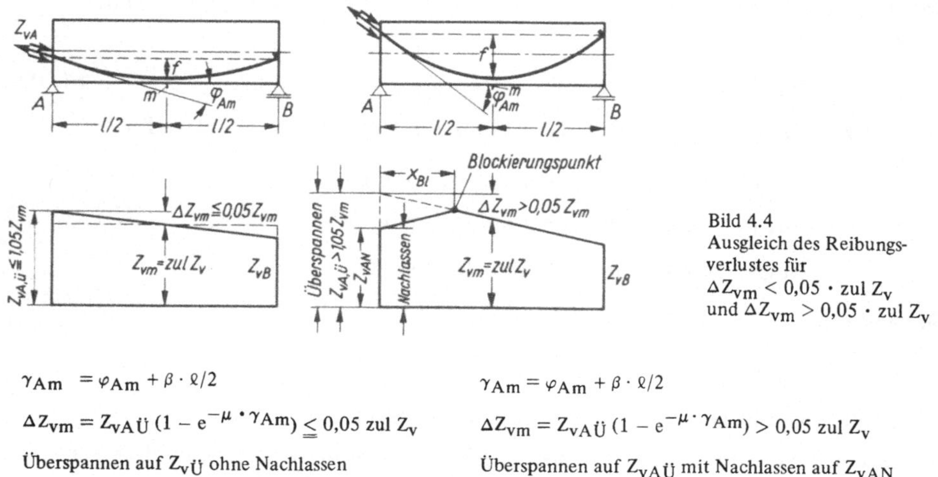

Bild 4.4
Ausgleich des Reibungsverlustes für
$\Delta Z_{vm} < 0{,}05 \cdot \text{zul } Z_v$
und $\Delta Z_{vm} > 0{,}05 \cdot \text{zul } Z_v$

$\gamma_{Am} = \varphi_{Am} + \beta \cdot \ell/2$

$\Delta Z_{vm} = Z_{vA\ddot{U}}\,(1 - e^{-\mu \cdot \gamma_{Am}}) \leqq 0{,}05 \text{ zul } Z_v$

Überspannen auf $Z_{v\ddot{U}}$ ohne Nachlassen

$\gamma_{Am} = \varphi_{Am} + \beta \cdot \ell/2$

$\Delta Z_{vm} = Z_{vA\ddot{U}}\,(1 - e^{-\mu \cdot \gamma_{Am}}) > 0{,}05 \text{ zul } Z_v$

Überspannen auf $Z_{vA\ddot{U}}$ mit Nachlassen auf Z_{vAN}

4.3 Ausgleich der Verluste durch Überspannen

Die Spannung kann an der Einleitungsstelle nach den „Richtlinien" kurzfristig $0{,}65\,\beta_Z$ bzw. $0{,}80\,\beta_S$ erreichen; der kleinere Wert ist maßgebend.

Das Nachlassen der Spannkraft von $Z_{vA\ddot{U}}$ auf Z_{vAN} (Bild 4.4) wirkt sich wegen der Reibung beim Zurückgleiten nur bis zum Blockierungspunkt aus. Die Lage des Blockierungspunktes kann wegen des meist kleinen Wertes $\mu\gamma$ bis dorthin genau genug aus Gl. (4.4) bestimmt werden, wonach

$$Z_{vA\ddot{U}}\,(1 - \mu\gamma) = Z_{vAN} \cdot (1 + \mu_R\,\gamma)$$

Hierin ist $Z_{vAN}\,(1 + \mu_R\,\gamma)$ der aufsteigende Ast der Spannkraftlinie, mit dem Reibungsbeiwert μ_R beim Rückgleiten.

Im Schnittpunkt der fallenden und steigenden Geraden liegt der Blockierungspunkt bei dem Umlenkwinkel im Bogenmaß

$$\gamma = \frac{Z_{vA\ddot{U}} - Z_{vAN}}{\mu Z_{vA\ddot{U}} + \mu_R\,Z_{vAN}} \qquad (4.7)$$

Aus $\gamma = \varphi_{AxBl} + \beta \cdot x_{Bl}$ ergibt sich x_{Bl} als Entfernung zum Blockierungspunkt [s. Gl. (4.6)].

Für konstante Krümmung (Näherung bei quadratischer Parabel) wird mit φ' (Bogenmaß /m)

$$\varphi_{AxBl} = \varphi' \cdot x_{Bl} \quad \text{und} \quad \gamma = (\varphi' + \beta) \cdot x_{Bl} \quad x_{Bl} = \frac{\gamma}{\varphi' + \beta} \tag{4.8}$$

4.4 Ein- und zweiseitiges Vorspannen

Bei einseitigem Vorspannen ist es möglich, daß die Spannkraft in der rechten Trägerhälfte (Bild 4.4) im Bereich der Maximalmomente und am Auflager B zur erforderlichen Abminderung der Biegezug- und Hauptzugspannungen nicht mehr ausreicht. In diesen Fällen ist es zweckmäßig, die Spannglieder entweder zu verschwenken oder beidseitig vorzuspannen (Bild 4.5)

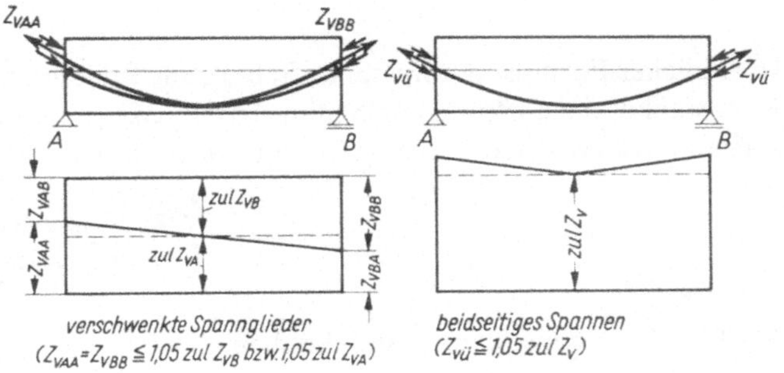

Bild 4.5
Gleichmäßige Verteilung von Z_v durch verschwenkte Spannglieder oder beidseitiges Spannen

verschwenkte Spannglieder ($Z_{VAA} = Z_{VBB} \leq 1{,}05$ zul Z_{VB} bzw. $1{,}05$ zul Z_{VA})

beidseitiges Spannen ($Z_{vü} \leq 1{,}05$ zul Z_v)

Ist bei langen Trägern $\Delta Z_{vm} > 0{,}05$ zul Z_v (Bild 4.4), so kann bei beidseitigem Spannen durch gegebenenfalls mehrmaliges Überspannen und Nachlassen eine brauchbare Verteilung von Z_v erreicht werden. Für das Nachlassen ist noch der Nachlaßweg an der Spannpresse zu berechnen.

Aus Gl. (3.22) ergibt sich der volle Spannweg

$$\delta_{Sp} = \frac{Z_{v\,mittel} \cdot \ell}{E_z \cdot F_z} + \frac{Z_{v\,mittel} \cdot \ell}{E_b \cdot F_n}$$

Hierin ist $Z_{v\,mittel}$ der Mittelwert der Spannkraft über die gesamte Spanngliedlänge. Bei unregelmäßigen Spannkraftverlauf $Z_v(x)$ wird zweckmäßig mit der Spannkraftfläche

$$F = Z_{v\,mittel} \cdot \ell = \int_0^{\ell} Z_v(x)\,dx$$

gerechnet.

Der Nachlaßweg kann genau genug aus dem Dreieck $Z_{vA\ddot{U}} - Z_{vAN} - Bl$ (Bild 4.6) bestimmt werden.

Es ist $$\delta_{SpN} = \frac{F_N}{E_z \cdot F_z} + \frac{F_N}{E_b \cdot F_n} \quad \text{mit} \quad F_N = (Z_{vA\ddot{U}} - Z_{vAN}) \cdot \frac{X_{Bl}}{2} \qquad (4.9)$$

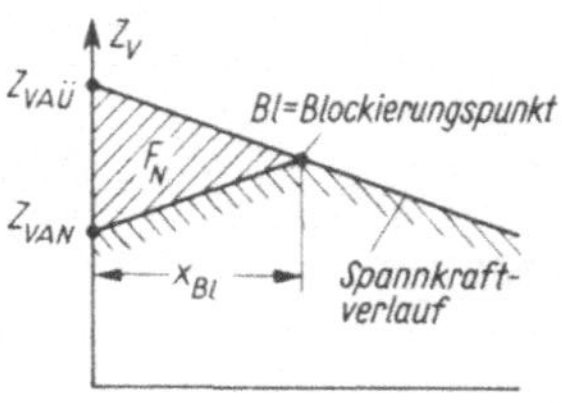

Bild 4.6
Ermittlung des Nachlaßweges

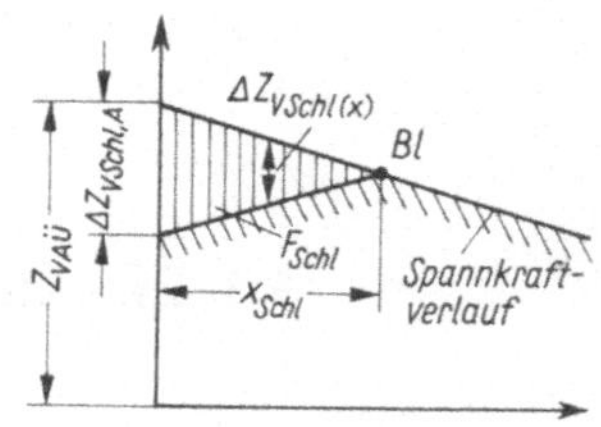

Bild 4.7
Spannkraftabfall $\Delta Z_{v\,Schl,\,A}$ an der Spannstelle infolge Keilschlupf

4.5 Keilschlupf

In ähnlicher Form ist der Spannkraftabfall aus Keilschlupf zu berechnen. Die bei Keilverankerung auftretenden Schlupflängen $\Delta\ell_{Schl}$ liegen nach deutschen Zulassungen etwa zwischen 2 mm und 8 mm. Nach Bild 4.7 ist die Schlupflänge

$$\Delta\ell_{Schl} = \int_0^{x_{Schl}} \epsilon_{Schl}(x) \cdot dx = \int_0^{x_{Schl}} \frac{\Delta Z_{vSchl}(x)}{E_z \cdot F_z} dx$$

Mit $E_z \cdot F_z = \text{const}$ kann man schreiben

$$E_z \cdot F_z \cdot \Delta\ell_{Schl} = \int_0^{x_{Schl}} \Delta Z_{v\,Schl}(x)\, dx = F_{Schl} \qquad (4.10)$$

Hinreichend genau ist $F_{Schl} = \Delta Z_{v\,Schl,A} \cdot \frac{x_{Schl}}{2}$

Damit erhält man an der Spannstelle A

$$\Delta Z_{v\,Schl,A} = \frac{2 \cdot E_z \cdot F_z \cdot \Delta\ell_{Schl}}{x_{Schl}} \qquad (4.11)$$

In Gl. (4.11) sind $\Delta Z_{v\,Schl,A}$ und x_{Schl} unbekannt.

Zur Berechnung von $\Delta Z_{v\,Schl,A}$ wird zunächst $x_{Schl\,1}$ geschätzt. Daraus folgt $\Delta Z_{v\,Schl,A1}$ bei gegebenem $\Delta\ell_{Schl}$. Den Umlenkwinkel erhält man aus der Bedingung

$$Z_{vA\ddot{U}} \cdot (1 - \mu\gamma_1) = Z_{vAN}\,(1 + \mu_R\,\gamma_1)$$

Hierin ist $Z_{vAN} = Z_{vA\ddot{U}} - \Delta Z_{vSchl,A1}$

Wird für das Rückgleiten mit dem Reibungsbeiwert $\mu_R = \mu$ gerechnet, so erhält man

$$\gamma_1 = \frac{\Delta Z_{v\,Schl,A1}}{\mu \cdot (2 \cdot Z_{vAÜ} - \Delta Z_{v\,Schl,A1})} \tag{4.12}$$

Mitunter wählt man für das Rückgleiten bei gerippten Stählen $\mu_R = 1{,}5\,\mu$. Dafür wird

$$\gamma_1 = \frac{\Delta Z_{v\,Schl,A1}}{\mu\,(2{,}5\,Z_{vAÜ} - 1{,}5\,\Delta Z_{v\,Schl,A1})} \tag{4.13}$$

Der Schnittpunkt der steigenden und fallenden Geraden liegt bei

$$x_{Schl\,1} = \frac{\gamma_1}{\varphi' + \beta} \tag{4.14}$$

Die Winkel φ' und β sind im Bogenmaß je Meter einzusetzen.

Stimmen Schätzwert und Rechenwert nach Gl. (4.14) für $x_{Schl\,1}$ überein, so hat auch der nach Gl. (4.11) ermittelte Spannkraftverlust $\Delta Z_{v\,Schl,A1}$ den richtigen Wert. Andernfalls ist der Rechengang mit einem neu geschätzten x_{Schl} zu wiederholen bis zur Übereinstimmung von Schätz- und Rechenwert.

4.6 Berechnungsbeispiel

Für den in Bild 4.8 dargestellten Träger soll in Balkenmitte eine Vorspannkraft Z_{vm} = zul Z_v = 1000 kN (100 Mp) erreicht werden. Am Auflager A ist entsprechend zu überspannen auf $Z_{vAÜ}$. Für den Fall, daß $Z_{vAÜ} > 1{,}05 \cdot Z_{vm}$ soll auf Z_{vAN} = 1000 kN (100 Mp) nachgelassen werden. Dabei sind Lage des Blockierungspunktes und Spannkraft am Blockierungspunkt zu bestimmen.

Gegeben: $\ell = 21{,}0$ m $\quad f = 0{,}8$ m

$\mu = 0{,}3 \quad \beta = 0{,}9$ °/m

Gesucht: $Z_{vAÜ} \quad x_{Bl} \quad Z_{vxBl}$

Der Umlenkwinkel wird nach Bild 4.8

$$\varphi_{AB} = 2 \cdot \varphi_{Am}$$

$$\tan \varphi_{Am} = \frac{2 \cdot f}{\ell/2} = \frac{4 \cdot 0{,}8}{21{,}0} = 0{,}1524$$

$$\varphi_{Am} = 8{,}67°$$

$$\varphi_{AB} = 2 \cdot 8{,}67 = 17{,}34°$$

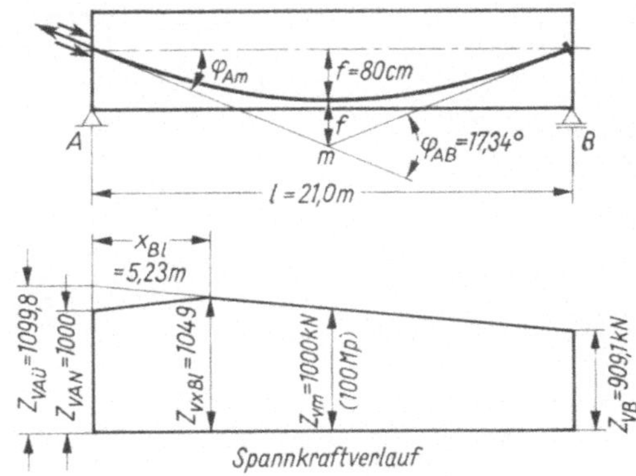

Bild 4.8
Daten für das Berechnungsbeispiel

Das Spannglied ist in Form einer quadratischen Parabel geführt; die Krümmung kann als annähernd konstant angenommen werden. Der Umlenkwinkel je Meter wird

$$\varphi' = \frac{17{,}34}{21{,}0} = 0{,}83°/\text{m} \qquad \gamma' = \varphi' + \beta = 0{,}83 + 0{,}90 = 1{,}73°/\text{m}$$

$$\text{arc}\,\gamma' = 0{,}0302/\text{m} \qquad \text{arc}\,\gamma_{\text{Am}} = \frac{21}{2} \cdot 0{,}0302 = 0{,}317$$

Nach Gl. (4.2) wird

$$Z_{\text{vAÜ}} = \frac{Z_{\text{vm}}}{e^{-\mu \cdot \gamma_{\text{Am}}}} = \frac{1000}{e^{-0{,}3 \cdot 0{,}317}} = 1099{,}80 \text{ kN } (109{,}98 \text{ Mp}) > 1{,}05 \cdot 1000 = 1050 \text{ kN } (105 \text{ Mp})$$

Es wird am Auflager auf $Z_{\text{vAÜ}} = 1099{,}80$ kN (109,98 Mp) überspannt und dann auf $Z_{\text{vAN}} = 1000$ kN (100 Mp) nachgelassen.

Der Umlenkwinkel bis zum Blockierungspunkt wird nach Gl. (4.7) für $\mu_R = \mu$

$$\gamma = \frac{1}{\mu} \cdot \frac{Z_{\text{vAÜ}} - Z_{\text{vAN}}}{Z_{\text{vAÜ}} + Z_{\text{vAN}}} = \frac{1}{0{,}3} \cdot \frac{1099{,}8 - 1000}{1099{,}8 + 1000} = 0{,}158$$

Mit Gl. (4.8) erhält man $\quad x_{\text{Bl}} = \dfrac{0{,}158}{0{,}0302} = 5{,}23$ m

Wählt man $\mu_R = 1{,}5 \cdot \mu$, so wird nach Gl. (4.7)

$$\gamma = \frac{Z_{\text{vAÜ}} - Z_{\text{vAN}}}{\mu \cdot Z_{\text{vAÜ}} + \mu_R \cdot Z_{\text{vAN}}} = \frac{1099{,}8 - 1000}{0{,}3 \cdot 1099{,}8 + 1{,}5 \cdot 0{,}3 \cdot 1000} = 0{,}128$$

und $\quad x_{\text{Bl}} = \dfrac{0{,}128}{0{,}0302} = 4{,}24$ m

Die Spannkraft am Blockierungspunkt beträgt für

$$x_{\text{Bl}} = 5{,}23 \text{ m} \qquad Z_{\text{vxBl}} = 1099{,}8 \cdot e^{-0{,}3 \cdot 0{,}158} = 1049 \text{ kN } (104{,}9 \text{ Mp})$$

$$x_{\text{bl}} = 4{,}24 \text{ m} \qquad Z_{\text{vxBl}} = 1099{,}8 \cdot e^{-0{,}3 \cdot 0{,}128} = 1058 \text{ kN } (105{,}8 \text{ Mp})$$

5 Schwinden und Kriechen

5.1 Unterlagen zur Ermittlung des Schwindmaßes und der Kriechzahl

5.1.1 Allgemeine Grundlagen und Definitionen

Zusätzlich zu den unter Belastung sofort eintretenden elastischen Verformungen entstehen zeitabhängige Längenänderungen des Betons durch Schwinden und Kriechen. Diese zeitabhängigen Längenänderungen sind durch das Schrumpfen des Zementgels bedingt. Beim Schwinden wird das Schrumpfen durch Verdunsten des in den Poren des Gels chemisch nicht gebundenen Wassers hervorgerufen. Beim Kriechen wird das Schrumpfen durch Herauspressen und Verdunsten des chemisch nicht gebundenen Wassers aus den Gelporen infolge Dauerlasten bzw. Dauerspannungen bewirkt.

Man kann zwei Arten der zeitabhängigen Verformungen unterscheiden:

1. Schwinden = auf die Längeneinheit bezogene Längenänderung (ϵ_s) des unbelasteten Betons
2. Kriechen = auf die Längeneinheit bezogene Längenänderung (ϵ_k) des belasteten Betons

Für Spannbetonkonstruktionen sind die plastischen oder bleibenden Verkürzungen des Betons durch Schwinden und Kriechen unter Druckspannungen von Bedeutung, weil diese Verkürzungen (in Höhe der Spannglieder) die Dehnung im Spannstahl verringern und damit einen Spannkraftabfall verursachen.

Das Schwinden beginnt mit dem Erhärten des Betons, nimmt anfänglich rasch zu und erreicht den Grenzwert (Endschwindmaß) $\epsilon_{s, t_0, t_\infty}$ bei den üblichen Konstruktionsdicken nach 3 · · · 5 Jahren.

Das Kriechen beginnt erst mit dem Aufbringen der Last (d. h. der kriecherzeugenden Spannung). Es hat etwa den gleichen zeitlichen Ablauf wie das Schwinden und strebt dem Grenzwert $\epsilon_{k,t_i,t_\infty}$ zu. Je geringer das Betonalter bei Lastaufbringung ist, desto größer werden die Endkriechmaße $\epsilon_{k,t_i,t_\infty}$. Für die Kriechmaße ist also der Erhärtungsgrad oder das wirksame Betonalter (Reifegrad) von Bedeutung. Es wird vorausgesetzt, daß Schwindmaße ϵ_s und Kriechmaße ϵ_k überlagert werden dürfen. Man gewinnt die Grenzwerte und den zeitlichen Ablauf aus Versuchen, die unter zeitlich konstanten klimatischen Bedingungen (Luftfeuchtigkeit und Temperatur) und beim Kriechen auch unter konstanter Spannung durchgeführt werden (Bild 5.1).

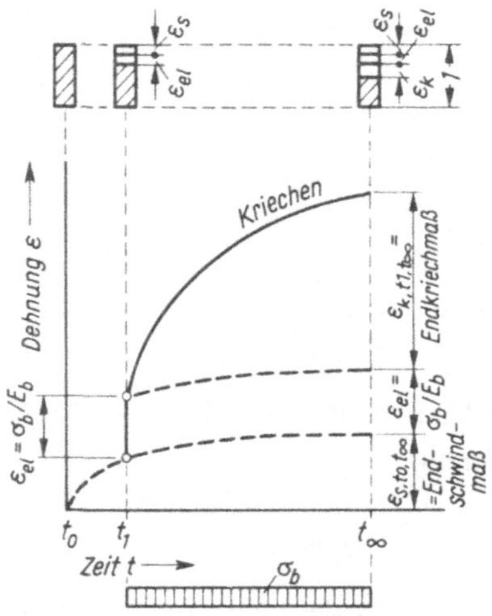

Bild 5.1
Schematische Darstellung des zeitlichen Ablaufs von Schwinden und Kriechen unt konstanter Spannung σ_b von t_1 bis t_∞

Die wichtigsten Einflußgrößen für die Grenz- bzw. Endwerte sind

für Schwinden ($\epsilon_{s,t_0,t_\infty}$) die mittlere relative Luftfeuchte, Konsistenz des Betons und Bauteilabmessung

für Kriechen ($\epsilon_{k,t_i,t_\infty}$) die mittlere relative Luftfeuchte, Konsistenz des Betons, Erhärtungsgrad des Betons beim Aufbringen der Last sowie die Größe der kriecherzeugenden Spannung und Bauteilabmessung

In Bild 5.2 ist die Wirkung der wichtigsten Einflußgrößen auf die Endwerte $\epsilon_{k,t_i,t_\infty}$ qualitativ angedeutet. Das Bild geht von Normalbedingungen aus (relative Luftfeuchte = 70 %, W/Z = 0,65 und Bauteildicke d = 10 cm) und zeigt die Vergröße-

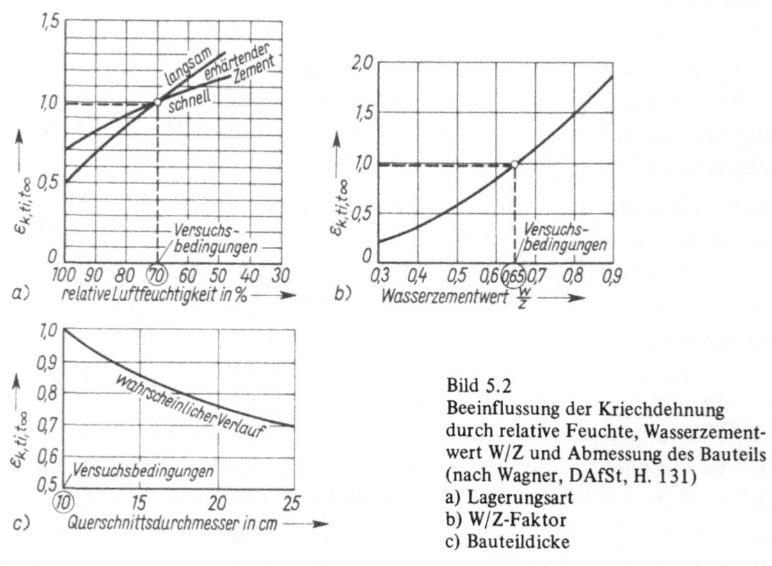

Bild 5.2
Beeinflussung der Kriechdehnung durch relative Feuchte, Wasserzementwert W/Z und Abmessung des Bauteils (nach Wagner, DAfSt, H. 131)
a) Lagerungsart
b) W/Z-Faktor
c) Bauteildicke

rung bzw. Verkleinerung von $\epsilon_{k,t_i,t_\infty}$ beim Abweichen von den Normalbedingungen. Für die Tabellierung der Endkriechmaße $\epsilon_{k,t_i,t_\infty}$ müßte man die jeweils zugeordnete Betonspannung angeben.

Da mit hinreichender Genauigkeit im Bereich der Gebrauchslasten Proportionalität zwischen Betonspannung σ_b und Kriechverformung ϵ_k angenommen werden kann, läßt sich die Kriechverformung ϵ_k durch die elastische Verformung des Betons ausdrücken

$$\epsilon_k = \varphi \cdot \epsilon_{e\ell} = \varphi \cdot \frac{\sigma_b}{E_b} \tag{5.1}$$

Hierin bedeutet φ die Kriechzahl. Sie besagt, daß die Kriechverformung ϵ_k das φ-fache der elastischen Verformung $\epsilon_{e\ell}$ beträgt. Da mit wachsendem Erhärtungsgrad der E_b-Modul zunimmt, müßte für die Berechnung der elastischen Verformung $\epsilon_{e\ell} = \frac{\sigma_b}{E_b}$ jeweils der E_b-Modul zur Zeit der Lastaufbringung oder Spannungsänderung eingesetzt werden. Für praktische Belange ist es ausreichend, den E_b-Modul nach den „Richtlinien" Tab. 4 (s. Taf. 5.3) als über die Zeit konstant zu betrachten.

Tafel 5.3 Elastizitätsmodul und Schubmodul des Betons in kp/cm^2

Betonfestigkeitsklasse	Bn 250	Bn 350	Bn 450	Bn 550
Elastizitätsmodul E_b	300 000	340 000	370 000	390 000
Schubmodul G_b	125 000	142 000	154 000	162 500

Für die Ermittlung des maximalen Spannkraftabfalls benötigt man nur die Endkriechzahlen φ_{t_i,t_∞} und Endschwindmaße $\epsilon_{s,t_0,t_\infty}$. Häufig werden bald nach dem Vorspannen (z. B. bei Spannbetonfertigteilen) zusätzliche Dauerlasten aufgebracht. In diesen Fällen wird auch der Spannkraftverlust bis zum Aufbringen der zusätzlichen Dauerlasten ermittelt, wofür Schwindmaße und Kriechzahlen für bestimmte Zeitintervalle erforderlich sind (Bild 5.4).

Die Berechnungsunterlagen dienen also vorwiegend zur Bestimmung folgender Größen:

$\epsilon_{s,t_0,t_\infty}$ = Endschwindmaß
ϵ_{s,t_0,t_i} = Schwindmaß für das Zeitintervall von t_0 bis t_i
$\epsilon_{s,t_i,t_\infty}$ = Restschwindmaß von t_i bis t_∞
φ_{t_i,t_∞} = Endkriechzahl von t_i bis t_∞
$\varphi_{t_i,t}$ = Kriechzahl für das Zeitintervall von t_i bis t für $t < t_\infty$

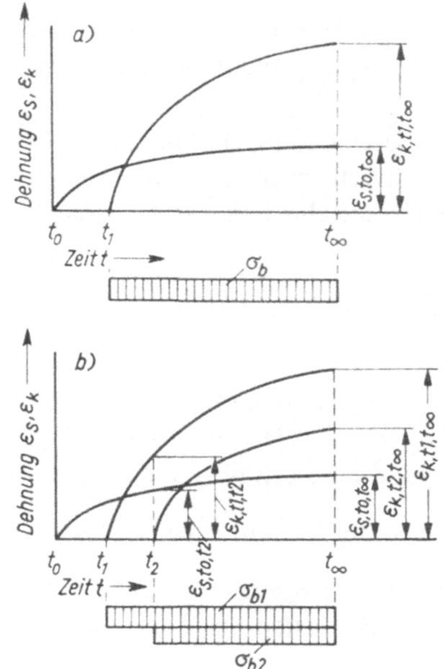

maximaler Spannkraftverlust
max. $Z_{s+k} = f(\epsilon_{s,t_0}, t_\infty; \epsilon_{k,t_1,t_\infty})$

minimaler Spannkraftverlust
min $Z_{s+k} = f(\epsilon_{s,t_0,t_2}; \epsilon_{k,t_1,t_2})$
maximaler Spannkraftverlust
max $Z_{s+k} = f(\epsilon_{s,t_0,t_\infty};$
$\epsilon_{k,t_1,t_\infty}; \epsilon_{k,t_2,t_\infty})$

Bild 5.4
Schwind- und Kriechmaße für die üblichen Belastungsfälle
a) ohne Zusatzlast
b) mit später aufgebrachter Zusatzlast

5.1.2 Unterlagen nach DIN 1045

Der Tab. 12 der DIN 1045 (s. Taf. 5.5) entnimmt man die Endkriechzahlen $\varphi_{t\,\mathrm{Norm},t_\infty} \mathrel{\hat{=}} \varphi_0$ und die Endschwindmaße $\epsilon_{s,t_0,t_\infty} \mathrel{\hat{=}} \epsilon_{s0}$ in Abhängigkeit von der relativen Luftfeuchte (Lagerungsart) und Konsistenz des Betons.

T a f e l 5.5 Endkriechzahl und Endschwindmaß in Abhängigkeit von der Lage des Bauteils und der Konsistenz K

1	2	3	4	5	6	7
Lage des Bauteils	mittlere relative Luftfeuchte in % ≈	Kriechzahl φ_0 (Endwerte) für Konsistenzmaße		Schwindmaß ϵ_{s0} (Endwerte) für Konsistenzmaße		abgemindertes Schwindmaß ϵ'_{s0}
		K 1, K 2	K 3	K 1, K 2	K 3	
im Wasser		1,0	1,5	–	–	–
in sehr feuchter Luft, z. B. unmittelbar über dem Wasser	90	1,5	2,2	$10 \cdot 10^{-5}$	$15 \cdot 10^{-5}$	$5 \cdot 10^{-5}$
allgemein im Freien	70	2,0	3,0	$25 \cdot 10^{-5}$	$37 \cdot 10^{-5}$	$10 \cdot 10^{-5}$
in trockener Luft, z. B. in trockenen Innenräumen	40	3,0	4,5	$40 \cdot 10^{-5}$	$60 \cdot 10^{-5}$	$15 \cdot 10^{-5}$

Die Endkriechzahlen φ_0 sind aus Versuchen ermittelt, in denen die Lastaufbringung zu einem vereinbarten (genormten) Zeitpunkt bzw. bei einem definierten Erhärtungsgrad des Betons erfolgt.

Weichen Belastungszeitpunkt oder Erhärtungsgrad von den Normwerten ab, gewinnt man die Endkriechzahlen zunächst ohne Berücksichtigung der Bauteilstärke mit Hilfe der k_1-Werte zu $\varphi_{t_i, t_\infty} = \varphi_0 \cdot k_1$.

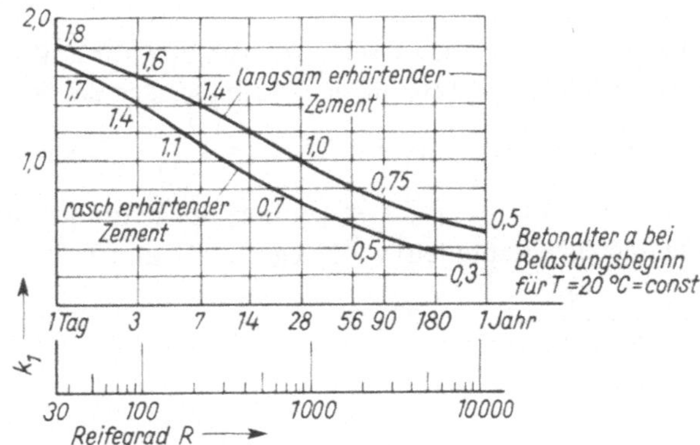

Bild 5.6
Mittlerer Einfluß des Erhärtungsgrades des Betons auf die Endkriechzahlen

Da der Erhärtungsgrad von der Zementgüte abhängig ist, sind die Kurven der k_1-Werte (Bild 5.6) für langsam und rasch erhärtende Zemente getrennt dargestellt in Abhängigkeit vom Betonalter bei Lastaufbringung. Für die Normerhärtung ist eine konstante Temperatur von + 20 °C vorausgesetzt. Für den Normalbelastungszeitpunkt wird $k_1 = 1$. Für langsam erhärtende Zemente gilt $t_{Norm} = 28$ Tage, für schnell erhärtende $t_{Norm} \approx 12$ Tage.

Weichen die Temperaturen auf der Baustelle erheblich von 20 °C ab, so wird der Erhärtungsgrad durch den Reifegrad gekennzeichnet. Die k_1-Werte sind dann nicht mehr vom Betonalter, sondern vom Reifegrad $R = \Sigma t \cdot (T^\circ + 10^\circ)$ abhängig. Dabei ist T = mittlere Tagestemperatur des Betons in °C und t = Anzahl der Tage mit der Temperatur T.

Werden beim Aufbringen der Vorspannung Mindestwerte für die Betonfestigkeiten gem. „Richtlinien" Tab. 2 angenommen, so benötigt man zum Ermitteln der k_1-Werte das zugehörige Betonalter. In Tafel 5.7 sind Richtwerte für die Betondruckfestigkeit in Abhängigkeit vom Alter für rasch erhärtende Zemente angegeben.

Tafel 5.7 Richtwerte für die Zuordnung von Druckfestigkeit und Betonalter (Lagerung bei 20 °C)

rasch erhärtende Zemente	Druckfestigkeit in % der 28-Tage-Festigkeit nach			
	1 Tag	3 Tagen	7 Tagen	28 Tagen
350 F, 450 F, 550	25 ··· 35	55 ··· 70	65 ··· 85	100

Soll die Würfelfestigkeit beim Vorspannen z.B. 80 % der Serienfestigkeit β_{wS} betragen, so kann man für die Ermittlung von k_1 bei einem rasch erhärtenden Zement und normaler Lagerung ein Betonalter von ≈ 7 Tagen annehmen.

Die Kurven der k_2-Werte (Bild 5.8) sind Zeitablaufkurven. Sie geben an, welcher Prozentsatz der Endkriechzahl nach einem Zeitintervall von Δt Tagen erreicht ist.

Es sind also Funktionen $f(t_i, t) = \dfrac{\varphi_{t_i,t}}{\varphi_{t_i,t_\infty}}$, die zum Zeitpunkt der Lastaufbringung mit dem Wert Null beginnen, anfänglich rasch ansteigen und zur Zeit t_∞ den Wert 1 erreichen (Bild 5.9). Zur Berücksichtigung des Einflusses der Bauteilstärke auf den Zeitablauf wurde die wirksame Körperdicke $d_w = \dfrac{2 \cdot F}{U}$ als Kurvenparameter gewählt. Darin bedeuten F = Fläche und U = Umfang des Betonquerschnittes. Bei Platten (allgemein bei flächigen Bauteilen) wird wegen $d \ll b$ und $2 \cdot (b + d) \approx 2 \cdot b$

$$d_w = \frac{2 \cdot b \cdot d}{2\,(b + d)} \approx d$$

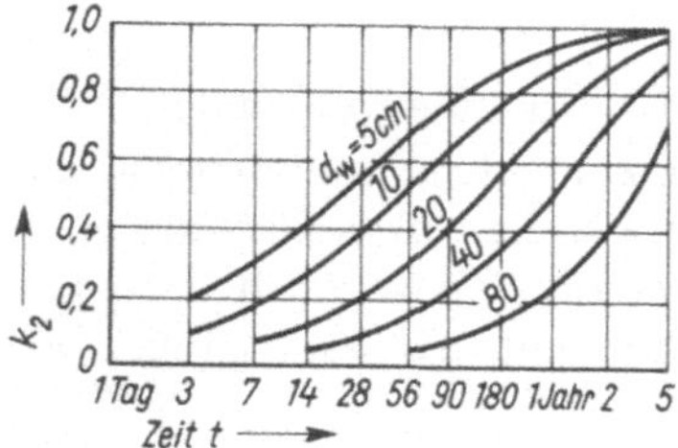

Bild 5.8
Mittlerer zeitlicher Ablauf von Kriechen und Schwinden

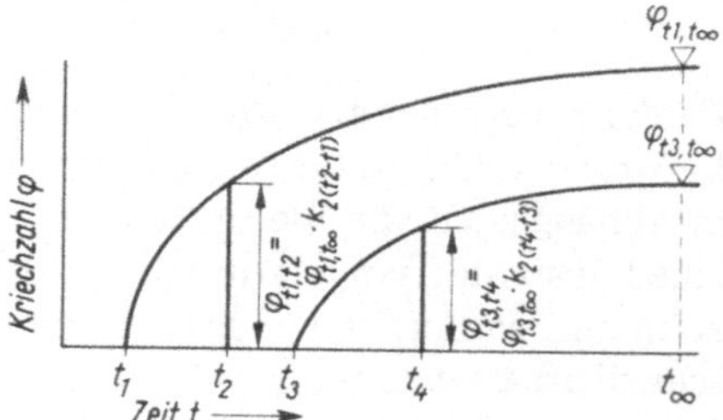

Bild 5.9
Kriechzahlen für Zeitintervalle als Prozentsatz der Endkriechzahlen

Aus Bild 5.8 ist ersichtlich, daß die Endkriechzahlen bis $d_w = 10$ cm immer voll erreicht werden, d. h. $k_{2,\infty} = 1$. Erst ab $d_w \geq 20$ cm wird der Grenzwert von $k_2 < 1$ und vermindert die Endkriechzahlen auf $\varphi_{t_i,t_\infty} = \varphi_0 \cdot k_1 \cdot k_{2,\infty}$.

Der zeitliche Ablauf des Schwindens wird in gleicher Weise berücksichtigt. Nach DIN 1045 (Jan. 72) ergeben sich folgende Rechenansätze:

Endkriechzahl $\varphi_{t_i,t_\infty} = \varphi_0 \cdot k_{1,t_i} \cdot k_{2,\infty}$ (5.2)

Kriechzahl für Zeitintervall $\varphi_{t_i,t} = \varphi_0 \cdot k_{1,t_i} \cdot k_{2,(t-t_i)}$ (5.3)

Endschwindmaß $\epsilon_{s,t_0,t_\infty} = \epsilon_{s0} \cdot k_{2,\infty}$ (5.4)

Schwindmaß für Zeitintervall $\epsilon_{s,t_0,t_i} = \epsilon_{s0} \cdot k_{2,(t_i-t_0)}$ (5.5)

Restschwindmaß $\epsilon_{s,t_i,t_\infty} = \epsilon_{s0} \cdot (1 - k_{2,(t_i-t_0)})$ (5.6)

5.1.3 Berechnungsbeispiele nach DIN 1045

Beispiel 1. Ein Spannbetonträger soll nach $t_i = 28$ Tagen Normalerhärtung vorgespannt werden. Er befindet sich anschließend im Freien. Querschnitt b/d = 20/40 cm; Zement (langsam erhärtend) Z 350 L; Konsistenz K2

Mit welchen Werten für die Endkriechzahl $\varphi_{28,\infty}$ und das Restschwindmaß $\epsilon_{s,28,\infty}$ ist zu rechnen?

Nach Tafel 5.5: $\varphi_0 = 2{,}0 \quad \epsilon_{s0} = 25 \cdot 10^{-5} = 0{,}25$ ‰

nach Bild 5.6: $k_{1,28} = 1{,}0$

nach Bild 5.8: für $d_w = \frac{2F}{U} = \frac{2 \cdot 20 \cdot 40}{2 \cdot (20 + 40)} = 13{,}3$ cm

wird $k_{2,\infty} \approx 1{,}0 \quad k_{2(28-0)} = 0{,}32$

Damit erhält man

Endkriechzahl $\varphi_{28,\infty} = 2{,}0 \cdot 1{,}0 \cdot 1{,}0 = 2{,}0$

Restschwindmaß $\epsilon_{s,28,\infty} = 25 \cdot 10^{-5} \cdot (1-0{,}32) = 17 \cdot 10^{-5} = 0{,}17$ ‰ $= 0{,}17$ mm/m

Beispiel 2. Wie Beispiel 1, jedoch Belastung nach 7 Tagen

$\varphi_0 = 2{,}0 \quad \epsilon_{s0} = 25 \cdot 10^{-5} = 0{,}25$ ‰

$k_{1,7} = 1{,}4 \quad k_{2,\infty} \approx 1{,}0 \quad k_{2,(7-0)} = 0{,}13$

Damit erhält man

Endkriechzahl $\varphi_{7,\infty} = 2{,}0 \cdot 1{,}4 \cdot 1{,}0 = 2{,}8$

Restschwindmaß $\epsilon_{s,7,\infty} = 25 \cdot 10^{-5} \cdot (1-0{,}13) = 21{,}75 \cdot 10^{-5} = 0{,}2175$ ‰

Beispiel 3. Ein Spannbetonträger der Betongüte Bn 350 soll endgültig vorgespannt werden, wenn er die nach den „Richtlinien" (Tab. 2) geforderte Würfelfestigkeit von 32 MN/m^2 (320 kp/cm^2) hat. Er wird danach in einen trockenen Innenraum eingebaut.

Querschnitt b/d = 20/40 cm; Zement Z 350 F (rasch erhärtend); Konsistenz K 2

Mit welchen Werten für die Endkriechzahl und das Restschwindmaß ist zu rechnen?

Für einen rasch erhärtenden Zement kann nach Taf. 5.7 bei Normalerhärtung nach 7 Tagen mit einer Druckfestigkeit bis 85 % der 28-Tage-Festigkeit gerechnet werden. Es wird angenommen, daß 80 % erreicht werden. Die Serienfestigkeit des Bn 350 beträgt $\beta_{WS} = 40$ MN/m^2 (400 kp/cm^2) und die zu erwartende Würfelfestigkeit nach 7 Tagen $0{,}8 \cdot 40{,}0 = 32$ MN/m^2 (320 kp/cm^2).

Nach Tafel 5.5: $\varphi_0 = 3{,}0 \quad \epsilon_{s0} = 40 \cdot 10^{-5} = 0{,}4$ ‰

nach Bild 5.6: $k_{1,7} = 1{,}1$

nach Bild 5.8: für $d_w = 13{,}3$ cm wird $k_{2,\infty} \approx 1{,}0$ und $k_{2,(7-0)} = 0{,}13$

Damit erhält man

Endkriechzahl $\varphi_{7,\infty} = 3{,}0 \cdot 1{,}1 \cdot 1{,}0 = 3{,}3$

Restschwindmaß $\epsilon_{s,7,\infty} = 40 \cdot 10^{-5} \cdot (1-0{,}13) = 34{,}8 \cdot 10^{-5} = 0{,}348$ ‰ $= 0{,}348$ mm/m

Beispiel 4. Ein Spannbetonträger wird bei kühler Witterung betoniert. Nach dem Betonieren werden folgende mittlere Tagestemperaturen gemessen: 3 mal 4 °C, 2 mal 11 °C, 2 mal 13 °C, 2 mal 15 °C und anschließend 20 °C

Für die erforderliche Betonfestigkeit benötigte der Träger bei Normalerhärtung unter 20 °C 8 Tage.

Wie lange muß man mit dem Vorspannen warten?

Der erforderliche Reifegrad beträgt R = 8 (20 + 10) = 240.

Aus $$3 \cdot (4+10) + 2 \cdot (11+10) + 2 \cdot (13+10) + 2 \cdot (15+10) + \Delta t \cdot (20+10) = 240$$

erhält man $$\Delta t = \frac{240-180}{30} = 2 \text{ Tage}$$

Vom Betonieren bis zum Vorspannen muß der Beton 3 + 2 + 2 + 2 + 2 = 11 Tage erhärten.

Beispiel 5. Ein Spannbetonträger mit nachträglichem Verbund wird nach $t_1 = 7$ Tagen vorgespannt und in eine trockene Halle eingebaut. Nach weiteren 60 Tagen, also bei $t_2 = 67$ Tagen, wird er durch Fertigteilplatten belastet. Es soll nachgewiesen werden, ob die Spannung im Spannstahl beim Aufbringen der Deckenlasten den zulässigen Wert unter Berücksichtigung von S und K nicht überschreitet und wie groß der maximale Spannkraftverlust infolge S und K zur Zeit $t = \infty$ ist. (Belastungsbild und Überlagerung s. Bild 5.10). Für den Träger wird Zement Z 350 F, Konsistenz K 2 verwendet. Die wirksame Körperdicke beträgt $d_w = 10$ cm.

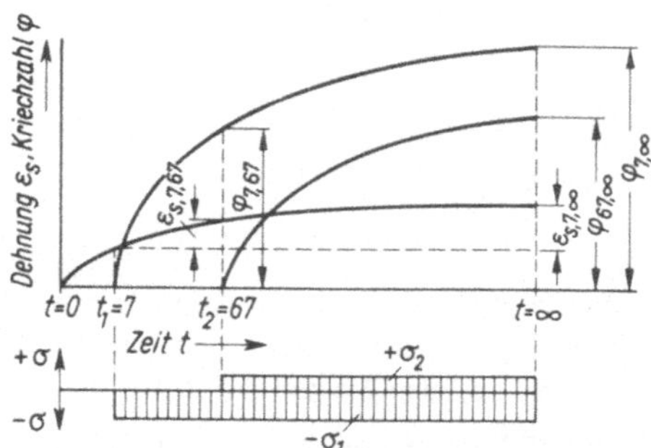

Bild 5.10
Schematische Darstellung der Belastung für Beispiel 5 aus Vorspannung und Trägereigengewicht ($-\sigma_1$) und aus Deckenlasten ($+\sigma_2$)

Mit welchen Werten für die Kriechzahl $\varphi_{7,67}$ und das Schwindmaß $\epsilon_{s,7,67}$ ist bis zum Aufbringen der Deckenlasten zu rechnen, und wie groß werden Restschwindmaß $\epsilon_{s,7,\infty}$, Endkriechzahl $\varphi_{7,\infty}$ für Belastung durch σ_1 und Endkriechzahl $\varphi_{67,\infty}$ für Belastung durch σ_2?

Man erhält

$$\varphi_0 = 3{,}0 \qquad \epsilon_{s0} = 40 \cdot 10^{-5} = 0{,}4\ ‰$$

$$k_{1,7} = 1{,}1 \qquad k_{1,67} = 0{,}53$$

mit $d_w = 10$ cm für $k_{2,\infty} = 1{,}0 \quad k_{2(67-0)} = 0{,}57 \quad k_{2(7-0)} = 0{,}17$

$$k_{2(67-7)} = 0{,}53$$

Damit wird

für $t_2 = 67$ Tage $\varphi_{7,67} = 3{,}0 \cdot 1{,}1 \cdot 0{,}53 = 1{,}75$

$$\epsilon_{s,7,67} = 40 \cdot 10^{-5} \cdot (0{,}57 - 0{,}17) = 16 \cdot 10^{-5} = 0{,}16\ ‰$$

für t = ∞ $\varphi_{7,\infty} = 3{,}0 \cdot 1{,}1 \cdot 1{,}0 = 3{,}30$ (für Belastung durch σ_1)

$\varphi_{67,\infty} = 3{,}0 \cdot 0{,}53 \cdot 1{,}0 = 1{,}59$ (für Belastung durch σ_2)

$\epsilon_{s,7,\infty} = 40 \cdot 10^{-5}\,(1-0{,}17) = 33{,}2 \cdot 10^{-5} = 0{,}332\,‰$

Es ist hierbei zu beachten, daß jeder Spannungsanteil vom Zeitpunkt des Aufbringens bis zum betrachteten Endzeitpunkt wirkt.

Beispiel 6. Ein Spannbettbinder wird zu den gleichen Zeitpunkten belastet wie in Beispiel 5. Er lagert jedoch von $t_1 = 7$ Tage bis $t_2 = 67$ Tage im Freien und wird anschließend in einen trokkenen Innenraum eingebaut. Mit welchen gemittelten Werten kann für die Endkriechzahl $\varphi_{7,\infty}$ und das Endschwindmaß $\epsilon_{s,0,\infty}$ gerechnet werden?

Mit den gleichen Daten für Zement, Konsistenz und wirksame Körperdicke wie in Beispiel 5 erhält man

bei Lagerung im Freien $\varphi_0 = 2{,}0$ $\epsilon_{s0} = 25 \cdot 10^{-5}$

bei Lagerung im Trockenen $\varphi_0 = 3{,}0$ $\epsilon_{s0} = 40 \cdot 10^{-5}$. $k_{1,7} = 1{,}1$ $k_{2,\infty} = 1{,}0$

$k_{2,(67-7)} = 0{,}53$ $k_{2,(67-0)} = 0{,}57$

Damit wird

$$\varphi_{7,\infty} = 2{,}0 \cdot 1{,}1 \cdot 0{,}53 + 3{,}0 \cdot 1{,}1 \cdot (1-0{,}53) = 1{,}17 + 1{,}55 = 2{,}72$$

$$\epsilon_{s,0,\infty} = 25 \cdot 10^{-5} \cdot 0{,}57 + 40 \cdot 10^{-5} \cdot (1-0{,}57)$$
$$= 14{,}2 \cdot 10^{-5} + 17{,}2 \cdot 10^{-5} = 31{,}4 \cdot 10^{-5}$$

5.1.4 Unterlagen nach den Richtlinien für Bemessung und Ausführung von Spannbetonbauteilen

Während nach DIN 1045 (Jan. 72) die Kriechverformung ϵ_k als plastische Verformung behandelt wurde, spalten die „Richtlinien" die Kriechverformung in 2 Anteile auf:

den reversiblen, verzögert elastischen Anteil ϵ_{verz} und

den bleibenden Fließanteil ϵ_f

Damit wird die Kriechverformung $\epsilon_k = \epsilon_{verz} + \epsilon_f$. Der verzögert elastische Anteil ϵ_{verz} wächst nach der Belastung rasch an, hat seine Halbwertzeit nach ≈ 30 Tagen und erreicht nach 6 Monaten ≈ 80 % seines Endwertes. Bild 5.11 zeigt in schematischer Darstellung den Ablauf des Kriechens unter konstanter Spannung und bei Entlastung. Die elastische Verformung $\epsilon_{el,1} = \dfrac{\sigma_b}{E_{b1}}$ tritt bei Belastung zur Zeit t_1 sofort auf. Anschließend wächst der Kriechanteil bis zum Entlastungszeitpunkt t_2.

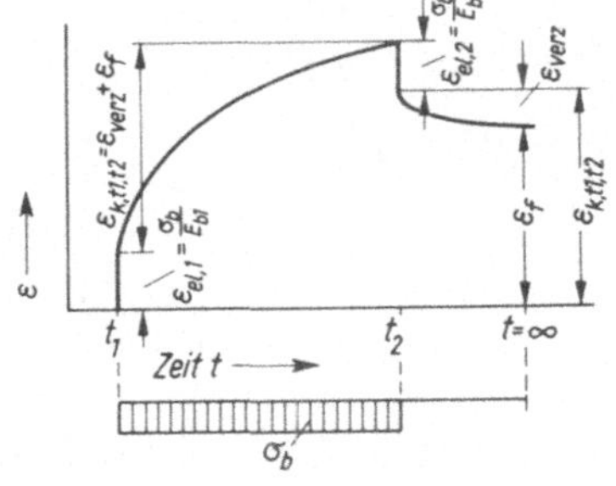

Bild 5.11
Kriechverlauf unter konstanter Spannung und nach der Entlastung

Beim Entlasten gewinnt man den elastischen Anteil $\epsilon_{e\ell,2} = \frac{\sigma_b}{E_{b2}}$ sofort zurück, während im weiteren Zeitablauf der verzögert elastische Anteil wiedergewonnen wird und nur der Fließanteil ϵ_f verbleibt.

Verzögert elastische Verformung ϵ_{verz} und Fließverformung ϵ_f sind im Bereich der Gebrauchslasten proportional zur Betonspannung σ_b und werden mit der Kriechzahl φ als das φ-fache der elastischen Verformung $\epsilon_{e\ell}$ berechnet.

Für konstante Betonspannung gilt

$$\epsilon_{verz} = \varphi_{verz} \cdot \epsilon_{e\ell} = \varphi_{verz} \cdot \frac{\sigma_b}{E_b} \tag{5.7}$$

und $$\epsilon_f = \varphi_f \cdot \epsilon_{e\ell} = \varphi_f \cdot \frac{\sigma_b}{E_b}$$

Die gesamte Kriechverformung wird

$$\epsilon_k = \epsilon_{verz} + \epsilon_f = (\varphi_{verz} + \varphi_f) \cdot \epsilon_{e\ell} = (\varphi_{verz} + \varphi_f) \cdot \frac{\sigma_b}{E_b} \tag{5.8}$$

oder mit $\varphi = \varphi_{verz} + \varphi_f$ zu $\epsilon_k = \varphi \cdot \epsilon_{e\ell} = \varphi \cdot \frac{\sigma_b}{E_b}$

Die Kriechzahlen für Zeitintervalle erhält man aus folgenden Ansätzen:
für die verzögert elastische Verformung

$$\varphi_{verz,t_a,t} = 0{,}4 \cdot k_{v,(t_w - t_{wa})} \tag{5.9}$$

mit $0{,}4 =$ Endwert der Kriechzahl φ_{verz}

k_v = Beiwert nach Bild 5.12 zur Berücksichtigung des zeitlichen Ablaufes der verzögert elastischen Verformung; die Zeitablaufkurve gibt an, welcher Prozentsatz des Endwertes $\varphi_{verz} = 0{,}4$ nach der wirksamen Belastungsdauer von $\Delta t_w = (t_w - t_{wa})$ Tagen erreicht ist. Für $\Delta t > 3$ Monate darf vereinfachend $k_v = 1{,}0$ gesetzt werden.

t_{wa} = wirksames Betonalter bei Belastungsbeginn

t_w = wirksames Betonalter zum untersuchten Zeitpunkt

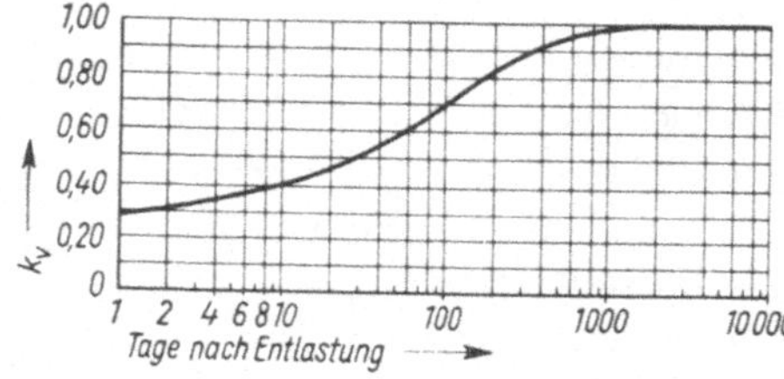

Bild 5.12
Verlauf der verzögert elastischen Verformung

Da Erhärtungsgrad, relative Luftfeuchte und Konsistenz des Betons nur geringen Einfluß auf die verzögert elastische Verformung haben, wurde der Endwert $\varphi_{verz} = 0{,}4$ unabhängig vom Erhärtungsgrad bzw. wirksamen Betonalter gewählt. Es ist für den Wert von $\varphi_{verz,t_a,t}$ ohne Bedeutung, ob der Belastungszeitraum im jungen oder hohen Alter des Betons liegt. Bei Entlastung kann maximal nur derjenige Anteil von $\epsilon_{verz,t_a,t} = \varphi_{verz,t_a,t} \cdot \epsilon_{e\ell}$ wiedergewonnen werden, der unter Last entstanden ist.

Für die Fließverformung (bleibende Verformung) gilt mit Tafel 5.13

$$\varphi_{f,t_a,t} = \varphi_{f_0} \cdot (k_{f,t_w} - k_{f,t_{wa}}) \qquad (5.10)$$

Für die wirksame Körperdicke ist zu setzen

$$d_w = k_w \cdot \frac{2F}{U} \qquad (5.11)$$

mit k_w = Beiwert zur Berücksichtigung des Feuchtigkeitseinflusses auf d_w (s. Taf. 5.14)
F = Fläche des Betonquerschnitts
U = Umfang des Querschnitts, der der Austrocknung ausgesetzt ist

Tafel 5.13 Zusammenstellung der Bezeichnungen und Einflußgrößen

Bezeichnung	Bedeutung	abhängig von
φ_{f_0}	Grundfließzahl (s. Taf. 5.14)	relativer Luftfeuchte und Konsistenz des Betons
k_f	Beiwert zur Berücksichtigung des zeitlichen Ablaufes des Fließens (s. Bild 5.15)	wirksamer Körperdicke d_w und wirksamem Betonalter
t_w	wirksames Betonalter zum untersuchten Zeitpunkt	Zementart und Temperatur
t_{wa}	wirksames Betonalter beim Aufbringen der Spannung	Zementart und Temperatur

Tafel 5.1.4 Grundfließzahl und Grundschwindmaß in Abhängigkeit von der Lage des Bauteiles

Lage des Bauteiles	Mittlere relative Luftfeuchte in % ≈	Konsistenzbereich K_2 Grundfließzahl φ_{fo} *)	Konsistenzbereich K_2 Grundschwindmaß ϵ_{so} *)	Beiwert k_w
im Wasser		0,8	$+10 \cdot 10^{-5}$	30
in sehr feuchter Luft, z. B. unmittelbar über dem Wasser	90	1,3	$-10 \cdot 10^{-5}$	5,0
allgemein im Freien	70	2,0	$-25 \cdot 10^{-5}$	1,5
in trockener Luft, z.B. in trockenen Innenräumen	40	3,0	$-40 \cdot 10^{-5}$	1,0

*) Für die Konsistenzbereiche K_1 bzw. K_3 sind die Zahlen um 25 % zu ermäßigen bzw. zu erhöhen.

Das wirksame Betonalter t_w errechnet sich für t_{wa} bzw. t_w zu

$$t_w = k_z \cdot \Sigma \frac{T^\circ + 10^\circ}{30^\circ} \cdot \Delta t \qquad (5.12)$$

mit t_w = wirksames Betonalter

k_Z = Beiwert zur Berücksichtigung der Erhärtungsgeschwindigkeit des Zements. Für die Bestimmung von φ_f beträgt er für normal erhärtende Zemente (Z 250, Z 350 L, Z 450 L) $k_Z = 1{,}0$ für frühhochfeste Zemente (Z 350 F, Z 450 F) $k_Z = 2{,}0$ und für Z 550 $k_Z = 3{,}0$

T = Mittlere Tagestemperatur des Betons in °C

Δt = Anzahl der Tage mit mittlerer Tagestemperatur T des Betons in °C

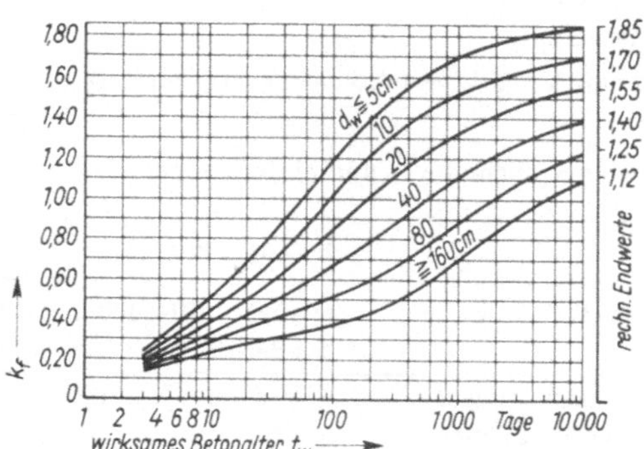

Bild 5.15
Zeitlicher Verlauf des Fließens

Die Kriechzahl für ein Zeitintervall unter konstanter Spannung σ_b wird (Bild 5.16)

$$\varphi_{t_a,t} = \varphi_{verz,t_a,t} + \varphi_{f,t_a,t} = 0{,}4 \cdot k_{v(t_w - t_{wa})} + \varphi_{fo} \cdot (k_{ft_w} - k_{ft_{wa}}) \qquad (5.13)$$

Man gewinnt t Tage nach der Entlastung von dem verzögerten elastischen Anteil

$$\varphi_{verz,tEntl} = 0{,}4 \cdot k_{v(t_w - t_{wa})} \cdot k_{v,tEntl} \qquad (5.14)$$

zurück.

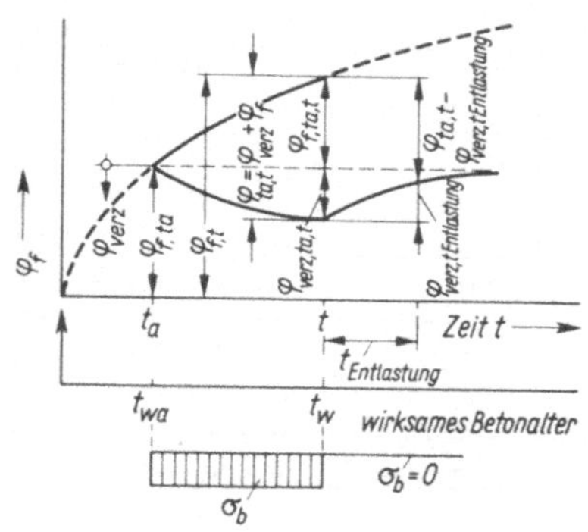

Bild 5.16
Kriechzahl $\varphi_{ta,t}$ für ein Zeitintervall und wiedergewonnener verzögert elastischer Anteil $\varphi_{verz,t\,Entlastung}$ nach der Entlastung

Das Schwindmaß des Betons erhält man aus

$$\epsilon_{s,t_a,t} = \epsilon_{so} \cdot (k_{s,t_w} - k_{s,t_{wa}}) \tag{5.15}$$

mit ϵ_{so} = Grundschwindmaß (s. Taf. 5.14), es ist abhängig von der relativen Luftfeuchte und von der Konsistenz des Betons

k_s = Beiwert gemäß Zeitablaufkurve, die von der Herstellung des Betons ab zählt (Bild 5.17). Sie ist abhängig von der wirksamen Bauteildicke d_w und vom wirksamen Betonalter

t_w = wirksames Betonalter zum untersuchten Zeitpunkt, Berechnung nach Gl. (5.12), jedoch ohne Einfluß der Zementart mit $k_Z = 1{,}0$

t_{wa} = wirksames Betonalter, von dem ab das Schwinden berücksichtigt werden soll; Berechnung wie für t_w

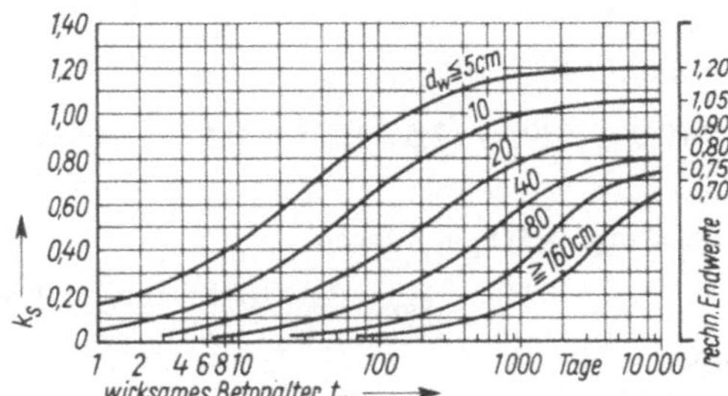

Bild 5.17
Zeitlicher Ablauf des Schwindens

5.1.5 Berechnungsbeispiele nach den Spannbetonrichtlinien

Es werden hier die gleichen Beispiele wie in Abschn. 5.1.3 gewählt, so daß die Ergebnisse nach den verschiedenen Unterlagen verglichen werden können.

Beispiel 1. Ein Träger soll nach $t_i = t_a = 28$ Tagen Normalerhärtung vorgespannt werden. Er befindet sich anschließend im Freien.

Querschnitt b/d = 20/40 cm Zement Z 350 L (langsam erhärtend) Konsistenz K_2

Mit welchen Werten für die Endkriechzahl $\varphi_{28,\infty}$ und das Restschwindmaß $\epsilon_{s,28,\infty}$ ist zu rechnen?

Nach Gl. (5.9) Endwert $\varphi_{verz} = 0{,}4$

nach Bild 5.12 $k_{v,\infty} = 1{,}0$

nach Tafel 5.14 $\varphi_{fo} = 2{,}0$ $\epsilon_{so} = 25 \cdot 10^{-5}$ $k_w = 1{,}5$

nach Gl. (5.12) mit $k_z = 1{,}0$ T = 20 °C und Δt = 28 Tage wird

$$t_{wa} = 1{,}0 \cdot \frac{20 + 10}{30} \cdot 28 = 28 = t_a$$

Für den untersuchten Zeitpunkt $t = \infty$ ist auch $t_w = \infty$.

Nach Bild 5.15 erhält man mit

$$d_w = k_w \cdot \frac{2F}{U} = 1{,}5 \cdot \frac{2 \cdot 20 \cdot 40}{2 \cdot (20+40)} = 20{,}0 \text{ cm} \quad k_{f,\infty} = 1{,}55 \text{ und } k_{f,28} = 0{,}58.$$

Damit wird der Fließanteil nach Gl. (5.10)

$$\varphi_{f,28,\infty} = \varphi_{fo}(k_{f,\infty} - k_{f,28}) = 2{,}0 \cdot (1{,}55 - 0{,}58) = 1{,}94$$

und der verzögert elastische Anteil

$$\varphi_{verz,28,\infty} = 0{,}4 \cdot k_{v,\infty} = 0{,}4 \cdot 1{,}0 = 0{,}4.$$

Die Endkriechzahl ist nach Gl. (5.13)

$$\varphi_{28,\infty} = 1{,}94 + 0{,}4 = 2{,}34$$

Für das Restschwindmaß entnimmt man für $t_{wa} = 28$ Tage, $t_w = \infty$ sowie $d_w = 20{,}0$ cm aus Bild 5.17 $k_{s,\infty} = 0{,}9$ und $k_{s,28} = 0{,}20$.
Das Restschwindmaß ist dann nach Gl. (5.15)

$$\epsilon_{s,28,\infty} = 25 \cdot 10^{-5} (0{,}9 - 0{,}20) = 17{,}5 \cdot 10^{-5} = 0{,}175 \text{ ‰} = 0{,}175 \text{ mm/m}$$

Beispiel 2. Wie Beispiel 1, jedoch Belastung nach $t_a = 7$ Tagen

Endwert $\varphi_{verz} = 0{,}4$ $\quad k_{v,\infty} = 1{,}0$ $\quad \varphi_{fo} = 2{,}0$ $\quad \epsilon_{so} = 25 \cdot 10^{-5}$ $\quad k_w = 1{,}5$ $\quad k_z = 1{,}0$

$T = 20\,°C$ $\quad \Delta t = 7$ Tage

wirksames Betonalter $\quad t_{wa} = 1{,}0 \cdot \frac{20 + 10}{30} \cdot 7 = 7 = t_a \quad t_w = \infty$

wirksame Körperdicke $\quad d_w = 20$ cm

Die Zeitbewerte k_f erhält man nach Bild 5.15 für $d_w = 20$ cm und $t_{wa} = 7$, $t_w = \infty$ zu $k_{f,\infty} = 1{,}55$ und $k_{f,7} = 0{,}31$.

Der Fließanteil wird nach Gl. (5.10) $\varphi_{f,7,\infty} = 2{,}0 \cdot (1{,}55 - 0{,}31) = 2{,}48$, der verzögert elastische Anteil nach Gl. (5.9) $\varphi_{verz,7,\infty} = 0{,}4 \cdot 1{,}0 = 0{,}4$ und die Endkriechzahl nach Gl. (5.13) $\varphi_{7,\infty} = 0{,}4 + 2{,}48 = 2{,}88$. Die Zeitbeiwerte k_s für das Restschwindmaß entnimmt man für $t_{wa} = 7$ Tage, $t_w = \infty$ und $d_w = 20$ cm dem Bild 5.17 zu $k_{s,\infty} = 0{,}9$ und $k_{s,7} = 0{,}08$. Das Restschwindmaß ist dann nach Gl. (5.15)

$$\epsilon_{s,7,\infty} = 25 \cdot 10^{-5} \cdot (0{,}9 - 0{,}08) = 20{,}5 \cdot 10^{-5} = 0{,}205 \text{ mm/m}$$

Beispiel 3. Der in einem trockenen Innenraum einzubauende Spannbetonträger in Betongüte Bn 350 hat die Querschnittsabmessungen 20/40 cm. Er wird aus frühhochfestem Zement Z 350 F (rasch erhärtend) mit der Konsistenz K 2 hergestellt. Nach Abschn. 5.1.3, Beisp. 3, kann die Belastung nach 7 Tagen Normalerhärtung aufgebracht werden.

Mit welchen Werten für die Endkriechzahl und das Restschwindmaß ist zu rechnen?

Wegen der Verwendung von Z 350 F (frühhochfest, rasch erhärtend) ist hier das wirksame Betonalter t_{wa} nach Gl. (5.12) mit $k_z = 2{,}0$ größer als das Betonalter $t_a = 7$ Tage beim Aufbringen der Belastung. Man erhält mit den gegebenen Daten

Endwert $\varphi_{verz} = 0{,}4$ $\quad k_{v,\infty} = 1{,}0$ $\quad$ für trockenen Innenraum $\varphi_{fo} = 3{,}0$ $\quad \epsilon_{so} = 40 \cdot 10^{-5}$ und $k_w = 1{,}0$.

Das wirksame Alter nach Gl. (5.12) ist für den Fließanteil mit $k_z = 2{,}0$ $T = 20$ °C und $\Delta t = 7$ Tage

$$t_{wa} = 2{,}0 \cdot \frac{20 + 10}{30} \cdot 7 = 14 \text{ Tage und } t_w = \infty.$$

Die wirksame Bauteildicke wird wegen $k_w = 1{,}0$

$$d_w = 1{,}0 \; \frac{2 \cdot 20 \cdot 40}{2 \cdot (20 + 40)} = 13{,}3 \text{ cm}$$

Die Zeitbeiwerte k_f entnimmt man Bild 5.15 für $d_w = 13{,}3$ cm, $t_w = \infty$ und $t_{wa} = 14$ Tage zu $k_{f,\infty} = 1{,}63$; $k_{f,7} = 0{,}48$.

Das wirksame Alter für die Zeitbeiwerte k_s ist mit $k_z = 1{,}0$ $t_{wa} = 7$ Tage und $t_w = \infty$.

Damit entnimmt man Bild 5.17 $k_{s,\infty} = 1{,}0$; $k_{s,7} = 0{,}15$.

Vom Tage der Lastaufbringung an gerechnet wird die Endkriechzahl

$$\varphi_{7,\infty} = \varphi_{verz,7,\infty} + \varphi_{f,7,\infty} = 0{,}4 \cdot 1{,}0 + 3{,}0\,(1{,}63 - 0{,}48) = 3{,}85$$

und das Restschwindmaß $\quad \epsilon_{s,7,\infty} = 40 \cdot 10^{-5}\,(1{,}0 - 0{,}15) = 34 \cdot 10^{-5} = 0{,}34$ ‰

Beispiel 4. Bei Normalerhärtung (+ 20 °C) brauchte der Spannbetonträger 8 Tage Erhärtungszeit, um die erforderliche Festigkeit zu erreichen. Wegen der kühlen Witterung nach dem Betonieren 3 mal 4 °C, 2 mal 11 °C, 2 mal 13 °C, 2 mal 15 °C und anschließend 20 °C wird das erforderliche wirksame Betonalter nach 8 Tagen nicht erreicht. Wie lange muß man mit dem Vorspannen warten?

Die Lösung entspricht dem Beispiel 4 in Abschn. 5.13 mit dem Reifegrad $R = t_w \cdot 30 = k_z \cdot \Sigma(T^\circ + 10^\circ) \cdot \Delta t$.

Der erforderliche Reifegrad beträgt $R = k_z \cdot (20 + 10) \cdot 8 = k_z \cdot 240$.

Aus $k_z \cdot (3 \cdot 14 + 2 \cdot 21 + 2 \cdot 23 + 2 \cdot 25) + k_z \cdot \Delta t \cdot 30 = k_z \cdot 240$ erhält man

$$\Delta t = \frac{240 - 180}{30} = 2 \text{ Tage}$$

Bis zur Belastung muß der Beton (3 + 2 + 2 + 2 + 2) = 11 Tage erhärten.

Beispiel 5. Aufgabenstellung s. Beisp. 5 in Abschn. 5.1.3

Vorspannung nach $t_1 = 7$ Tagen, Aufbringen der Zusatzlast nach $t_2 = 67$ Tagen; zu untersuchende Zeitpunkte $t_2 = 67$ Tage und $t = \infty$

Der Träger befindet sich ab $t_1 = 7$ Tagen in einem trockenen Innenraum. Er ist mit Zement Z 350 F, Konsistenz K 2 hergestellt. Die wirksame Körperdicke ist $d_w = k_w \cdot 10$ cm. Gesucht sind die Kriechzahlen $\varphi_{7,67}$, $\varphi_{7,\infty}$, $\varphi_{67,\infty}$ und die Schwindmaße $\epsilon_{s,7,67}$ und $\epsilon_{s,7,\infty}$ (s. a. Bild 5.10).

Man erhält

Endwert $\varphi_{verz} = 0{,}4 \qquad \varphi_{fo} = 3{,}0 \qquad \epsilon_{so} = 40 \cdot 10^{-5}$; $k_w = 1{,}0$

Für die Zeitbeiwerte k_v und k_f ist das wirksame Betonalter mit $k_z = 2{,}0$ und $T = 20$ °C

$$t_{w7} = 2 \cdot \frac{20 + 10}{30} \cdot 7 = 14, \;\; t_{w67} = 2 \cdot 67 = 134 \text{ und } t_{w\infty} = \infty.$$

Die wirksame Körperdicke wird mit $k_w = 1{,}0$ $d_w = 1{,}0 \cdot 10 = 10$ cm.

Für die Zeitbeiwerte k_s ist das wirksame Betonalter mit $k_z = 1{,}0$ und T = 20 °C

$$t_{w7} = 1{,}0 \cdot 7 = 7 \qquad t_{w67} = 1{,}0 \cdot 67 = 67 \text{ und } t_{w\infty} = \infty$$

Die wirksame Körperdicke beträgt $d_w = 10$ cm.

Aus den Zeitbeiwertkurven wird entnommen

$k_{v(67-7)} = 0{,}67$, $k_{v,\infty} = 1{,}0$ $k_{f,7} = 0{,}5$

$k_{f,67} = 1{,}1$ $k_{f,\infty} = 1{,}7$ und $k_{s,7} = 0{,}19$ $k_{s,67} = 0{,}57$ $k_{s,\infty} = 1{,}05$

Damit wird

für $t_2 = 67$ Tage

$$\varphi_{7,67} = \varphi_{verz,7,67} + \varphi_{f,7,67} = 0{,}4 \cdot 0{,}67 + 3{,}0 \cdot (1{,}1 - 0{,}5) = 2{,}068$$
$$\epsilon_{s,7,67} = 40 \cdot 10^{-5} \cdot (0{,}57 - 0{,}19) = 15{,}2 \cdot 10^{-5} = 0{,}152\ ‰$$

für $t = \infty$

$$\varphi_{7,\infty} = 0{,}4 \cdot 1{,}0 + 3{,}0 \cdot (1{,}7 - 0{,}5) = 4{,}0 \text{ (für Belastung durch } \sigma_1 \text{ nach Bild 5.10)}$$
$$\varphi_{67,\infty} = 0{,}4 \cdot 1{,}0 + 3{,}0 \cdot (1{,}7 - 1{,}1) = 2{,}2 \text{ (für Belastung durch } \sigma_2)$$
$$\epsilon_{s,7,\infty} = 40 \cdot 10^{-5} \cdot (1{,}05 - 0{,}19) = 34{,}4 \cdot 10^{-5} = 0{,}344\ ‰$$

Beispiel 6. Ein Spannbettbalken wird zu den gleichen Zeitpunkten belastet wie in Beisp. 5. Er lagert jedoch von $t_1 = 7$ Tage bis $t_2 = 67$ Tage im Freien und wird anschließend in einen trokkenen Innenraum eingebaut. Mit welchen gemittelten Werten kann für die Restkriechzahl $\varphi_{7,\infty}$ und das Endschwindmaß $\epsilon_{s,o,\infty}$ gerechnet werden?

Mit den gleichen Daten für Zement, Konsistenz und wirksame Körperdicke wie in Beisp. 5 erhält man

Endwert $\varphi_{verz} = 0{,}4$ $k_{v,\infty} = 1{,}0$

bei Lagerung im Freien $\varphi_{fo} = 2{,}0$ $\epsilon_{so} = 25 \cdot 10^{-5}$ $k_w = 1{,}5$

bei Lagerung im Trockenen $\varphi_{fo} = 3{,}0$ $\epsilon_{so} = 40 \cdot 10^{-5}$ $k_w = 1{,}0$

Das wirksame Betonalter wird für die Zeitbeiwerte k_f mit $k_z = 2{,}0$ und für die Zeitbeiwerte k_s mit $k_z = 1{,}0$ $t_{w7} = 2{,}0 \cdot 7 = 14$ $t_{w67} = 2{,}0 \cdot 67 = 134$ für den Fließanteil und $t_{w67} = 1{,}0 \cdot 67 = 67$ für das Schwindmaß.

Die wirksame Körperdicke ist für Lagerung im Freien $d_w = 1{,}5 \cdot 10 = 15$ cm und für Lagerung im Trockenen $d_w = 1{,}0 \cdot 10 = 10$ cm.

Aus den Zeitbeiwertkurven entnimmt man

für Lagerung im Freien $k_{f,7} = 0{,}47$ $k_{f,67} = 1{,}00$ $k_{s,o} = 0{,}03$ $k_{s,67} = 0{,}42$

für Lagerung im Trockenen $k_{f,67} = 1{,}1$ $k_{f,\infty} = 1{,}7$ $k_{s,67} = 0{,}57$ $k_{s,\infty} = 1{,}05$

Die gemittelte Kriechzahl wird damit

$$\varphi_{7,\infty} = 0{,}4 \cdot 1{,}0 + 2{,}0 \cdot (1{,}00 - 0{,}47) + 3{,}0(1{,}7 - 1{,}1) = 3{,}26$$

das gemittelte Schwindmaß

$$\epsilon_{s,o,\infty} = 25 \cdot 10^{-5} \cdot (0{,}42 - 0{,}03) + 40 \cdot 10^{-5} \cdot (1{,}05 - 0{,}57) = 28{,}95 \cdot 10^{-5} \approx 0{,}29\ ‰$$

5.1.6 Vergleich der Ergebnisse nach DIN 1045 und nach den Spannbetonrichtlinien

Tafel 5.18 Zusammenstellung der Kriechzahlen und Schwindmaße

Beispiel	Zement	DIN 1045 φ	ϵ_s in ‰	„Richtlinien" φ	ϵ_s in ‰
1	Z 350 L	$\varphi_{28,\infty} = 2{,}00$	$\epsilon_{s,28,\infty} = 0{,}170$	$\varphi_{28,\infty} = 2{,}34$	$\epsilon_{s,28,\infty} = 0{,}175$
2	Z 350 L	$\varphi_{7,\infty} = 2{,}80$	$\epsilon_{s,7,\infty} = 0{,}217$	$\varphi_{7,\infty} = 2{,}88$	$\epsilon_{s,7,\infty} = 0{,}205$
3	Z 350 F	$\varphi_{7,\infty} = 3{,}30$	$\epsilon_{s,7,\infty} = 0{,}348$	$\varphi_{7,\infty} = 3{,}85$	$\epsilon_{s,7,\infty} = 0{,}340$
5	Z 350 F	$\varphi_{7,67} = 1{,}75$ $\varphi_{67,\infty} = 1{,}59$	$\epsilon_{s,7,67} = 0{,}160$ –	$\varphi_{7,67} = 2{,}07$ $\varphi_{67,\infty} = 2{,}20$	$\epsilon_{s,7,67} = 0{,}152$ –
6	Z 350 F	$\varphi_{7,\infty} = 2{,}71$	$\epsilon_{s,o,\infty} = 0{,}314$	$\varphi_{7,\infty} = 3{,}26$	$\epsilon_{s,o,\infty} = 0{,}290$

Während die Schwindmaße bei beiden Verfahren zu etwa gleichen Werten führen, liegen die Kriechzahlen $\varphi_t = \varphi_{verz} + \varphi_f$ nach den „Richtlinien" teilweise erheblich höher.

Bei frühem Belastungsalter von 2 bis 5 Tagen sind die Abweichungen gering. Im Belastungsalter von $\approx$ 20 bis 90 Tagen liegen die Werte der „Richtlinien" um rund 30 % höher.

5.2 Berechnung des Spannkraftverlustes infolge Schwinden und Kriechen für Vorspannung mit Verbund

Ursache für den Spannkraftverlust sind die plastischen Betonverkürzungen ϵ_s und ϵ_k in Höhe des Spanngliedes. Gehören mehrere Spannglieder zu einem Strang, so darf die Betonverkürzung mit hinreichender Genauigkeit für den Schwerpunkt der Spannglieder bestimmt werden.

Bild 5.19 zeigt schematisch den zeitbedingten Spannungs- bzw. Spannkraftabfall im Spannstahl, der durch die Verringerung der Stahldehnung ϵ_{zv} infolge der plastischen Betonverkürzung ϵ_s und ϵ_k bedingt ist. Der Spannungsabfall läßt sich leicht für die lastunabhängige Schwindverkürzung ϵ_s bei gegebenem Schwindmaß $\epsilon_{s,t_i,t}$ ermitteln. Nach Bild 5.20 verringert sich die Stahldehnung aus Vorspannung um daß Maß $\epsilon_{z,s} = -|\epsilon_{s,t_i,t}| + \Delta\epsilon_{e\ell}$, wobei $\Delta\epsilon_{e\ell}$ die elastische Erholdehnung des Betons infolge der Spannkraftabnahme darstellt. Der Spannungsabfall im Spannstahl beträgt $\sigma_{z,s} = \epsilon_{z,s} \cdot E_z$. Die elastische Erholdehnung $\Delta\epsilon_{e\ell}$ ist proportional zur Spannkraftabnahme bzw. zur Dehnungsabnahme $\epsilon_{z,s}$

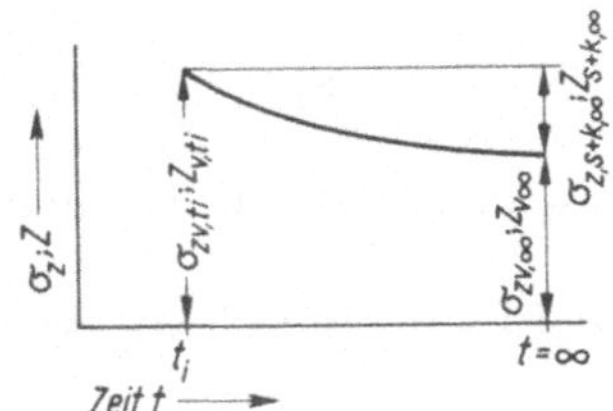

Bild 5.19
Spannungs- bzw. Spannkraftabfall im Spannstahl über die Zeit nach Aufbringen der Belastung zum Zeitpunkt t_i

Aus $\dfrac{\epsilon_{bzv,ti}}{\epsilon_{zv,ti}} = \dfrac{\Delta\epsilon_{e\ell}}{\epsilon_{z,s}}$ erhält man $\Delta\epsilon_{e\ell} = \epsilon_{z,s} \cdot \dfrac{\epsilon_{bz,v,ti}}{\epsilon_{zv,ti}}$

Damit wird $\epsilon_{z,s} = -\,|\epsilon_{s,ti,t}| + \Delta\epsilon_{e\ell} = -\,|\epsilon_{s,ti,t}| + \epsilon_{z,s} \cdot \dfrac{\epsilon_{bz,v,ti}}{\epsilon_{zv,ti}}$

und aufgelöst nach $\epsilon_{z,s}$ erhält man den Dehnungsverlust im Spannstahl zu

$$\epsilon_{z,s} = \frac{\epsilon_{s,t_i,t}}{1 - \dfrac{\epsilon_{bz,v,ti}}{\epsilon_{zv,ti}}} \tag{5.16}$$

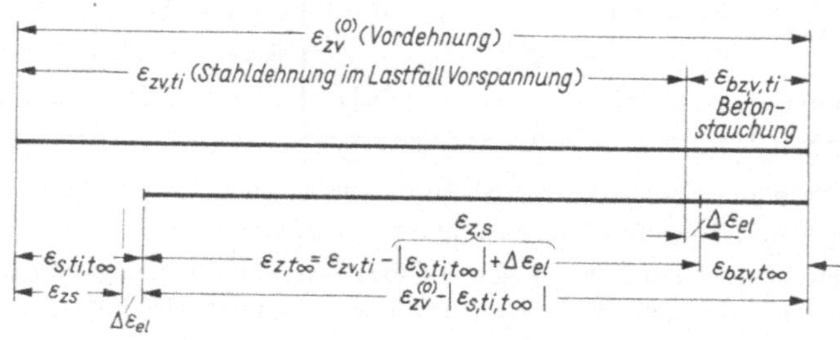

Bild 5.20
Dehnungszustand im Spannstahl und Betonstauchung zum Zeitpunkt t_i beim Aufbringen der Vorspannung und nach dem Schwinden zur Zeit $t = \infty$
Dehnungsabnahme: $\epsilon_{zs} = -\,|\epsilon_{s,ti,t\infty}| + \Delta\epsilon_{el}$ (verzerrt dargestellt)

Hierin sind die bezogenen Verkürzungen $\epsilon_{s,ti,t}$ und $\epsilon_{bz,v,ti}$ negativ einzusetzen. Es ist

$$\epsilon_{bz,v,ti} = \frac{\sigma_{bz,v,ti}}{E_b} \quad \text{und} \quad \epsilon_{zv,ti} = \frac{\sigma_{zv,ti}}{E_z}$$

Damit kann für das konstante Verhältnis im Nenner geschrieben werden

$$\frac{\epsilon_{bz,v,ti}}{\epsilon_{zv,ti}} = \frac{\sigma_{bz,v,ti} \cdot E_z}{\sigma_{zv,ti} \cdot E_b} = \frac{n \cdot \sigma_{bz,v,ti}}{\sigma_{zv,ti}} = -\,\frac{\sigma_{zv}^{(0)} \cdot \alpha}{\sigma_{zv}^{(0)} \cdot (1-\alpha)} = -\,\frac{\alpha}{1-\alpha}$$

($\sigma_{bz,v,ti}$ ist als Druckspannung negativ)

Gl. (5.16) läßt sich auf zweierlei Weise schreiben

$$\epsilon_{z,s} = \frac{\epsilon_{s,ti,t}}{1 - \dfrac{n \cdot \sigma_{bz,v,ti}}{\sigma_{zv,ti}}} \quad \text{(Betondruckspannung } \sigma_{bz,v,ti} \text{ negativ)} \tag{5.16a}$$

oder

$$\epsilon_{z,s} = \frac{\epsilon_{s,ti,t}}{1 + \dfrac{\alpha}{1-\alpha}} = \epsilon_{s,ti,t} \cdot (1-\alpha) \tag{5.16b}$$

Der Spannungsabfall im Spannstahl infolge Schwinden ist dann

$$\sigma_{z,s} = \epsilon_{z,s} \cdot E_z = \frac{\epsilon_{s,ti,t} \cdot E_z}{1 + \dfrac{\alpha}{1-\alpha}} = E_z \cdot \epsilon_{s,ti,t} \cdot (1-\alpha) \tag{5.17}$$

Der Ausdruck $E_z \cdot \epsilon_{s,ti,t}$ entspricht $\sigma^{(0)}_{z,s,ti,t}$ und das Schwindmaß $\epsilon_{s,ti,t}$ einer Spannbettdehnung. Der Steifigkeitsbeiwert α ist für Vorspannung mit Verbund nach Abschn. 2

$$\alpha = n \cdot \frac{F_z}{F_i}\left(1 + \frac{F_i}{I_i} \cdot y_{iz}^2\right)$$

5.2.1 Näherungslösung für einsträngige Vorspannung über die mittlere kriecherzeugende Spannung

Die plastische Kriechverkürzung des Betons ist abhängig von der Betonspannung bzw. der elastischen Betonverformung in Höhe des Spanngliedschwerpunktes und der Zeit. Da der Kriechvorgang sich über einen längeren Zeitraum erstreckt, sind nur die Betonspannungen aus Dauerlasten zu berücksichtigen. Hierzu gehören das Eigengewicht des Trägers oder später aufgebrachte, ständige Lasten wie z.B. Dekken- oder Dachplatten.

Sollten nennenswerte Anteile der Verkehrslast dauernd wirken, wären sie ebenfalls zu berücksichtigen. In Bild 5.21 sind die Lasten mit ihren zugehörigen Spannungs- und Dehnungsbildern dargestellt. Es ist noch festzulegen, für welchen Querschnitt des Balkens der Spannkraftverlust Z_{s+k} zu ermitteln ist. Für die Querschnitte a und m erhält man Spannungsbilder nach Bild 5.22 für die Überlagerung der Lastfälle $g_1 + d + v$. Die Betondruckspannung und damit die elastische Betonverkürzung in Höhe des Spanngliedschwerpunktes ist in Schnitt a größer als in Schnitt m. In Schnitt a wird der Spannkraftverlust also größer als in Schnitt m. Der Spannkraftverlust Z_{s+k} wird, obwohl er hier geringer ist, für Schnitt m ermittelt, weil hier die Gefahr besteht, daß durch den Spannkraftabfall Zugspannungen im Beton auftreten, die bei voller Vorspannung nicht zulässig wären, oder bei beschränkter Vorspannung die zulässigen Werte überschreiten würden.

Während die Spannungen bzw. elastischen Betondehnungen aus den Lasten g_1 und d zeitunabhängig konstant bleiben, verringert sich die Betonspannung $\sigma_{bz,v,ti}$ bzw. die elastische Verkürzung $\epsilon_{bz,v,ti}$ aus dem Lastfall Vorspannung infolge Schwinden und Kriechen.

Der Dehnungsverlust im Spannstahl ist hier

$$\epsilon_{z,s+k} = -\left|(\epsilon_{s,ti,t} + \epsilon_{k,ti,t})\right| + \Delta\epsilon_{e\ell} \tag{5.18}$$

Setzt man $$\Delta\epsilon_{e\ell} = \epsilon_{z,s+k} \cdot \frac{\epsilon_{bz,v,ti}}{\epsilon_{zv,ti}} \tag{5.19}$$

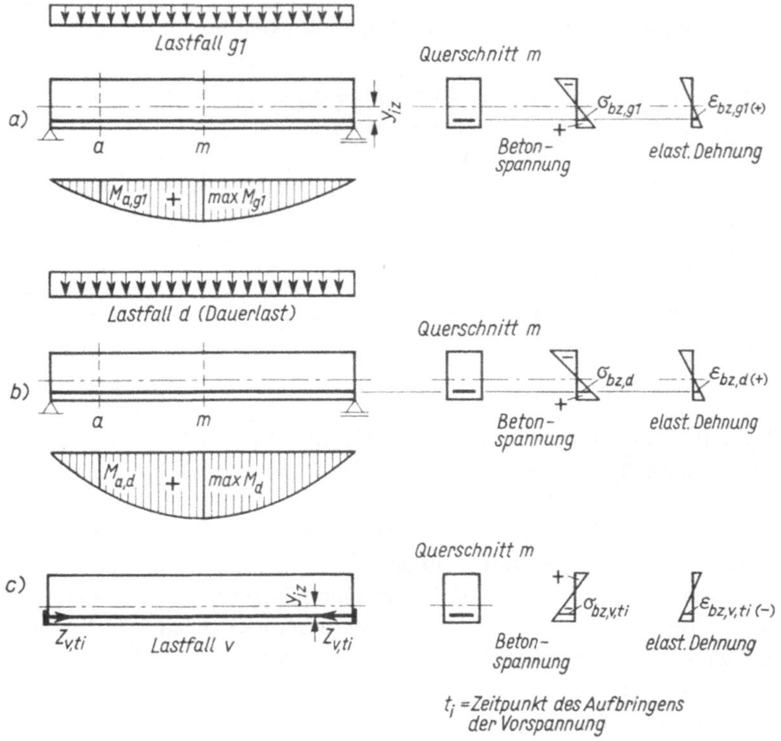

Bild 5.21
Lastfälle für kriecherzeugende Spannungen
a) Lastfall g_1 b) Lastfall d c) Lastfall v

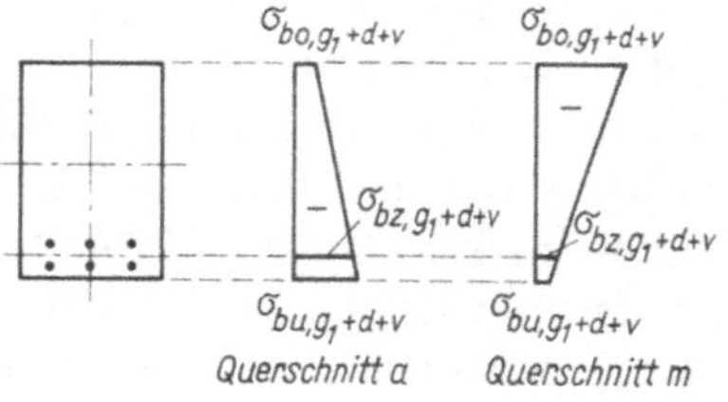

Bild 5.22
Betonspannung für den Lastfall $g_1 + d + v$ zum Zeitpunkt t_i für die Querschnitte a und m nach Bild 5.21

ein, sind in der Gleichung die beiden Unbekannten $\epsilon_{z,s+k}$ und $\epsilon_{k,ti,t}$ vorhanden. Das Kriechmaß $\epsilon_{k,ti,t}$ läßt sich in guter Näherung aus der mittleren kriecherzeugenden Betonspannung $\sigma_{b\,mittel}$ bzw. der mittleren elastischen Verformung $\epsilon_{b\,mittel}$ in Höhe des Spannstrangschwerpunktes berechnen (Bild 5.23).

Die mittlere Spannung ist

$$\sigma_{b\,mittel} = |\sigma_{b,ti}| - |\frac{\Delta\sigma_b}{2}|$$

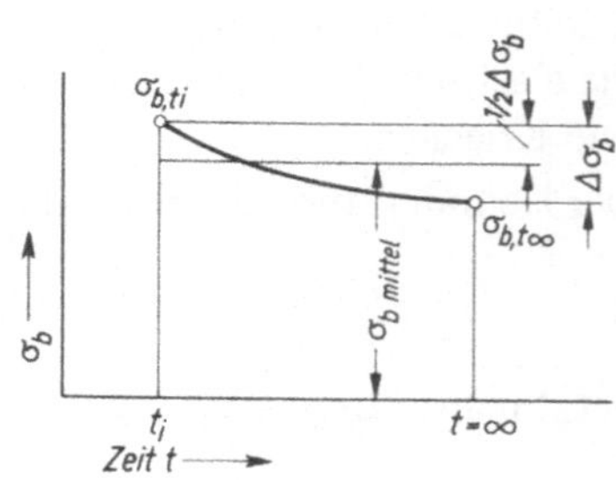

Bild 5.23
Mittlere kriecherzeugende Betonspannungen

oder die mittlere elastische Verformung

$$\epsilon_{b\,mittel} = -|\epsilon_{b,ti}| + \frac{\Delta\epsilon_{e\ell}}{2} = \frac{\sigma_{b\,mittel}}{E_b}$$

In $\sigma_{b,ti}$ sind alle zum Zeitpunkt t_i dauernd wirkenden Lasten einschließlich Vorspannung enthalten, so daß in Höhe des Spannstrangschwerpunktes (Index z) wird

$$\sigma_{bz,ti} = \sigma_{bz,d} + \sigma_{bz,v,ti}$$

Für die elastische Betonverformung gilt $\epsilon_{bz,ti} = \epsilon_{bz,d} + \epsilon_{bz,v,ti}$

Hierbei sind Druckspannungen bzw. Verkürzungen negativ und Zugspannungen bzw. Verlängerungen positiv einzusetzen. Der Index d = Dauerlast beinhaltet auch das Eigengewicht g_1.

Die Kriechverformung wird damit

$$\epsilon_{k,ti,t} = \epsilon_{bz,d} \cdot \varphi_{ti,t} + \epsilon_{bz,v,ti} \cdot \varphi_{ti,t} + \Delta\epsilon_{e\ell} \cdot \frac{\varphi_{ti,t}}{2}$$

Der Dehnungsverlust im Spannstahl wird nach Gl. (5.18) unter Berücksichtigung von Gl. (5.19) und der mittleren elastischen Betonverformung

$$\epsilon_{z,s+k} = \epsilon_{s,ti,t} + \epsilon_{bz,d} \cdot \varphi_{ti,t} + \epsilon_{bz,v,ti} \cdot \varphi_{ti,t} + \\ + \epsilon_{z,s+k} \cdot \frac{\epsilon_{bz,v,ti}}{\epsilon_{zv,ti}} + \frac{\varphi_{ti,t}}{2} + \epsilon_{z,s+k} \cdot \frac{\epsilon_{bz,v,ti}}{\epsilon_{zv,ti}} \qquad (5.20)$$

Die Auflösung von Gl. (5.20) ergibt

$$\epsilon_{z,s+k} = \frac{(\epsilon_{bz,d} + \epsilon_{bz,v,ti}) \cdot \varphi_{ti,t} + \epsilon_{s,ti,t}}{1 - \frac{\epsilon_{bz,v,ti}}{\epsilon_{zv,ti}} \left(1 + \frac{\varphi_{ti,t}}{2}\right)} \qquad (5.21)$$

Die Betonverformungen werden durch die Spannungen ausgedrückt

$$\epsilon_{bz,d} = \frac{\sigma_{bz,d}}{E_b} \qquad \epsilon_{bz,v,ti} = \frac{\sigma_{bz,v,ti}}{E_b}$$

und das konstante Verhältnis im Nenner

$$\frac{\epsilon_{bz,v,ti}}{\epsilon_{zv,ti}} = \frac{n \cdot \sigma_{bz,v,ti}}{\sigma_{zv,ti}}$$

Der Spannungsverlust im Spannstahl ergibt sich damit nach Gl. (5.21) zu

$$\sigma_{z,s+k} = \epsilon_{z,s+k} \cdot E_z = \frac{\left(\frac{\sigma_{bz,d}}{E_b} + \frac{\sigma_{bz,v,ti}}{E_b}\right) \cdot \varphi_{ti,t} + \epsilon_{s,ti,t}}{1 - \frac{n \cdot \sigma_{bz,v,ti}}{\sigma_{zv,ti}} \left(1 + \frac{\varphi_{ti,t}}{2}\right)} \cdot E_z$$

$$\sigma_{z,s+k} = \frac{(\sigma_{bz,d} + \sigma_{bz,v,ti}) \cdot n \cdot \varphi_{ti,t} + \epsilon_{s,ti,t} \cdot E_z}{1 - \frac{n \cdot \sigma_{bz,v,ti}}{\sigma_{zv,ti}} \left(1 + \frac{\varphi_{ti,t}}{2}\right)} \tag{5.22}$$

mit $\varphi_{ti,t}$ = Kriechzahl für den Zeitabschnitt von t_i bis t

$\epsilon_{s,ti,t}$ = Schwindmaß für den Zeitabschnitt von t_i bis t (Verkürzung negativ)

n = E_z/E_b

$\sigma_{bz,d}$ = Betonspannung infolge von Dauerlasten (einschließlich Eigengewicht g_1), die ab dem Zeitpunkt t_i wirken (Zugspannungen positiv)

$\sigma_{bz,v,ti}$ = Betonspannung infolge Vorspannung zum Zeitpunkt t_i (Druckspannungen negativ)

$\sigma_{zv,ti}$ = Spannung im Spannstahl beim Aufbringen der Vorspannung zum Zeitpunkt t_i

Die Gl. (5.22) gilt für sofortigen und nachträglichen Verbund bei einsträngiger Vorspannung. Sie kann auch für den Gebrauch des Steifigkeitsbeiwertes

$$\alpha = \frac{n \cdot F_z}{F_i} \left(1 + \frac{F_i}{I_i} \cdot y_{iz}^2\right)$$

geschrieben werden

$$\sigma_{z,s+k} = \frac{(\sigma_{bz,d} + \sigma_{bz,v,ti}) \cdot n \cdot \varphi_{ti,t} + \epsilon_{s,ti,t} \cdot E_z}{1 + \frac{\alpha}{1-\alpha} \left(1 + \frac{\varphi_{ti,t}}{2}\right)} \tag{5.23}$$

Man beachte die Bemerkung zu Gl. (5.16) und (5.17). Die Betonspannungen aus dem Lastfall Schwinden und Kriechen können aus der Proportion $\sigma_{b,s+k} = -\sigma_{bv} \cdot \frac{|\sigma_{z,s+k}|}{\sigma_{zv}}$ ermittelt werden, da $\sigma_{z,s+k}$ eine Abminderung der Vorspannung bedeutet.

Die Kriechzahl $\varphi_{ti,t}$ kann nach DIN 1045 oder nach den „Richtlinien" zu $\varphi_{ti,t} = \varphi_{verz} + \varphi_f$ ermittelt werden, wobei auch φ_{verz} als plastischer Anteil betrachtet wird.

5.2.2 Näherungslösung für einsträngige Vorspannung über die mittlere kriecherzeugende Spannung bei Trennung von φ_{verz} und φ_f nach den Spannbetonrichtlinien

Wie in Abschn. 5.1.4 erwähnt, spalten die „Richtlinien" das nach DIN 1045 als plastische Verformung betrachtete Kriechmaß $\epsilon_k = \varphi_t \cdot \epsilon_{e\ell}$ in die Anteile $\epsilon_{verz} = 0{,}4 \cdot k_v \cdot \epsilon_{e\ell}$ und $\epsilon_f = \varphi_f \cdot \epsilon_{e\ell}$ auf.

Da die verzögert elastische Verformung ϵ_{verz} ihren Endwert etwa sechsmal so rasch erreicht wie die Fließverformung ϵ_f und außerdem reversibel ist, entspricht es dem physikalischen Verhalten des Betons, wenn man die verzögert elastische Verformung zur elastischen Verformung $\epsilon_{e\ell}$ zählt. Damit läßt man sie sofort wirken und vernachlässigt die verzögerte Entwicklung von ϵ_{verz}.

Der Dehnungsverlust im Spannstahl aus Schwinden (ϵ_s) und Kriechen (ϵ_k) beträgt nach Gl. (5.18) zum Endzeitpunkt t

$$\epsilon_{z,s+k} = \epsilon_{s,ti,t} + \epsilon_{k,ti,t} + \Delta\epsilon_{e\ell}$$

Bei Trennung von ϵ_k in die verzögert elastische Verformung ϵ_{verz} und die Fließverformung ϵ_f erhält man den Dehnungsverlust zu

$$\epsilon_{z,verz+f+s} = \epsilon_{verz,t} + \epsilon_{f,ti,t} + \epsilon_{s,ti,t} + \Delta\epsilon_{e\ell,verz+f+s} \tag{5.24}$$

In $\Delta\epsilon_{e\ell}$ sind die elastischen Erholanteile infolge der vorgegebenen Verkürzungen $\epsilon_{s,ti,t}$, $\epsilon_{f,ti,t}$ und $\epsilon_{verz,t}$ zum Endzeitpunkt t enthalten.

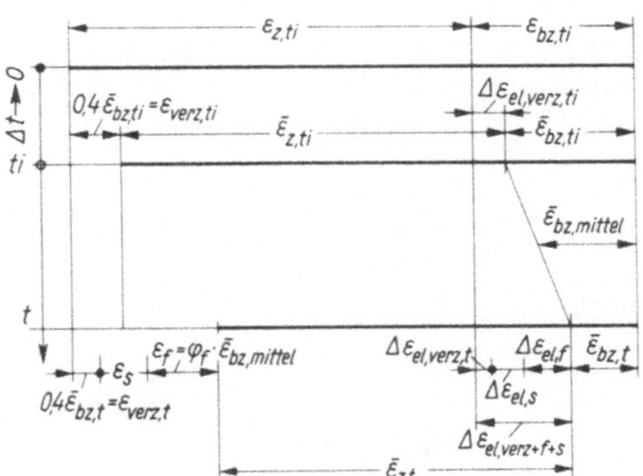

Bild 5.24
Zur Bestimmung der mittleren kriecherzeugenden Dehnung

Den Fließanteil gewinnt man über die mittlere kriecherzeugende Spannung oder Stauchung $\bar{\epsilon}_{bz,mittel}$ zu

$$\epsilon_{f,ti,t} = \bar{\epsilon}_{bz,mittel} \cdot \varphi_{f,ti,t} \tag{5.25}$$

In Gl. (5.25) ist nach Bild 5.24

$$\bar{\epsilon}_{bz,mittel} = \frac{\bar{\epsilon}_{bz,ti} + \bar{\epsilon}_{bz,t}}{2} =$$

$$= \frac{(\epsilon_{bz,ti} + \Delta\epsilon_{e\ell,verz,ti}) + (\epsilon_{bz,ti} + \Delta\epsilon_{e\ell,verz,t} + \Delta\epsilon_{e\ell,f} + \Delta\epsilon_{e\ell,s})}{2}$$

$$= \epsilon_{bz,ti} + \frac{1}{2}\,\Delta\epsilon_{e\ell,verz,ti} + \frac{1}{2}\,\Delta\epsilon_{e\ell,verz+f+s} \tag{5.26}$$

Man beachte, daß die Ausgangsstauchung $\epsilon_{bz,ti}$ wegen der verzögert elastischen Verformung voraussetzungsgemäß sofort übergeht in

$$\bar{\epsilon}_{bz,ti} = \epsilon_{bz,ti} + \Delta\epsilon_{e\ell,verz,ti}$$

Mit $\bar{\epsilon}_{bz,mittel}$ erhält man die Fließverformung

$$\bar{\epsilon}_{f,ti,t} = \varphi_{f,ti,t} \cdot \epsilon_{bz,ti} + \frac{\varphi_{f,ti,t}}{2} \cdot \Delta\epsilon_{e\ell,verz,ti} + \frac{\varphi_{f,ti,t}}{2} \cdot \Delta\epsilon_{e\ell,verz+f+s} \tag{5.27}$$

Gemäß Gl. (5.24) wird noch die verzögert elastische Verformung zum Endzeitpunkt t benötigt; sie beträgt

$$\epsilon_{verz,t} = 0{,}4 \cdot \bar{\epsilon}_{bz,t} = 0{,}4 \cdot (\epsilon_{bz,ti} + \Delta\epsilon_{e\ell,verz+f+s}) \tag{5.28}$$

Die verzögert elastische Verformung ist stets nur vom Spannungs- bzw. Stauchungszustand im betrachteten Zeitpunkt abhängig.

Setzt man Gl. (5.27) und (5.28) in Gl. (5.24) ein, erhält man den Dehnungsverlust im Spannstahl

$$\begin{aligned}\epsilon_{z,verz+f+s} = {} & 0{,}4 \cdot (\epsilon_{bz,ti} + \Delta\epsilon_{e\ell,verz+f+s}) + \varphi_{f,ti,t} \cdot \epsilon_{bz,ti} \\ & + \frac{\varphi_{f,ti,t}}{2} \cdot \Delta\epsilon_{e\ell,verz,ti} + \frac{\varphi_{f,ti,t}}{2} \cdot \Delta\epsilon_{e\ell,verz+f+s} + \epsilon_{s,ti,t} \\ & + \Delta\epsilon_{e\ell,verz+f+s}\end{aligned} \tag{5.29}$$

und mit $\Delta\epsilon_{e\ell,verz+f+s} = -\epsilon_{z,verz+f+s} \cdot \dfrac{\alpha}{1-\alpha}$

wird

$$\epsilon_{z,verz+f+s} = \frac{\epsilon_{bz,ti}(\varphi_{f,ti,t} + 0{,}4) + \dfrac{\varphi_{f,ti,t}}{2} \cdot \Delta\epsilon_{e\ell,verz,ti} + \epsilon_{s,ti,t}}{1 + \dfrac{\alpha}{1-\alpha} \cdot \left(1{,}4 + \dfrac{\varphi_{f,ti,t}}{2}\right)} \tag{5.30}$$

In Gl. 5.30 ist noch die Erholdehnung $\Delta\epsilon_{e\ell,verz,ti}$ infolge der verzögert elastischen Verformung zum Anfangszeitpunkt t_i auszudrücken. Nach den Richtlinien ist mit dem Grenzwert $\varphi_{verz} = 0{,}4$ der Verformungsanteil

$$\epsilon_{verz,ti} = 0{,}4 \cdot \bar{\epsilon}_{bz,ti} = 0{,}4\,(\epsilon_{bz,ti} + \Delta\epsilon_{e\ell,verz,ti})$$

Daraus folgt der Dehnungsverlust im Spannstahl

$$\begin{aligned}\epsilon_{z,verz,ti} &= \epsilon_{verz,ti} + \Delta\epsilon_{e\ell,verz,ti} \\ &= 0{,}4 \cdot (\epsilon_{bz,ti} + \Delta\epsilon_{e\ell,verz,ti}) + \Delta\epsilon_{e\ell,verz,ti} \\ &= 0{,}4 \cdot \epsilon_{bz,ti} + 1{,}4\,\Delta\epsilon_{e\ell,verz,ti}\end{aligned} \tag{5.31}$$

Mit $\Delta\epsilon_{e\ell,verz,ti} = -\dfrac{\epsilon_{z,verz,ti}}{1-\alpha} \cdot \alpha$

wird

$$\epsilon_{z,verz,ti} = -\Delta\epsilon_{e\ell,verz,ti} \cdot \frac{1-\alpha}{\alpha} \tag{5.32}$$

Setzt man den Ausdruck für $\epsilon_{z,verz,ti}$ aus Gl. (5.32) in Gl. (5.31) ein, so wird der Dehnungsverlust

$$\Delta\epsilon_{e\ell,verz,ti} = -\epsilon_{bz,ti} \cdot \frac{0,4 \cdot \alpha}{1 + 0,4 \cdot \alpha} \tag{5.33}$$

Damit läßt sich der Dehnungsverlust im Spannstahl nach Gl. (5.30) auch wie folgt schreiben:

$$\epsilon_{z,verz+f+s} = \frac{\epsilon_{bz,ti} \cdot \left(\varphi_{f,ti,t} + 0,4 - \frac{\varphi_{f,ti,t}}{2} \cdot \frac{0,4 \cdot \alpha}{1 + 0,4 \cdot \alpha}\right) + \epsilon_{s,ti,t}}{1 + \frac{\alpha}{1-\alpha}\left(1,4 + \frac{\varphi_{f,ti,t}}{2}\right)}$$

$$= \frac{\epsilon_{bz,ti} \cdot \left(\varphi_{f,ti,t} \cdot \frac{1 + 0,2 \cdot \alpha}{1 + 0,4 \cdot \alpha} + 0,4\right) + \epsilon_{s,ti,t}}{1 + \frac{\alpha}{1-\alpha} \cdot \left(1,4 + \frac{\varphi_{f,ti,t}}{2}\right)} \tag{5.34}$$

In der Betondehnung $\epsilon_{bz,ti}$ zum Zeitpunkt t_i sind die Anteile aus den Lastfällen Vorspannung und Dauerlast enthalten, so daß

$$\epsilon_{bz,ti} = \epsilon_{bz,v,ti} + \epsilon_{bz,d,ti} = \frac{\sigma_{bz,v,ti}}{E_b} + \frac{\sigma_{bz,d,ti}}{E_b} \tag{5.35}$$

Drückt man die Betondehnungen durch die Betonspannungen gem. Gl. (5.35) aus und multipliziert Gl. (5.34) mit dem E_z-Modul des Stahles, so erhält man schließlich den Spannungsverlust im Spannstahl.

$$\sigma_{z,verz+f+s} = \frac{(\sigma_{bz,v,ti} + \sigma_{bz,d,ti}) \cdot n \cdot \left(\varphi_{f,ti,t} \cdot \frac{1 + 0,2 \cdot \alpha}{1 + 0,4 \cdot \alpha} + 0,4\right) + E_z \cdot \epsilon_{s,ti,t}}{1 + \frac{\alpha}{1-\alpha} \cdot \left(1,4 + \frac{\varphi_{f,ti,t}}{2}\right)} \tag{5.36}$$

Für kurze Belastungszeiträume $(t - t_i) < 3$ Monate, liefert die Gl. (5.36) mit $\varphi_{verz} = 0,4$ zu hohe Werte. Es sollte dann mit $\varphi_{verz} = 0,4 \cdot k_v$ gerechnet werden, womit

$$\sigma_{z,verz+f+s} = \frac{(\sigma_{bz,v,ti} + \sigma_{bz,d,ti}) \cdot n \cdot \left(\varphi_{f,ti,t} \cdot \frac{1 + 0,2 \cdot k_v \cdot \alpha}{1 + 0,4\, k_v\, \alpha} + 0,4 \cdot k_v\right) + E_z \cdot \epsilon_{s,ti,t}}{1 + \frac{\alpha}{1-\alpha} \cdot \left(1 + 0,4 \cdot k_v + \frac{\varphi_{f,ti,t}}{2}\right)} \tag{5.37}$$

Der Rechenaufwand zur Ermittlung des Spannungsverlustes nach Gl. (5.36) und (5.37) ist infolge der Trennung von φ_{verz} und φ_f größer als nach Gl. (5.22) und

(5.23) mit der Kriechzahl $\varphi_{ti,t} = \varphi_{verz} + \varphi_f$, wobei auch φ_{verz} als plastischer Anteil betrachtet wird. Außerdem kann nach Gl. (5.22) die Berechnung des Streitigkeitsbeiwertes α vermieden werden.

Da der Spannungsabfall im Spannstahl nach den Gl. (5.36) und (5.37) für kleine α-Werte ($\alpha = 0{,}05 \cdots 0{,}07$) nur um $\approx 2\,\%$ und für größere α-Werte ($\alpha = 0{,}12 \cdots 0{,}14$) nur um $\approx 4\,\%$ geringer wird als nach den Gl. (5.22) oder (5.23), empfiehlt es sich, φ_{verz} als plastischen Anteil zu betrachten und mit $\varphi_{ti,t} = \varphi_{verz} + \varphi_f$ nach den „Richtlinien" oder $\varphi_{ti,t} = \varphi_o \cdot k_{1,ti} \cdot k_{2,(t-ti)}$ nach DIN 1045 (Jan. 72) die Gl. (5.22) anzuwenden.

5.2.3 Berechnungsbeispiel nach DIN 1045 und nach den Spannbetonrichtlinien. Vergleich der Ergebnisse

Für das in Abschn. 2 nach Bild 2.8 gerechnete Beispiel eines Spannbettbalkens sind in Bild 5.25 noch einmal Abmessungen, Querschnittswerte, Baustoffkennwerte und Betonspannungen angegeben. Die Vorspannung wird nach $t_1 = 7$ Tagen Normalerhärtungszeit aufgebracht. Gleichzeitig wirkt das Eigengewicht mit einem Biegemoment $M_{g1} = 4{,}5$ kNm (0,45 Mpm) in Balkenmitte. Der Träger lagert unter der Beanspruchung aus $v + g_1$ zwei Monate im Freien, wird in eine offene Halle eingebaut und erhält dann das Zusatzmoment $M_{g2} = 16{,}5$ kNm (1,65 Mpm) aus Dachdeckung.

Spannstahl St 145/160
$F_z = 6 \cdot 0{,}4 = 2{,}40$ cm²
$\sigma_{zv}^{(0)} = 900$ MN/m² (9,0 Mp/cm²)

$n = Ez/Eb = 5{,}68$

Beton Bn 450
Zement Z 350 F
Konsistenz K2

$F_i = 386{,}23$ cm²
$J_i = 20\,229$ cm⁴
$W_{io} = 1\,593$ cm³
$W_{iu} = 1\,645$ cm³

Steifigkeitsbeiwert $\alpha = 0{,}0763$

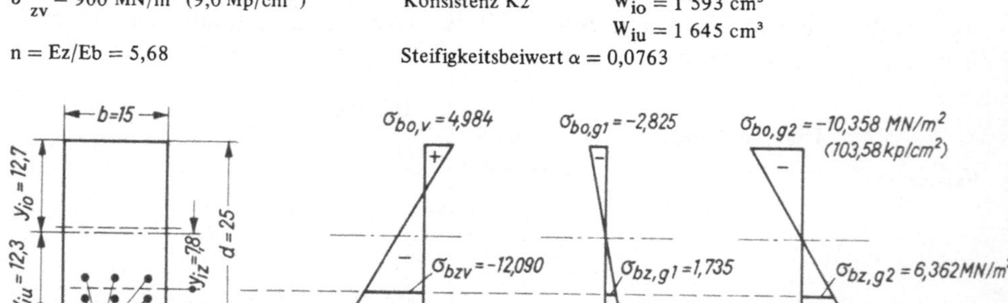

Bild 5.25 Querschnittswerte, Materialkennwerte und Spannungen für das Berechnungsbeispiel

Gesucht sind der Spannungsabfall $\sigma_{z,s+k}$ und die Betonspannungen $\sigma_{b,s+k}$ infolge Schwinden und Kriechen zum Zeitpunkt $t_2 = 7 + 2 \cdot 30 = 67$ Tage und t_∞.

Zunächst werden die Spannungen für die Lastfälle v, g_1 und g_2 nach den Angaben in Bild 5.25 berechnet.

Lastfall v $Z_v^{(0)} = 90 \cdot 2{,}4 = 216$ kN (21,6 Mp)

$M_{bv}^{(0)} = -216 \cdot 0{,}078 = -16{,}85$ kNm ($-1{,}685$ Mpm)

$M_{bv}^{(0)} = -216 \cdot 0{,}078 = -16{,}85$ kNm ($-1{,}685$ Mpm)

$$\sigma_{bz,v,t1} = -\frac{216}{386{,}23} + \frac{-16{,}85 \cdot 10^2}{20{,}229 \cdot 10^3} \cdot 7{,}8 = -0{,}5593 - 0{,}6497 = -1{,}209 \text{ kN/cm}^2$$

$$= -12{,}09 \text{ MN/m}^2 \; (-120{,}90 \text{ kp/cm}^2)$$

$$\sigma_{zv,t1} = \sigma_{zv}^{(0)} + n \cdot \sigma_{bz,v,t1} = 900{,}0 + 5{,}68 \cdot (-12{,}09) = 831{,}30 \text{ MN/m}^2 \; (8313 \text{ kp/cm}^2)$$

oder

$$\sigma_{zv,t1} = \sigma_{zv}^{(0)} \cdot (1-\alpha) = 900{,}0 \cdot (1 - 0{,}0763) = 831{,}30 \text{ MN/m}^2 = (8313 \text{ kp/cm}^2)$$

$$\sigma_{bo,v,t1} = -0{,}5593 - \frac{-16{,}85 \cdot 10^2}{1{,}593 \cdot 10^3} = -0{,}5593 + 1{,}0578 = 0{,}4985 \text{ kN/cm}^2$$

$$= 4{,}985 \text{ MN/m}^2 \; (49{,}85 \text{ kp/cm}^2)$$

$$\sigma_{bu,v,t1} = -0{,}5593 + \frac{-16{,}85 \cdot 10^2}{1{,}645 \cdot 10^3} = -0{,}5593 - 1{,}0243 = -1{,}5836 \text{ kN/cm}^2$$

$$= -15{,}836 \text{ MN/m}^2 \; (-158{,}36 \text{ kp/cm}^2)$$

Lastfall g_1 $M_{g1} = 4{,}50$ kNm (0,45 Mpm)

$$\sigma_{bz,g1} = +\frac{4{,}5 \cdot 10^2}{20{,}229 \cdot 10^3} \cdot 7{,}8 = 0{,}1735 \text{ kN/cm}^2 = 1{,}735 \text{ MN/m}^2 \; (17{,}35 \text{ kp/cm}^2)$$

$$\sigma_{z,g1} = 5{,}68 \cdot 1{,}735 = 9{,}855 \text{ MN/m}^2 \; (98{,}55 \text{ kp/cm}^2)$$

$$\sigma_{bo,g1} = -\frac{4{,}5 \cdot 10^2}{1{,}593 \cdot 10^3} = -0{,}2825 \text{ kN/cm}^2 = -2{,}825 \text{ MN/m}^2 \; (-28{,}25 \text{ kp/cm}^2)$$

$$\sigma_{bu,g1} = +\frac{4{,}5 \cdot 10^2}{1{,}645 \cdot 10^3} = 0{,}2736 \text{ kN/cm}^2 = 2{,}736 \text{ MN/m}^2 \; (+27{,}36 \text{ kp/cm}^2)$$

Lastfall g_2 $M_{g2} = 16{,}5$ kNm (1,65 Mpm)

$$\sigma_{bz,g2} = +\frac{16{,}5 \cdot 10^2}{20{,}229 \cdot 10^3} \cdot 7{,}8 = 0{,}6362 \text{ kN/cm}^2 = 6{,}362 \text{ MN/m}^2 \; (63{,}62 \text{ kp/cm}^2)$$

$$\sigma_{z,g2} = 5{,}68 \cdot 6{,}362 = 36{,}136 \text{ MN/m}^2 = (361{,}36 \text{ kp/cm}^2)$$

$$\sigma_{bo,g2} = -\frac{16{,}5 \cdot 10^2}{1{,}593 \cdot 10^3} = -1{,}0358 \text{ kN/cm}^2 = -10{,}358 \text{ MN/m}^2 \; (-103{,}58 \text{ kp/cm}^2)$$

$$\sigma_{bu,g2} = +\frac{16{,}5 \cdot 10^2}{1{,}645 \cdot 10^3} = 1{,}003 \text{ kN/cm}^2 = 10{,}03 \text{ MN/m}^2 \; (+100{,}30 \text{ kp/cm}^2)$$

Kriechzahlen und Schwindmaße nach DIN 1045

Der Träger liegt von $t_1 = 7$ bis $t_2 = 67$ Tage und nach dem Einbau im Freien. Aus Tafel 5.5 entnimmt man für Konsistenz K_2 : $\varphi_0 = 2{,}0$ und $\epsilon_{s0} = -25 \cdot 10^{-5}$.

Nach Bild 5.6 erhält man für $t_1 = 7$ Tage für rasch erhärtenden Zement (Z 350 F) $k_{1,7} = 1{,}1$ und für $t_2 = 67$ Tage $k_{1,67} = 0{,}55$.
Für den Zeitabschnitt $t_2 - t_1 = 67 - 7 = 60$ Tage erhält man die Zeitbeiwerte nach Bild 5.8 mit $d_w = \frac{2F}{U} = \frac{2 \cdot 15 \cdot 25}{2 \cdot (15+25)} = 9{,}4$ cm zu $k_{2,(67-7)} = 0{,}56$ und $k_{2,\infty} = 1{,}0$.

Die erforderlichen Kriechzahlen sind

$$\varphi_{7,67} = 2{,}0 \cdot 1{,}1 \cdot 0{,}56 = 1{,}23$$
$$\varphi_{7,\infty} = 2{,}0 \cdot 1{,}1 \cdot 1{,}0 = 2{,}20$$
$$\varphi_{67,\infty} = 2{,}0 \cdot 0{,}55 \cdot 1{,}0 = 1{,}10$$

Rechnet man bei sofortigem Verbund mit dem Schwinden von der Betonherstellung an, so wird $k_{2,(67-0)} = 0{,}58$ und $k_{2,\infty} = 1{,}0$. Die Schwindmaße sind

$$\epsilon_{s,o,67} = -25 \cdot 10^{-5} \cdot 0{,}58 = -14{,}5 \cdot 10^{-5}$$
$$\epsilon_{s,o,\infty} = -25 \cdot 10^{-5} \cdot 1{,}0 = -25 \cdot 10^{-5}$$

Der Spannungsabfall im Spannstahl infolge Schwinden und Kriechen wird nach Gl. (5.22) ermittelt.

Zum Zeitpunkt $t_2 = 67$ Tage erhält man für die Lastfälle $v + g_1$

$$\sigma_{z,s+k} = \frac{(1{,}735 - 12{,}09) \cdot 5{,}68 \cdot 1{,}23 - 14{,}5 \cdot 10^{-5} \cdot 2{,}1 \cdot 10^5}{1 - \frac{5{,}68 \cdot (-12{,}09)}{831{,}3} \cdot \left(1 + \frac{1{,}23}{2}\right)} = -90{,}695 \text{ MN/m}^2 \quad (-906{,}95 \text{ kp/cm}^2)$$

Damit werden die Betonspannungen aus s + k

$$\sigma_{b,s+k} = -\sigma_{bv,t1} \cdot \frac{\sigma_{z,s+k}}{\sigma_{zv,t1}}$$

für den oberen Rand

$$\sigma_{bo,s+k} = -4{,}985 \cdot \frac{90{,}695}{831{,}3} = -0{,}544 \text{ MN/m}^2 \; (-5{,}44 \text{ kp/cm}^2)$$

für den unteren Rand

$$\sigma_{bu,s+k} = -(-15{,}836) \cdot \frac{90{,}695}{831{,}3} = 1{,}728 \text{ MN/m}^2 \; (17{,}28 \text{ kp/cm}^2)$$

Zum Zeitpunkt $t = \infty$ erhält man für die Lastfälle $v + g_1$ von $t_1 = 7$ Tage bis $t = \infty$

$$\sigma_{z,s+k} = \frac{(1{,}735 - 12{,}09) \cdot 5{,}68 \cdot 2{,}2 - 25 \cdot 10^{-5} \cdot 2{,}1 \cdot 10^5}{1 - \frac{5{,}68 \cdot (-12{,}09)}{831{,}3} \left(1 + \frac{2{,}2}{2}\right)} = -155{,}01 \text{ MN/m}^2 \quad (-1550{,}10 \text{ kp/cm}^2)$$

und für den Lastfall g_2 von $t_2 = 67$ Tage bis $t = \infty$ (nur Kriechen)

$$\sigma_{z,k} = \frac{6{,}362 \cdot 5{,}68 \cdot 1{,}1}{1 - \frac{5{,}68 \cdot (-12{,}09)}{831{,}3} \cdot \left(1 + \frac{1{,}1}{2}\right)} = 35{,}238 \text{ MN/m}^2 \text{ (352,38 kp/cm}^2)$$

Man beachte, daß $\sigma_{bz,g2} = 6{,}362$ MN/m² (63,62 kp/cm²) eine Betonzugspannung ist.

Die Überlagerung $v + g_1 + g_2$ ergibt für $t = \infty$

$$\sigma_{z,s+k} = -155{,}010 + 35{,}238 = -119{,}77 \text{ MN/m}^2 \text{ } (-1197{,}7 \text{ kp/cm}^2)$$

Der Spannungsabfall, bezogen auf $\sigma_{zv,t1} = 831{,}3$ MN/m² (8313 kp/cm²), beträgt

$100 \cdot \frac{119{,}77}{831{,}3} = 14{,}41$ %. Damit werden die Betonspannungen aus s + k

am oberen Rand

$$\sigma_{bo,s+k} = -4{,}985 \cdot 0{,}1441 = -0{,}718 \text{ MN/m}^2 \text{ } (-7{,}18 \text{ kp/cm}^2)$$

am unteren Rand

$$\sigma_{bu,s+k} = -(-15{,}836) \cdot 0{,}1441 = 2{,}282 \text{ MN/m}^2 \text{ (22,82 kp/cm}^2)$$

Zum Zeitpunkt $t = \infty$ betragen die Spannungen in Balkenmitte für die Überlagerung der Lastfälle $v + g_1 + g_2 + s + k$

$$\sigma_{bo} = 4{,}985 - 2{,}825 - 10{,}358 - 0{,}718 = -8{,}916 \text{ MN/m}^2 \text{ } (-89{,}16 \text{ kp/cm}^2)$$
$$\sigma_{bu} = -15{,}836 + 2{,}736 + 10{,}03 + 2{,}282 = -0{,}788 \text{ MN/m}^2 \text{ } (-7{,}88 \text{ kp/ cm}^2)$$
$$\sigma_z = +831{,}3 + 9{,}855 + 36{,}136 - 119{,}77 = 757{,}521 \text{ MN/m}^2 \text{ (7575,21 kp/cm}^2)$$

Kriechzahlen und Schwindmaße nach den „Richtlinien"

Man erhält:

Endwert für die verzögert elastische Verformung $\varphi_{verz} = 0{,}4$ [s. Gl. (5.9)]

Die Grundwerte für das Fließen und Schwinden sind nach Tafel 5.14

$$\varphi_{f0} = 2{,}0 \quad \text{und} \quad \epsilon_{s0} = -25 \cdot 10^{-5}$$

Zur Bestimmung der wirksamen Körperdicke d_w ist mit $k_w = 1{,}5$ zu rechnen.

Nach Gl. (5.11) ist $d_w = k_w \cdot \frac{2F}{U} = 1{,}5 \cdot \frac{2 \cdot 25 \cdot 15}{2 \cdot (25 + 15)} = 14{,}1$ cm

Das wirksame Betonalter zur Ermittlung der Zeitbeiwerte k_f wird mit $k_z = 2{,}0$ bei $T = 20$ °C nach Gl. (5.12)

$$t_{w,7} = 2{,}0 \cdot \frac{20 + 10}{30} \cdot 7 = 14 \text{ Tage} \qquad t_{w,67} = 2{,}0 \cdot 67 = 134 \text{ Tage}$$

Damit entnimmt man Bild 5.12 die Zeitbeiwerte $k_{v,(67-7)} = 0{,}67$, $k_{v,\infty} = 1{,}0$ und Bild 5.15
$k_{f,7} = 0{,}46$ $k_{f,67} = 0{,}97$ und $k_{f,\infty} = 1{,}64$

Hiermit wird

$$\varphi_{verz,7,67} = 0{,}4 \cdot 0{,}67 = 0{,}268$$
$$\varphi_{verz,\infty} = 0{,}4 \cdot 1{,}0 = 0{,}4$$

und

$$\varphi_{f,7,67} = 2{,}0 \cdot (0{,}97 - 0{,}46) = 1{,}02$$
$$\varphi_{f,7,\infty} = 2{,}0 \cdot (1{,}64 - 0{,}46) = 2{,}36$$
$$\varphi_{f,67,\infty} = 2{,}0 \cdot (1{,}64 - 0{,}97) = 1{,}34$$

Wird die verzögert elastische Verformung als plastischer Anteil betrachtet, ergeben sich die Kriechzahlen nach Gl. (5.13) zu $\varphi_{ti,t} = \varphi_{verz,ti,t} + \varphi_{f,ti,t}$

$$\varphi_{7,67} = 0{,}268 + 1{,}02 = 1{,}288$$
$$\varphi_{7,\infty} = 0{,}400 + 2{,}36 = 2{,}760$$
$$\varphi_{67,\infty} = 0{,}400 + 1{,}34 = 1{,}740$$

Mit dem Einfluß des Schwindens wird wegen des sofortigen Verbundes vom ersten Tage an gerechnet. Das wirksame Alter ist für $k_z = 1{,}0$ und $T = 20\ °C$ $t_{w,1} = 1$ und $t_{w,67} = 67$.
Die Zeitbeiwerte nach Bild 5.17 sind

$$k_{s,1} = 0 \qquad k_{s,67} = 0{,}48 \qquad \text{und} \qquad k_{s,\infty} = 1{,}0$$

womit man nach Gl. (5.15) folgende Schwindmaße erhält:

$$\epsilon_{s,o,67} = -25 \cdot 10^{-5} \cdot (0{,}48 - 0) = -12 \cdot 10^{-5}$$
$$\epsilon_{s,o,\infty} = -25 \cdot 10^{-5} \cdot (1{,}0 - 0) = -25 \cdot 10^{-5}$$

Der Spannungsabfall im Spannstahl wird wie vor nach Gl. (5.22) ermittelt.
Man erhält
Zum Zeitpunkt $t_2 = 67$ Tage für die Lastfälle $v + g_1$

$$\sigma_{z,s+k} = \frac{(1{,}735 - 12{,}09) \cdot 5{,}68 \cdot 1{,}288 - 12 \cdot 10^{-5} \cdot 2{,}1 \cdot 10^5}{1 - \frac{5{,}68 \cdot (-12{,}09)}{831{,}3} \cdot \left(1 + \frac{1{,}288}{2}\right)} = -88{,}885\ \text{MN/m}^2 \quad (-888{,}85\ \text{kp/cm}^2)$$

Zum Zeitpunkt $t = \infty$ für die Lastfälle $v + g_1$ von $t_1 = 7$ Tage bis $t = \infty$

$$\sigma_{z,s+k} = \frac{(1{,}735 - 12{,}09) \cdot 5{,}68 \cdot 2{,}76 - 25 \cdot 10^{-5} \cdot 2{,}1 \cdot 10^5}{1 - \frac{5{,}68 \cdot (-12{,}09)}{831{,}3} \cdot \left(1 + \frac{2{,}76}{2}\right)} = -179{,}53\ \text{MN/m}^2 \quad (-1795{,}36\ \text{kp/cm}^2)$$

und für den Lastfall g_2 von $t_2 = 67$ Tage bis $t = \infty$ (nur Kriechen)

$$\sigma_{z,k} = \frac{6{,}362 \cdot 5{,}68 \cdot 1{,}74}{1 - \frac{5{,}68 \cdot (-12{,}09)}{831{,}3} \cdot \left(1 + \frac{1{,}74}{2}\right)} = 54{,}464\ \text{MN/m}^2 = (544{,}64\ \text{kp/cm}^2)$$

Die Überlagerung $v + g_1 + g_2$ ergibt für $t = \infty$

$$\sigma_{z,s+k} = -179{,}536 + 54{,}464 = -125{,}07 \text{ MN/m}^2 \; (-1250{,}7 \text{ kp/cm}^2)$$

Der Spannungsabfall, bezogen auf $\sigma_{zv,t1} = 831{,}3$ MN/m² (8313 kp/cm²), beträgt 15,05 %.

Auf die Berechnung der Betonspannungen infolge s + k wird hier verzichtet; sie ist, wie vorher gezeigt, durchzuführen.

Anschließend wird noch die Berechnung des Spannungsabfalles im Spannstahl nach Gl. (5.36) und (5.37) für Trennung von φ_{verz} und φ_f durchgeführt.

Die Fließzahlen sind $\varphi_{f,7,67} = 1{,}02$ $\varphi_{f,7,\infty} = 2{,}36$ $\varphi_{f,67,\infty} = 1{,}34$

Zum Zeitpunkt $t_2 = 67$ Tage wird mit $k_v = 0{,}67$ nach Gl. (5.37) für die Lastfälle $v + g_1$

$$\sigma_{z,verz+f+s} =$$

$$\frac{(-12{,}09 + 1{,}735) \cdot 5{,}68 \cdot \left(1{,}02 \cdot \dfrac{1 + 0{,}2 \cdot 0{,}67 \cdot 0{,}0763}{1 + 0{,}4 \cdot 0{,}67 \cdot 0{,}0763} + 0{,}4 \cdot 0{,}67\right) - 12 \cdot 10^{-5} \cdot 2{,}1 \cdot 10^5}{1 + \dfrac{0{,}0763}{1 - 0{,}0763} \cdot \left(1 + 0{,}4 \cdot 0{,}67 + \dfrac{1{,}02}{2}\right)}$$

$$= -87{,}503 \text{ MN/m}^2 \; (-875{,}03 \text{ kp/cm}^2)$$

Zum Zeitpunkt $t = \infty$ wird für die Lastfälle $v + g_1$ von $t_1 = 7$ Tage bis $t = \infty$ mit $\varphi_{verz} = 0{,}4 \cdot 1{,}0$ nach Gl. (5.36)

$$\sigma_{z,verz+f+s} = \frac{(-12{,}09 + 1{,}735) \cdot 5{,}68 \cdot \left(2{,}36 \cdot \dfrac{1 + 0{,}2 \cdot 0{,}0763}{1 + 0{,}4 \cdot 0{,}0763} + 0{,}4\right) - 25 \cdot 10^{-5} \cdot 2{,}1 \cdot 10^5}{1 + \dfrac{0{,}0763}{1 - 0{,}0763} \cdot \left(1{,}4 + \dfrac{2{,}36}{2}\right)}$$

$$= -175{,}398 \text{ MN/m}^2 \; (-1753{,}98 \text{ kp/cm}^2)$$

und für den Lastfall g_2 von $t_2 = 67$ Tage bis $t = \infty$ mit $\varphi_{verz} = 0{,}4 \cdot 1{,}0$ nach Gl. (5.36)

$$\sigma_{z,verz+f} = \frac{6{,}362 \cdot 5{,}68 \cdot \left(1{,}34 \cdot \dfrac{1 + 0{,}2 \cdot 0{,}0763}{1 + 0{,}4 \cdot 0{,}0763} + 0{,}4\right)}{1 + \dfrac{0{,}0763}{1 - 0{,}0763} \cdot \left(1{,}4 + \dfrac{1{,}34}{2}\right)} = 53{,}08 \text{ MN/m}^2 \; (530{,}8 \text{ kp/cm}^2)$$

Die Überlagerung $v + g_1 + g_2$ ergibt für $t = \infty$

$$\sigma_{z,verz+f+s} = -175{,}398 + 53{,}08 = -122{,}32 \text{ MN/m}^2 \; (-1223{,}2 \text{ kp/cm}^2)$$

Der Spannungsabfall, bezogen auf $\sigma_{zv,t1} = 831{,}3$ MN/m² (8313 kp/cm²), beträgt 14,7 %.

Folgende Tafel gibt einen Überblick über den Spannungsabfall im Spannstahl infolge Schwinden und Kriechen nach den verschiedenen Verfahren.

Tafel 5.26 Der Spannungsabfall im Spannstahl nach den verschiedenen Berechnungsverfahren

berechnet nach	Spannungsabfall $\sigma_{z,s+k}$ in MN/m² zum Zeitpunkt t_2 = 67 Tage nach Gl.			t = ∞ nach Gl.		
	(5.22)	(5.36)	(5.37)	(5.22)	(5.36)	(5.37)
DIN 1045	−90,695			−119,77		
„Richtlinien" ohne Trennung für $\varphi_{ti,t} = \varphi_{verz} + \varphi_f$	−88,885			−125,07		
mit Trennung von φ_{verz} und φ_f			−87,503		122,32	

Wie schon in Abschn. 5.2.2 bemerkt, zeigt auch der Vergleich der Ergebnisse in Tafel 5.26, daß der ohne Trennung von φ_{verz} und φ_f, also für $\varphi_{ti,t} = \varphi_{verz} + \varphi_f$ ermittelte Spannungsabfall infolge S und K nur geringfügig größer ist als der mit getrenntem φ_{verz} und φ_f berechnete. Um den Rechenaufwand möglichst klein zu halten, empfiehlt es sich, den verzögert elastischen Anteil φ_{verz} zum plastischen Anteil φ_f zu addieren und mit der Kriechzahl $\varphi_{ti,t} = \varphi_{verz} + \varphi_f$ nach Gl. (5.22) oder (5.23) zu rechnen.

5.2.4 Lösung nach Dischinger für einsträngige Vorspannung

Während bei der Näherungslösung zur Ermittlung des Kriechmaßes $\epsilon_{k,ti,t}$ mit der mittleren kriecherzeugenden Spannung über die gesamte Kriechzeit von t_i bis t gerechnet wurde, berechnet man bei der genaueren Lösung den Dehnungs- bzw. Spannkraftverlust für Zeitintervalle und summiert den Spannkraftverlust dZ_v/dt in Abhängigkeit von $d\varphi/dt$ über die gesamte Kriechzeit. Diese Methode führt zu einer linearen Differentialgleichung. Die Lösung der Gleichung liefert den Spannkraftverlust Z_{s+k}. Für Vorspannung mit Verbund ist es zweckmäßiger, statt des Spannkraftverlustes den Spannungsverlust im Spannstahl $\sigma_{z,s+k}$ zu berechnen. Ausgehend von den Stahlspannungen erhält man

$$\sigma_{z,s+k} = (1 - e^{-\alpha \cdot \varphi_{ti,t}}) \cdot \left(-\sigma_{zv,ti} + \frac{1-\alpha}{\alpha} \cdot \sigma_{z,d} + \frac{1-\alpha}{\alpha} \cdot \frac{\epsilon_{s,ti,t} \cdot E_z}{\varphi_{ti,t}}\right) \tag{5.38}$$

Über die Betonspannungen wird

$$\sigma_{z,s+k} = (1 - e^{-\alpha \cdot \varphi_{ti,t}}) \cdot \frac{1-\alpha}{\alpha} \cdot n \cdot \left(\sigma_{bz,v,ti} + \sigma_{bz,d} + \frac{\epsilon_{s,ti,t} \cdot E_b}{\varphi_{ti,t}}\right) \tag{5.39}$$

In Gl. (5.38) und (5.39) bedeuten:

$$\alpha = \frac{n \cdot F_z}{F_i} \cdot \left(1 + \frac{F_i}{I_i} \cdot y_{iz}^2\right)$$

$\varphi_{ti,t}$ Kriechzahl für einen Zeitabschnitt von t_i bis t

$\epsilon_{s,ti,t}$ Schwindmaß für den gleichen Zeitabschnitt

n E_z/E_b

$\sigma_{zv,ti}$ Spannung im Spannstahl beim Aufbringen der Vorspannung zum Zeitpunkt t_i (Zug positiv)

$\sigma_{z,d}$ $n \cdot \sigma_{bz,d}$ = Spannung im Spannstahl infolge der zum Zeitpunkt t_i wirkenden Dauerlast

$\sigma_{bz,v,ti}$ Betonspannung infolge Vorspannung zum Zeitpunkt t_i (Druck negativ)

$\sigma_{bz,d}$ Betonspannung infolge der zum Zeitpunkt t_i wirkenden Dauerlast (Zug positiv)

Gl. (5.38) und (5.39) gelten nur, wenn Vorspannung und Dauerlast zur gleichen Zeit wirksam werden.

Zu einem späteren Zeitpunkt t_2 zusätzlich aufgebrachte Dauerlasten d_2 können berücksichtigt werden durch die erweiterte Gleichung

$$\sigma_{z,s+k} = \frac{1-\alpha}{\alpha} \cdot n \cdot \left[(1 - e^{-\alpha \cdot \varphi_{t1,t}}) \cdot \left(\sigma_{bz,v,t1} + \sigma_{bz,d1} + \frac{\epsilon_{s,t1,t} \cdot E_b}{\varphi_{t1,t}} \right) + \right.$$
$$\left. + (1 - e^{-\alpha \cdot \varphi_{t2,t}}) \cdot \sigma_{bz,d2} \right] \tag{5.40}$$

Hier wird der Kriecheinfluß der zur Zeit t_2 aufgebrachten Dauerlast d_2 mit der Kriechzahl $\varphi_{t2,t}$ getrennt berücksichtigt.

Die Belastungen wirken vom Zeitpunkt des Aufbringens bis zum betrachteten Endzeitpunkt.

Die durch den Spannungsverlust im Spannstahl $\sigma_{z,s+k}$ entstehenden Betonspannungen können aus der Proportion

$$\sigma_{b,s+k} = -\sigma_{bv} \cdot \frac{\sigma_{z,s+k}}{\sigma_{zv}}$$

berechnet werden.

5.2.5 Lösung nach Dischinger bei Trennung von φ_{verz} und φ_f nach den Spannbetonrichtlinien für einsträngige Vorspannung

In Abschn. 5.2.2 wurde für die Ermittlung des Spannungsabfalles über die mittlere kriecherzeugende Spannung vorausgesetzt, daß die verzögert elastische Verformung sofort wirkt.

Die Dehnung im Spannstahl verringerte sich zum Anfangszeitpunkt t_i von $\epsilon_{z,ti}$ auf

$$\bar{\epsilon}_{z,ti} = \epsilon'_{z,ti} = \epsilon_{z,ti} + 0{,}4 \cdot \epsilon_{bz,ti} + 1{,}4 \cdot \Delta\epsilon_{e\ell,verz,ti} = \epsilon_{z,ti} + \epsilon_{z,verz,ti}$$

[Vgl. Bild 5.24 und Gl. (5.31).]

Dadurch wurde die Spannkraft bzw. die kriecherzeugende Betonspannung zum Zeitpunkt t_i verringert.

Zum gleichen Ergebnis gelangt man nach einem Vorschlag von R ü s c h , J u n g w i r t h und H i l s d o r f in „Beton- und Stahlbetonbau" H. 4, 1973, durch den Zuschlag der verzögert elastischen zur elastischen Verformung.

Für zeitkonstante Dauerlasten d gilt

$$\epsilon'_{bz,d} = \epsilon_{bz,d} + 0{,}4 \cdot \epsilon_{bz,d} = 1{,}4 \cdot \epsilon_{bz,d} = \frac{\sigma_{bz,d}}{E'_b}$$

Hierbei ist der herabgesetzte, fiktive E-Modul des Betons

$$E'_b = \frac{E_b}{1{,}4} \quad \text{und} \quad n' = \frac{E_z}{E'_b} = 1{,}4 \cdot n$$

Für den Lastfall Vorspannung ist nach Bild 5.27 ohne Berücksichtigung der verzögert elastischen Verformung $\epsilon_{bz,v,ti} = \epsilon_{zv}^{(0)} \cdot \alpha$ und unter Berücksichtigung der verzögert elastischen Verformung $\epsilon'_{bz,v,ti} = \epsilon_{zv}^{(0)} \cdot \alpha'$, wobei α' den auf E'_b bezogenen fiktiven Steifigkeitsbeiwert darstellt.

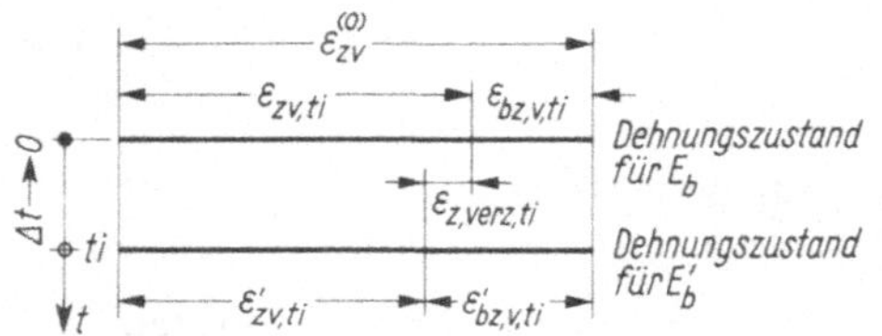

Bild 5.27
Dehnungszustände zum Zeitpunkt t_i im Lastfall Vorspannung für $E'_b = \frac{E_b}{1{,}4}$

$\epsilon'_{zv,ti} \mathrel{\hat{=}} \bar{\epsilon}_{z,ti}$ nach Bild 5.24

$\epsilon'_{bz,v,ti} \mathrel{\hat{=}} \bar{\epsilon}_{bz,ti} + 0{,}4 \cdot \bar{\epsilon}_{bz,ti}$ nach Bild 5.24

Zur Berechnung von α' dient nach Bild 5.27 die Beziehung

$$\epsilon'_{bz,v,ti} = \epsilon_{bz,v,ti} + \epsilon_{z,verz,ti} \tag{5.41}$$

Nach Gl. (5.31) wird mit

$$\Delta\epsilon_{e\ell,verz,ti} = -\frac{\epsilon_{z,verz,ti}}{1-\alpha} \cdot \alpha$$

$$\epsilon_{z,verz,ti} = 0{,}4 \cdot \epsilon_{bz,ti} - 1{,}4\,\frac{\epsilon_{z,verz,ti}}{1-\alpha} \cdot \alpha\,.$$

Daraus erhält man

$$\epsilon_{z,verz,ti} = \frac{0{,}4 \cdot (1-\alpha)}{1 + 0{,}4 \cdot \alpha} \cdot \epsilon_{bz,v,ti} \tag{5.42}$$

Eingesetzt in Gl. (5.41) wird

$$\epsilon'_{bz,v,ti} = \epsilon_{bz,v,ti} \cdot \left[1 + \frac{0{,}4 \cdot (1-\alpha)}{1 + 0{,}4 \cdot \alpha}\right] = \epsilon_{bz,v,ti} \cdot \frac{1{,}4}{1 + 0{,}4 \cdot \alpha} \tag{5.43}$$

oder $$\alpha' = \frac{1{,}4 \cdot \alpha}{1 + 0{,}4 \cdot \alpha} \tag{5.44}$$

Unter Berücksichtigung gleicher Gesamtverformung über die Zeit, wird die plastische Verformung mit der abgeminderten Kriechzahl $\varphi'_{ti,t}$ aus der Gleichung

$$\epsilon_{bz} \cdot (1 + \varphi_{ti,t}) = 1{,}4 \cdot \epsilon_{bz} (1 + \varphi'_{ti,t})$$

berechnet zu $$\varphi'_{ti,t} = \frac{\varphi_{ti,t} - 0{,}4}{1{,}4} = \frac{\varphi_{f,ti,t}}{1{,}4} \tag{5.45}$$

Bild 5.28
Dehnungszustände zum Zeitpunkt t_i für die Lastfälle v + d mit

$\epsilon_{bz,t_i} = \epsilon_{bz,v,t_i} + \epsilon_{bz,d,t_i}$ und

$\epsilon'_{bz,t_i} = \epsilon'_{bz,v,t_i} + \epsilon'_{bz,d,t_i}$

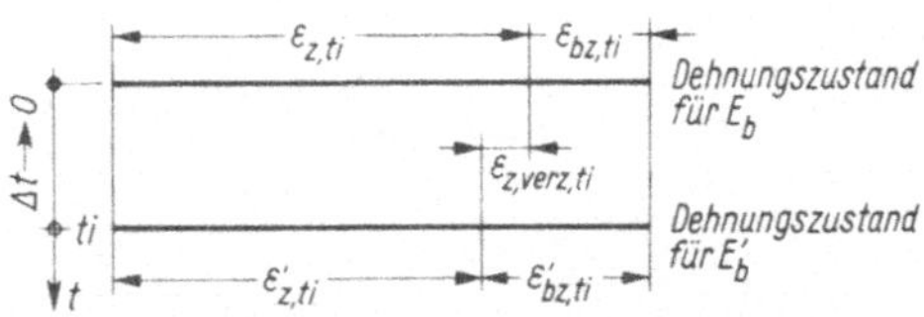

Geht man zum Zeitpunkt t_i nach Bild 5.28 für die Lastfälle v + d vom Dehnungszustand $\epsilon'_{z,ti}$ und $\epsilon'_{bz,ti}$ nach Eintreten der verzögert elastischen Verformung aus, so kann die Berechnung des Spannungsverlustes aus Schwinden und Kriechen mit Hilfe der Werte n', α' und φ' nach den bekannten Gleichungen durchgeführt werden. Das gilt sowohl für die Berechnung über die mittlere kriecherzeugende Spannung nach Gl. (5.23) als auch für die Berechnung nach D i s c h i n g e r über Gl. (5.38) oder (5.39). Dabei sind selbstverständlich die, dem Dehnungszustand $\epsilon'_{z,ti}$ und $\epsilon'_{bz,ti}$ zugeordneten Spannungen $\sigma'_{bz,v,ti}$ und $\sigma'_{bz,d}$ einzusetzen. Die Umrechnungsfaktoren erhält man aus Gl. (5.43) mit

$$\sigma'_{bz,ti} = \epsilon'_{bz,ti} \cdot E'_b = \epsilon'_{bz,ti} \cdot \frac{E_b}{1{,}4}$$

Für den Lastfall Vorspannung wird

$$\sigma'_{bz,v,ti} = \epsilon'_{bz,v,ti} \cdot E'_b = \epsilon_{bz,v,ti} \cdot \frac{1{,}4}{1+0{,}4\cdot\alpha} \cdot \frac{E_b}{1{,}4} = \frac{\sigma_{bz,v,ti}}{1+0{,}4\cdot\alpha}$$

Für Dauerlasten wird entsprechend $$\sigma'_{bz,d} = \frac{\sigma_{bz,d}}{1+0{,}4\cdot\alpha}$$

Bei diesem Berechnungsgang ist zu beachten, daß durch die verzögert elastische Verformung vom Dehnungszustand im Spannstahl $\epsilon'_{z,ti} = \epsilon_{z,ti} + \epsilon_{z,verz,ti}$ (Bild 5.28) bzw. der Anfangsspannung $\sigma'_{z,ti} = \sigma_{z,ti} + \sigma_{z,verz,ti}$ auszugehen ist. Dem nach den Gl. (5.23), (5.38) oder (5.39) mit Hilfe von n', α' und φ' ermittelten Spannungsabfall infolge Schwinden und Kriechen $\sigma_{z,s+k}$ ist der verzögerte Anteil $\sigma_{z,verz,ti}$ noch hinzuzufügen, so daß $\sigma_{z,verz+s+k} = \sigma_{z,verz,ti} + \sigma_{z,s+k}$ den gesamten Spannungsabfall darstellt.

Man erhält $\sigma_{z,verz,ti}$ für die Lastfälle v + d aus Gl. (5.42) zu

$$\sigma_{z,verz,ti} = \epsilon_{z,verz,ti} \cdot E_z = \frac{0{,}4\cdot(1-\alpha)}{1+0{,}4\cdot\alpha} \cdot \epsilon_{bz,ti} \cdot E_z =$$

$$= \frac{n\cdot 0{,}4\cdot(1-\alpha)}{1+0{,}4\cdot\alpha} \cdot (\sigma_{bz,v,ti} + \sigma_{bz,d}) \tag{5.46}$$

Der gesamte Spannungsabfall wird unter Benutzung der Stahlspannungen

$$\sigma_{z,verz+f+s} = \left(1 - e^{-\frac{\alpha \cdot \varphi_{f,ti,t}}{1+0{,}4\cdot\alpha}}\right) \cdot$$

$$\cdot \left(- \frac{\sigma_{zv,ti}}{1+0{,}4\cdot\alpha} + \sigma_{z,d} \cdot \frac{1-\alpha}{\alpha \cdot (1+0{,}4\cdot\alpha)} + \frac{\epsilon_{s,ti,t} \cdot E_z}{\varphi_{f,ti,t}} \cdot \frac{1-\alpha}{\alpha}\right) +$$

$$+ \frac{0{,}4}{1+0{,}4\cdot\alpha} \cdot [- \sigma_{zv,ti} \cdot \alpha + \sigma_{z,d} \cdot (1-\alpha)] \tag{5.47}$$

und unter Benutzung der Betonspannungen

$$\sigma_{z,verz+f+s} = \left(1 - e^{-\frac{\alpha \cdot \varphi_{f,ti,t}}{1+0{,}4\cdot\alpha}}\right) \cdot \frac{1-\alpha}{\alpha} \cdot n \cdot$$

$$\cdot \left(\frac{\sigma_{bz,v,ti}}{1+0{,}4\cdot\alpha} + \frac{\sigma_{bz,d}}{1+0{,}4\cdot\alpha} + \frac{\epsilon_{s,ti,t} \cdot E_b}{\varphi_{f,ti,t}}\right) +$$

$$+ \frac{n \cdot 0{,}4 \cdot (1-\alpha)}{1+0{,}4\cdot\alpha} \cdot (\sigma_{bz,v,ti} + \sigma_{bz,d}) \tag{5.48}$$

Für kurze Belastungszeiträume, $(t - t_i) < 3$ Monate, liefert besonders das Zusatzglied für die verzögerte elastische Verformung mit dem Grenzwert $\varphi_v = 0{,}4$ zu große Werte. Für $\varphi_v = 0{,}4$ sollte hier gesetzt werden

$$\varphi_{v,ti,t} = 0{,}4 \cdot k_{v,(t-ti)}$$

Zu einem späteren Zeitpunkt t_2 zusätzlich aufgebrachte Dauerlasten d_2 können durch folgende, erweiterte Gleichung berücksichtigt werden:

$$\sigma_{z,verz+f+s} = \frac{1-\alpha}{\alpha} \cdot n \cdot \left[\left(1 - e^{-\frac{\alpha \cdot \varphi_{f,t1,t}}{1+0{,}4\cdot\alpha}}\right) \cdot\right.$$

$$\cdot \left(\frac{\sigma_{bz,v,t1}}{1+0{,}4\cdot\alpha} + \frac{\sigma_{bz,d1}}{1+0{,}4\cdot\alpha} + \frac{\epsilon_{s,t1,t} \cdot E_b}{\varphi_{f,t1,t}}\right) +$$

$$\left. + \left(1 - e^{-\frac{\alpha \cdot \varphi_{f,t2,t}}{1+0{,}4\cdot\alpha}}\right) \cdot \frac{\sigma_{bz,d2}}{1+0{,}4\cdot\alpha}\right] +$$

$$+ \frac{n \cdot 0{,}4 \cdot (1-\alpha)}{1+0{,}4\cdot\alpha} \cdot (\sigma_{bz,v,t1} + \sigma_{bz,d1} + \sigma_{bz,d2}) \tag{5.49}$$

5.2.6 Berechnungsbeispiel

Mit den Querschnittswerten nach Bild 5.25 und den Spannungen für die Lastfälle v, g_1 und g_2 nach Abschn. 5.2.3 wird mit den Kriechzahlen und Schwindmaßen nach DIN 1045

$$\varphi_{7,67} = 1{,}23 \qquad \varphi_{7,\infty} = 2{,}2 \qquad \varphi_{67,\infty} = 1{,}1$$

$$\epsilon_{s,o,67} = -14{,}5 \cdot 10^{-5} \quad \text{und} \quad \epsilon_{s,o,\infty} = -25 \cdot 10^{-5}$$

Nach Gl. (5.39) wird der Spannungsabfall im Spannstahl infolge S und K zum Zeitpunkt t_2 = 67 Tage für die Lastfälle v + g_1

$$\sigma_{z,s+k} = (1 - e^{-0{,}0763 \cdot 1{,}23}) \cdot \frac{1 - 0{,}0763}{0{,}0763} \cdot 5{,}68 \left(-12{,}09 + 1{,}735 - \frac{14{,}5 \cdot 10^{-5} \cdot 3{,}7 \cdot 10^4}{1{,}23}\right)$$

$$= -90{,}652 \text{ MN/m}^2 \; (-906{,}52 \text{ kp/cm}^2)$$

Zum Zeitpunkt t = ∞ erhält man für die Lastfälle v + g_1 von t_1 = 7 Tage bis t = ∞ und für Lastfall g_2 von t_2 = 67 Tage bis t = ∞ (nur Kriechen) nach Gl. (5.40)

$$\sigma_{z,s+k} = \frac{1 - 0{,}0763}{0{,}0763} \cdot 5{,}68 \cdot \left[(1 - e^{-0{,}0763 \cdot 2{,}2}) \cdot \left(-12{,}09 + 1{,}735 - \frac{25 \cdot 10^{-5} \cdot 3{,}7 \cdot 10^4}{2{,}2}\right) + \right.$$

$$\left. + (1 - e^{-0{,}0763 \cdot 1{,}1}) \cdot 6{,}362\right] = -119{,}488 \text{ MN/m}^2 \; (-1194{,}88 \text{ kp/cm}^2)$$

Die Ergebnisse für t_2 = 67 Tage und t = ∞ zeigen sehr gute Übereinstimmung mit den in Abschn. 5.2.3 über die mittlere kriecherzeugende Spannung berechneten Werten.

Nach den „Richtlinien" soll nur die Berechnung für Trennung von φ_{verz} und φ_f durchgeführt werden. Es ist nach Abschn. 5.2.3

$$\varphi_{verz,7,67} = 0{,}4 \cdot 0{,}67 = 0{,}268; \quad \varphi_{verz,7,\infty} = 0{,}4$$

$$\varphi_{verz,67,\infty} = 0{,}4; \quad \varphi_{f,7,67} = 1{,}02; \quad \varphi_{f,7,\infty} = 2{,}36$$

$$\varphi_{f,67,\infty} = 1{,}34$$

Die Schwindmaße betragen $\epsilon_{s,0,67} = -12 \cdot 10^{-5}$

und $\epsilon_{s,0,\infty} = -25 \cdot 10^{-5}$

Damit erhält man nach Gl. (5.48) zum Zeitpunkt t_2 = 67 Tage für die Lastfälle v + g_1

$$\sigma_{z,verz+f+s} = \left(1 - e^{-\frac{0{,}0763 \cdot 1{,}02}{1 + 0{,}268 \cdot 0{,}0763}}\right) \cdot \frac{1 - 0{,}0763}{0{,}0763} \cdot 5{,}68 \cdot$$

$$\cdot \left(\frac{-12{,}09}{1 + 0{,}268 \cdot 0{,}0763} + \frac{1{,}735}{1 + 0{,}268 \cdot 0{,}0763} - \frac{12 \cdot 10^{-5} \cdot 3{,}7 \cdot 10^4}{1{,}02}\right) +$$

$$+ \frac{5{,}68 \cdot 0{,}244 \cdot (1 - 0{,}0763)}{1 + 0{,}268 \cdot 0{,}0763} \cdot$$

$$\cdot (-12{,}09 + 1{,}735) = -87{,}485 \text{ MN/m}^2 \; (-874{,}85 \text{ kp/cm}^2)$$

Zum Zeitpunkt $t = \infty$ wird für die Lastfälle $v + g_1$ von $t_1 = 7$ Tage bis $t = \infty$ und g_2 von $t_2 = 67$ bis $t = \infty$ nach Gl. (5.49)

$$\sigma_{z,verz+f+s} = \frac{1-0{,}0763}{0{,}0763} \cdot 5{,}68 \left[(1-e^{-\frac{0{,}0763 \cdot 2{,}36}{1+0{,}4 \cdot 0{,}0763}}) \cdot \right.$$

$$\cdot \left(\frac{-12{,}09}{1+0{,}4 \cdot 0{,}0763} + \frac{1{,}735}{1+0{,}4 \cdot 0{,}0763} - \frac{25 \cdot 10^{-5} \cdot 3{,}7 \cdot 10^4}{2{,}36}\right) +$$

$$\left. + (1-e^{-\frac{0{,}0736 \cdot 1{,}34}{1+0{,}4 \cdot 0{,}0763}}) \cdot \frac{6{,}362}{1+0{,}4 \cdot 0{,}0763}\right] + \frac{5{,}68 \cdot 0{,}4 \cdot (1-0{,}0763)}{1+0{,}4 \cdot 0{,}0763} \cdot$$

$$\cdot \; (-12{,}09 + 1{,}735 + 6{,}362) = -122{,}019 \text{ MN/m}^2 \; (-1220{,}19 \text{ kp/cm}^2)$$

Die Ergebnisse für die Trennung von φ_{verz} und φ_f zeigen gute Übereinstimmung mit den Werten der Näherung in Abschn. 5.2.3 nach Gl. (5.36) und (5.37).

Es sei aber auch hier – wie bereits in Abschn. 5.2.2 und 5.2.3 – erwähnt, daß der Aufwand infolge Trennung von φ_{verz} und φ_f nicht erforderlich ist, da die Ergebnisse ohne Trennung nach Gl. (5.39) und (5.40) für $\varphi_{ti,t} = \varphi_{verz} + \varphi_f$, wobei auch φ_{verz} als plastischer Anteil zählt, nur geringfügig höher liegen.

5.2.7 Näherungsverfahren für ein- und zweisträngige Vorspannung

Nach Gl. (5.17) war bei gegebener plastischer Schwindverkürzung $\epsilon_{s,ti,t}$ der Spannungsabfall im Spannstahl $\sigma_{z,s} = E_z \cdot \epsilon_{s,ti,t} \cdot (1-\alpha)$. In dieser Gleichung entspricht $E_z \cdot \epsilon_{s,ti,t} = \sigma^{(0)}_{z,s}$ der Spannbettspannung und $\alpha \cdot E_z \cdot \epsilon_{s,ti,t} = \Delta\sigma_{z,s} = \sigma^{(0)}_{z,s} \cdot \alpha$ dem Spannungsabfall infolge der elastischen Erholdehnung des Betons.

Mit $\Delta\sigma_{z,s} = \sigma^{(0)}_{z,s} \cdot \alpha = n \cdot \sigma_{bz,s}$ erhält man die der Erholdehnung zugehörige Betonspannung

$$\sigma_{bz,s} = -\frac{\sigma^{(0)}_{z,s} \cdot \alpha}{n}$$

Die plastische Kriechverkürzung

$$\epsilon_{k,ti,t} = \frac{\sigma_{bz,mittel}}{E_b} \cdot \varphi_{ti,t}$$

kann für eine geschätzte mittlere kriecherzeugende Betonspannung $\sigma_{bz,mittel}$ berechnet werden.

Damit erhält man für S und K

$$\sigma^{(0)}_{z,s+k} = (\epsilon_{s,ti,t} + \frac{1}{E_b} \cdot \sigma_{bz,mittel} \cdot \varphi_{ti,t}) \cdot E_z$$

$$= n \cdot (E_b \cdot \epsilon_{s,ti,t} + \sigma_{bz,mittel} \cdot \varphi_{ti,t}) \qquad (5.50)$$

Die mittlere Betonspannung ist

$$\sigma_{bz,mittel} = \sigma_{bz,v,ti} + \sigma_{bz,d} + \frac{1}{2}\,\sigma_{bz,s+k} \tag{5.51}$$

Sie kann geschätzt werden zu

$$\sigma_{bz,mittel} = (0{,}8 \text{ bis } 0{,}9) \cdot (\sigma_{bz,v,ti} + \sigma_{bz,d}) \tag{5.52}$$

Durch die Abnahme der Vorspannung infolge S und K vermindert sich die Anfangsspannung des Betons aus Vorspannung und Dauerlast d ($\sigma_{bz,v,ti} + \sigma_{bz,d}$) um

$$\sigma_{bz,s+k} = -\frac{\sigma_{z,s+k}^{(0)} \cdot \alpha}{n} \tag{5.53}$$

Mit $\sigma_{bz,s+k}$ ist nach Gl. (5.51) zu kontrollieren, ob Rechenwert und Schätzwert nach Gl. (5.52) übereinstimmen. Gegebenenfalls ist der Rechnungsgang mit verbessertem $\sigma_{bz,mittel}$ zu wiederholen.

Der Spannungsabfall im Spannstahl wird

$$\sigma_{z,s+k} = \sigma_{z,s+k}^{(0)} \cdot (1 - \alpha) \tag{5.54}$$

In Gl. (5.50) bis (5.52) sind Verkürzungen, z. B. $\epsilon_{s,ti,t}$ und Druckspannungen, z. B. $\sigma_{bz,v,ti}$, negativ einzusetzen.

Für zweisträngige Vorspannung (Bild 5.29) wurde in Abschn. 2 die Betonspannung im Lastfall „Vorspannung“ über die Spannbettkräfte mittels der ideellen Querschnittswerte berechnet. Hier ist es einfacher, die Betonspannung über die Steifigkeitsbeiwerte α zu ermitteln.

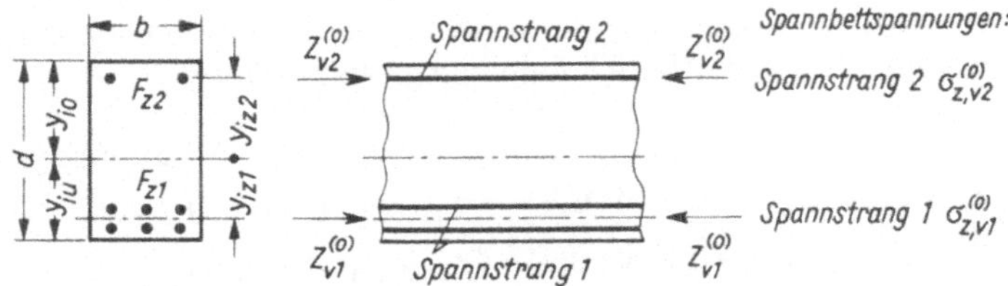

Bild 5.29 Zweisträngige Vorspannung

Löst man den Strang 1 von der Verankerung, so verändert sich die Stahlspannung

im Strang 1 um $\quad \Delta\sigma_{z1,v1} = n \cdot \sigma_{bz1,v1} = \sigma_{z,v1}^{(0)} \cdot \alpha_{11}$

im Strang 2 um $\quad \Delta\sigma_{z2,v2} = n \cdot \sigma_{bz2,v1} = \sigma_{z,v1}^{(0)} \cdot \alpha_{21}$

Entsprechend ist beim Lösen des Stranges 2 von der Verankerung

$$\Delta\sigma_{z2,v2} = n \cdot \sigma_{bz2,v2} = \sigma_{z,v2}^{(0)} \cdot \alpha_{22}$$

und $\quad \Delta\sigma_{z1,v1} = n \cdot \sigma_{bz1,v2} = \sigma_{z,v2}^{(0)} \cdot \alpha_{12}$

Für die Werte α_{12} und α_{21} ist zu beachten, daß $y_{bzi,1} \cdot y_{bzi,2}$ negativ wird, wenn die Stränge 1 und 2 auf entgegengesetzten Seiten der ideellen Schwerlinie liegen.

Es ist
$$\alpha_{11} = n \cdot \frac{F_{z1}}{F_i} \cdot \left(1 + \frac{F_i}{I_i} \cdot y_{iz1}^2\right)$$

$$\alpha_{12} = n \cdot \frac{F_{z2}}{F_i} \cdot \left(1 - \frac{F_i}{I_i} \cdot y_{iz1} \cdot y_{iz2}\right)$$

$$\alpha_{22} = n \cdot \frac{F_{z2}}{F_i} \cdot \left(1 + \frac{F_i}{I_i} \cdot y_{iz2}^2\right)$$

$$\alpha_{21} = n \cdot \frac{F_{z1}}{F_i} \cdot \left(1 - \frac{F_i}{I_i} \cdot y_{iz1} \cdot y_{iz2}\right)$$

Für den Lastfall Vorspannung wird in den Spanngliedfasern nach Lösen der Verankerung

$$\sigma_{z1,v} = \sigma_{z,v1}^{(0)} - (\sigma_{z,v1}^{(0)} \cdot \alpha_{11} + \sigma_{z,v2}^{(0)} \cdot \alpha_{12})$$
$$\sigma_{z2,v} = \sigma_{z,v2}^{(0)} - (\sigma_{z,v2}^{(0)} \cdot \alpha_{22} + \sigma_{z,v1}^{(0)} \cdot \alpha_{21})$$

$$\sigma_{bz1,v} = -\frac{1}{n} \cdot (\sigma_{z,v1}^{(0)} \cdot \alpha_{11} + \sigma_{z,v2}^{(0)} \cdot \alpha_{12})$$

$$\sigma_{bz2,v} = -\frac{1}{n} \cdot (\sigma_{z,v2}^{(0)} \cdot \alpha_{22} + \sigma_{z,v1}^{(0)} \cdot \alpha_{21})$$

Für die Ermittlung des Spannungsverlustes infolge s + k ist analog zur einsträngigen Vorspannung folgender Berechnungsgang zweckmäßig:

1. Schätzen der mittleren Betonspannung aus der Anfangsspannung
   Strang 1: $\sigma_{bz1,mittel} = (0{,}8 \text{ bis } 0{,}9) \cdot (\sigma_{bz1,v,ti} + \sigma_{bz1,d})$
   Strang 2: $\sigma_{bz2,mittel} = (0{,}8 \text{ bis } 0{,}9) \cdot (\sigma_{bz2,v,ti} + \sigma_{bz2,d})$ (5.55)

2. Spannbettspannung infolge s + k
   Strang 1: $\sigma_{z1,s+k}^{(0)} = n \cdot (E_b \cdot \epsilon_{s,ti,t} + \sigma_{bz1,mittel} \cdot \varphi_{ti,t})$
   Strang 2: $\sigma_{z2,s+k}^{(0)} = n \cdot (E_b \cdot \epsilon_{s,ti,t} + \sigma_{bz2,mittel} \cdot \varphi_{ti,t})$ (5.56)

3. Berechnen der Betonspannungen infolge s + k
   Strang 1: $\sigma_{bz1,s+k} = -\frac{1}{n} \cdot (\sigma_{z1,s+k}^{(0)} \cdot \alpha_{11} + \sigma_{z2,s+k}^{(0)} \cdot \alpha_{12})$
   Strang 2: $\sigma_{bz2,s+k} = -\frac{1}{n} \cdot (\sigma_{z2,s+k}^{(0)} \cdot \alpha_{22} + \sigma_{z1,s+k}^{(0)} \cdot \alpha_{21})$ (5.57)

4. Berechnen der mittleren Betonspannung

$$\text{Strang 1:}\quad \sigma_{bz1,mittel} = \sigma_{bz1,v,ti} + \sigma_{bz1,d} + \frac{1}{2}\cdot\sigma_{bz1,s+k}$$

$$\text{Strang 2:}\quad \sigma_{bz2,mittel} = \sigma_{bz2,v,ti} + \sigma_{bz2,d} + \frac{1}{2}\cdot\sigma_{bz2,s+k} \tag{5.58}$$

5. Kontrolle: Stimmen die Schätzwerte nach Gl. (5.55) mit den Rechenwerten nach Gl. (5.58) genügend genau überein?
   Wenn nein, Wiederholung des Berechnungsvorganges mit verbesserten Schätzwerten, wenn ja

6. Berechnen des Spannungsabfalles infolge S und K

$$\text{Strang 1:}\quad \sigma_{z1,s+k} = \sigma_{z1,s+k}^{(0)} + n\cdot\sigma_{bz1,s+k} \tag{5.59}$$

$$\sigma_{z2,s+k} = \sigma_{z2,s+k}^{(0)} + n\cdot\sigma_{bz2,s+k}$$

7. Berechnen der Betonrandspannungen infolge S und K nach dem Geradliniengesetz bei gegebenem $\sigma_{bz1,s+k}$ und $\sigma_{bz2,s+k}$.

Im Regelfall ist die Spannkraft des Hauptstranges ≈ 5- bis 10mal größer als die des Nebenstranges, so daß die kriecherzeugende Spannung in der Hauptstrangfaser durch die geringe Spannkraftveränderung infolge S und K im Nebenstrang kaum beeinflußt wird. In diesen Fällen kann der Spannungsabfall infolge S und K im Hauptstrang wie für einsträngige Vorspannung nach Gl. (5.22) bzw. (5.23) berechnet werden.

6 Nachweis der Biegebruchsicherheit

6.1 Sicherheit und rechnerische Bruchlast

Bauwerke oder Bauteile dürfen infolge der im Gebrauchszustand auftretenden oder zu erwartenden Beanspruchungen während der üblichen Lebensdauer keine Mängel aufweisen, die zur Minderung oder zum Verlust der Gebrauchsfähigkeit führen. Es ist deshalb auch im Gebrauchszustand eine ausreichende Sicherheit gegen zu große Verformungen und Rißbildung erforderlich. Durchbiegungen bleiben bekanntlich bei Balken im ungerissenen Zustand I des Stahl- bzw. Spannbetonquerschnittes klein und wachsen mit Auftreten der ersten Risse schnell an. Durch Einhalten der zulässigen Betonzugspannungen bei beschränkter Vorspannung wird ein Sicherheitsabstand von der Betonzugfestigkeit gewahrt und das Auftreten von Biegezugrissen weitgehend vermieden.

Die zulässigen Betondruckspannungen zeigen bei ≈ 0,4 ‰ Dehnung noch lineares Spannungs-Dehnungsverhalten (Bild 6.1)

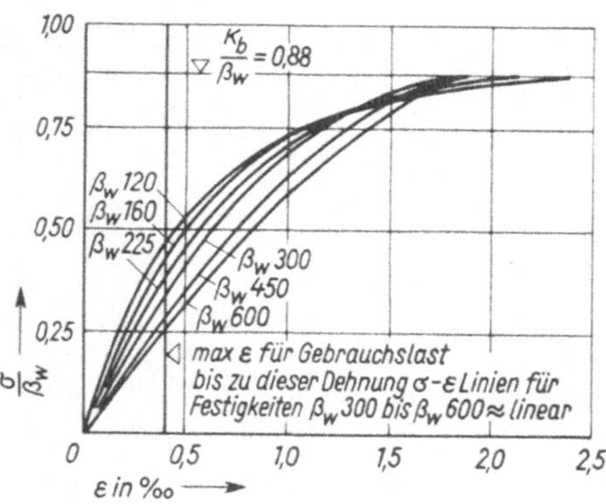

Bild 6.1
Spannungs-Dehnungslinien mittig gedrückter Prismen (nach Heft 120 DAfSt)

Allgemein kann man sagen, daß durch Einhalten der zulässigen Spannungen unter Gebrauchslast ausreichende Sicherheit gegen zu große Verformungen und Rißbildung gegeben und die Annahme eines homogenen Querschnitts gerechtfertigt ist.

Die Sicherheit gegen Versagen eines Bauteils bei Verlust der Tragfähigkeit ist definiert als Verhältnis der Last zum Zeitpunkt des Versagens zur maximalen Gebrauchslast.

Bei Proportionalität zwischen Lastzuwachs und Spannungszunahme bis zum Bruch ergibt sich die Sicherheit aus dem Verhältnis Bruchfestigkeit der Baustoffe zu zulässiger Gebrauchsspannung. Auf der Grundlage bekannter Baustoffestigkeit kann nach Wahl einer Sicherheit eine zulässige Spannung definiert werden (Verfahren der zulässigen Spannungen). Im Stahlbeton- und Spannbetonbau ist das Verfahren der zulässigen Spannungen nicht brauchbar, weil bei Laststeigerung über die Gebrauchslast hinaus die Spannungen nicht linear mit der Last zunehmen und der Träger aus Zustand I in den Zustand II übergeht. Die Tragfähigkeit des Trägers wird deshalb für den rechnerischen Bruchzustand ermittelt.

Nach den „Richtlinien“ Abschn. 11.1 gilt für statisch bestimmt gelagerte Spannbetontragwerke als rechnerische Bruchlast die 1,75-fache Summe von ständiger Last und Verkehrslast. Der Sicherheitsbeiwert ist also

$$\nu = \text{Bruchlast/max Gebrauchslast} = 1{,}75$$

Das aufnehmbare innere Moment M_{Ui} muß demzufolge sein

$$M_{Ui} \geq 1{,}75 \cdot (M_g + M_p) \qquad (6.1)$$

Bei statisch unbestimmt gelagerten Tragwerken sind zusätzlich Zwängungsmomente M_{Zw} infolge Temperatur (T), wahrscheinlicher Baugrundbewegung (S), Schwinden und Kriechen (s + k) sowie Vorspannung (V) mit dem Sicherheitsbeiwert $\nu = 1{,}0$ zu berücksichtigen, womit

$$M_{Ui} = 1{,}75 \cdot (M_g + M_p) + 1{,}0 \cdot (M_{Zw,T} + M_{Zw,S} + M_{Zw,s+k} + M_{Zw,V}) \qquad (6.2)$$

Der Sicherheitsbeiwert $\nu = 1{,}75$ hat pauschal sowohl für den Stahl als auch für den Beton die Unsicherheiten aus den verschiedenen Einflußbereichen, wie z. B. Lastannahmen, Wahl des statischen Systems, idealisiertes Werkstoffverhalten für Berechnungsverfahren, Streuung der Werkstoffestigkeiten und Toleranzen bei der Ausführung abzudecken.

Da die Streuung der Werkstoffestigkeit des Betons – bedingt durch Material, Herstellung und Verarbeitung – größer ist als die des Stahls, wird für den Beton eine zusätzliche Sicherheit dadurch eingeführt, daß man die Nennfestigkeit β_{wN} auf den Rechenwert der Betondruckfestigkeit $\beta_R = 0{,}7 \cdot \beta_{wN}$ abmindert. Nach den „Richtlinien“ gilt β_R – anders als β_R nach DIN 1045, Tab. 13, Zeile 2 – für alle Festigkeitsklassen nach Abschn. 3.1.

Der Abminderungsbeiwert 0,7 berücksichtigt sowohl das Verhältnis Prismenfestigkeit zur Würfelfestigkeit ($\approx 0{,}85$) als auch das Verhältnis Dauerstandfestigkeit zur Kurzzeitfestigkeit ($\approx 0{,}85$).

Im Spannbetonbau tritt bei den üblichen, schwach bewehrten Konstruktionen der Bruch wegen vorheriger großer Stahldehnung und damit verbundener Rißbildung unter Vorankündigung ein. Hierfür legt DIN 1045 den Sicherheitsbeiwert $\nu = 1{,}75$ fest.

Bei seltener vorkommenden stark bewehrten Konstruktionen kann der Bruch wegen deutlich fehlender Rißbildung auch ohne Vorankündigung eintreten. Hierfür legt DIN 1045 den Sicherheitsbeiwert $\nu = 2{,}1$ fest.

Die „Richtlinien“ schreiben zur Vereinfachung der Berechnung generell den Sicherheitsbeiwert $\nu = 2{,}1$ für den Beton vor und arbeiten daher mit einem nochmals abgeminderten Rechenwert für die Betondruckfestigkeit

$$\beta_R = 0{,}7 \cdot 1{,}75/_{2,1} \cdot \beta_{wN} = 0{,}6 \cdot \beta_{wN} \qquad (6.3)$$

6.2 Berücksichtigung der Vorspannung unter rechnerischer Bruchlast

Nach den „Richtlinien" Abschn. 11.3 wird die Wirkung der Vorspannung mit sofortigem oder nachträglichem Verbund dadurch berücksichtigt, daß die ihr entsprechende Vordehnung der Spannglieder nach Schwinden und Kriechen $\epsilon^{(0)}_{z,v+s+k}$ zur Dehnung aus rechnerischer Bruchlast $\epsilon_{z,qU}$ bzw. $\epsilon_{bz,U}$ hinzugezählt wird.

Die Gesamtdehnung unter rechnerischer Bruchlast ist dann

$$\epsilon_{z\,U} = \epsilon^{(0)}_{z,v+s+k} + \epsilon_{z,q\,U} = \epsilon^{(0)}_{z,v+s+k} + \epsilon_{bz,U} \tag{6.4}$$

Die Vordehnung $\epsilon^{(0)}_{z,v}$ ist die im Lastfall „Vorspannung" erzeugte Dehnwegdifferenz zwischen Spannstahl und Beton (vgl. Abschn. 2.1.1 und 3.1.2). Sie kann unter rechnerischer Bruchlast nur in Ansatz gebracht werden, wenn der Verbund bis zum Bruchzustand erhalten bleibt.

Für Vorspannung mit s o f o r t i g e m Verbund erhält man die Vordehnung nach Bild 6.2 zum Zeitpunkt des Vorspannens unmittelbar aus der gegebenen Spannbettspannung

$$\epsilon^{(0)}_{zv} = \frac{\sigma^{(0)}_{zv}}{E_z} \tag{6.5}$$

Mit den Spannungen des Lastfalles „Vorspannung" nach dem Lösen der Verankerung wird

$$\epsilon^{(0)}_{zv} = \epsilon_{zv} - \epsilon_{bz,v} = (\sigma_{zv} - n \cdot \sigma_{bz,v}) \cdot \frac{1}{E_z} \tag{6.6}$$

oder mit Hilfe des Steifigkeitbeiwertes α

$$\epsilon^{(0)}_{zv} = \frac{\epsilon_{zv}}{1-\alpha} = \frac{\sigma_{zv}}{E_z \cdot (1-\alpha)} \tag{6.7}$$

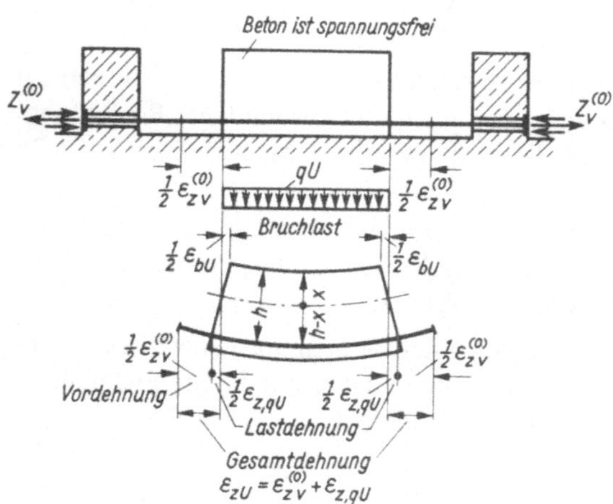

Spannstahl gegen die Ankerböcke gespannt, dann betoniert

Betondehnung $\epsilon_b = 0$

Stahldehnung $\epsilon^{(0)}_{zv}$

Da der Beton spannungsfrei ist, wird $\epsilon^{(0)}_{z\,v}$ = Vordehnung

Last – und Gesamtdehnung

Lastdehnung aus gegebener Betonbruchstauchung ϵ_{bU}

$$\epsilon_{z,qU} = \epsilon_{bU} \cdot \frac{h-x}{x}$$

Bild 6.2
Vor- und Lastdehnung für Spannbettvorspannung

Der Dehnungsverlust aus Schwinden und Kriechen verringert die Vordehnung und damit die Vorspannkraft. Er ist deshalb zu berücksichtigen.

Man erhält den Dehnungsverlust infolge Schwinden und Kriechen mit dem nach Abschn. 5 ermittelten Spannungsabfall $\sigma_{z,s+k}$ und der Betondehnung $\sigma_{bz,s+k}$ aus der Gleichung

$$\epsilon^{(0)}_{z,s+k} = \epsilon_{z,s+k} - \epsilon_{bz,s+k} = \frac{\sigma_{z,s+k}}{E_z} - \frac{\sigma_{bz,s+k}}{E_b} = \frac{1}{E_z} \cdot (\sigma_{z,s+k} - n \cdot \sigma_{bz,s+k}) \tag{6.8}$$

oder aus

$$\epsilon^{(0)}_{z,s+k} = \frac{\epsilon_{z,s+k}}{1-\alpha} = \frac{\sigma_{z,s+k}}{E_z \cdot (1-\alpha)} \tag{6.9}$$

Die Vordehnung oder Dehnungsdifferenz zwischen Spannstahl und umgebendem Beton nach Schwinden und Kriechen ist dann

$$\epsilon^{(0)}_{z,v+s+k} = \frac{1}{E_z} \cdot \left(\sigma^{(0)}_{zv} + \frac{\sigma_{z,s+k}}{1-\alpha}\right) = \frac{1}{E_z} \; (\sigma_{z,v+s+k} - n \cdot \sigma_{bz,v+s+k}) \tag{6.10}$$

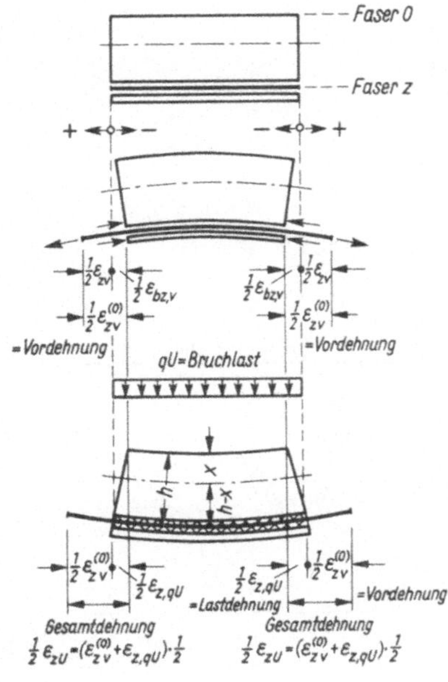

Bild 6.3
Vor- und Lastdehnung beim Vorspannen gegen den erhärteten Beton

In allen Gleichungen sind Verkürzungen ϵ, Spannungsverlust $\sigma_{z,s+k}$ und Betondruckspannungen σ_{bz} negativ einzusetzen.
Für Vorspannung mit n a c h t r ä g l i c h e m Verbund sind die Dehnungen in Bild 6.3 für den Lastfall v am gewichtslos gedachten Balken dargestellt. Dabei ist Z_v die reine Vorspannkraft. Nach Abschn. 3.1.4 ist aber in der Vorspannkraft (Pressenkraft) der Kraftanteil Z_{g1} aus der beim Vorspannen vorhandenen Eigenlast des Trägers enthalten, weil der Träger sich von der Schalung abhebt.

Die Vordehnung wird dann

$$\epsilon^{(0)}_{z\,v} = \epsilon_{z,v+g1} - \epsilon_{bz,v+g1} = \frac{\sigma_{z,v+g1}}{E_z} - \frac{\sigma_{bz,v+g1}}{E_b} = \frac{1}{E_z} \cdot (\sigma_{z,v+g1} - n \cdot \sigma_{bz,v+g1}) \tag{6.11}$$

Hierbei ist $\sigma_{bz,v+g1} = -\dfrac{Z_{v+g1}}{F_n} + \dfrac{Z_{v+g1} \cdot y_{nz} + M_{g1}}{I_n} \cdot y_{nz}$

Man beachte, daß $Z_{v+g1} \cdot y_{nz}$ negativ ist.

Nach Schwinden und Kriechen wird mit Gl. (6.8)

$$\epsilon^{(0)}_{z,v+s+k} = \frac{1}{E_z} (\sigma_{z,v+g1+s+k} - n \cdot \sigma_{bz,v+g1+s+k}) \tag{6.12}$$

Mit der Gesamtdehnung $\epsilon_{z,U}$ nach Gl. (6.4) wird die im Bruchzustand vorhandene Kraft mit Hilfe der $\sigma - \epsilon$-Linien der Spannstähle (Bilder 6.4 und 6.5) ermittelt. Dabei ist zu beachten, daß für

$$\epsilon_{zU} \geq \epsilon_S \text{ bzw. } \epsilon_{0,2} \qquad Z_U = \beta_S \cdot F_z \quad \text{bzw.} \quad Z_U = \beta_{0,2} \cdot F_z \tag{6.13}$$

In Gl. (6.13) ist die Bedingung des Abschn. 11.2.2 der „Richtlinien" berücksichtigt, nach welcher auf die Zunahme der Stahlspannungen im Verfestigungsbereich oberhalb der Streck- bzw. $\beta_{0,2}$-Grenze verzichtet wird.

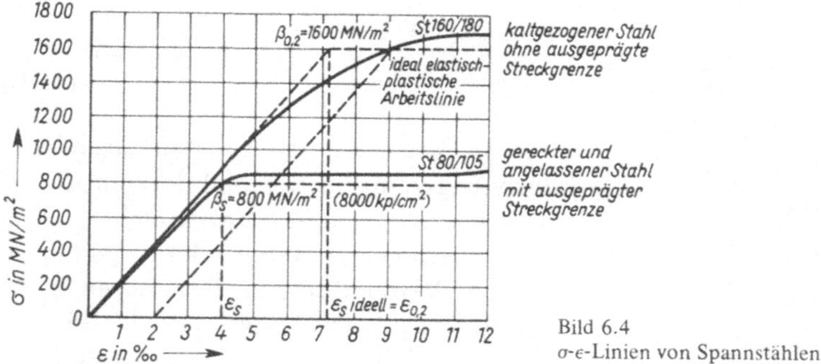

Bild 6.4
σ-ϵ-Linien von Spannstählen

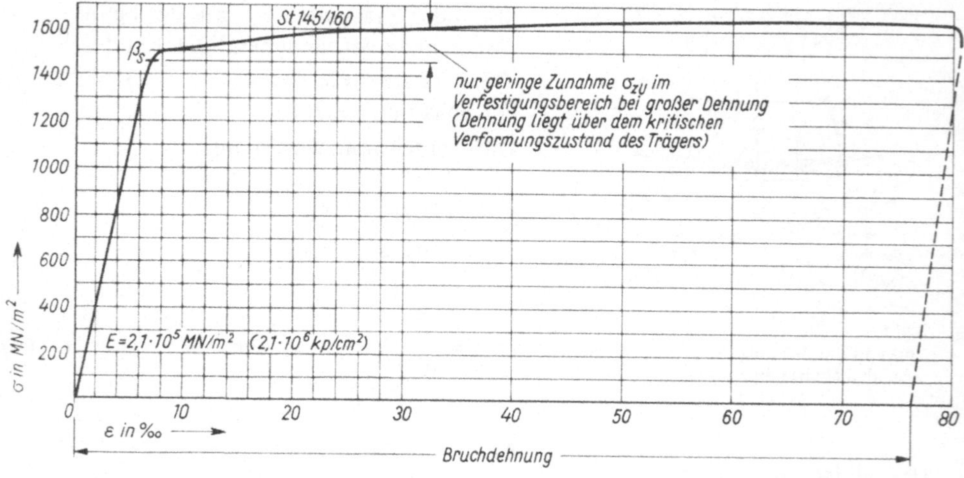

Bild 6.5 σ-ϵ-Linie bis zur Bruchgrenze β_z

Wenn im Bruchzustand der Anteil einer schlaffen Bewehrung berücksichtigt werden soll, so ist zu beachten, daß die schlaffe Bewehrung nur die Lastdehnung $\epsilon_{z,q\,U} = \epsilon_{bz,U}$ aufweist. Bei einer Lastdehnung von 2 ‰ hat der BSt 42/50 die Streckgrenze erreicht, so daß der Kraftanteil i. allg. mit $Z_{Fe,U} = F_e \cdot \beta_S$ angesetzt werden kann.

6.3 Brucharten bei verschiedenen Bewehrungsgraden

Abgesehen von dem Fall sehr schwacher Bewehrung wird der Bruch i. allg. durch Versagen der Betondruckzone erfolgen. Der Bewehrungsgrad ist dabei für die Dehnung und damit für die Rißbildung des Betons auf der Biegezugseite von Bedeutung. Aus Sicherheitsgründen ist eine begrenzte Rißbildung auf der Zugseite zur Vorankündigung des Bruches wünschenswert.

Man sollte demzufolge eine zu starke Bewehrung vermeiden, um eine Mindestdehnung auf der Stahlseite zu gewährleisten.

Zur Vermeidung einer übergroßen Verformung und der damit verbundenen Rißbildung bei schwacher Bewehrung ist aber auch auf eine nicht zu große Dehnung des Stahls zu achten. Nach den „Richtlinien" ist deshalb das Bruchmoment M_{Ui} für einen definierten kritischen Verformungszustand mit Beschränkung der Lastdehnung des Stahls auf $\epsilon_{z,q\,U} = 5$ ‰ zu berechnen.

Die nach den „Richtlinien" für den Biegebruch maßgebenden Grenzdehnungen sind in Bild 6.6 dargestellt. Innerhalb dieser Grenzen kann man je nach Bewehrungsgrad das Dehnungsdiagramm in vier Bereiche mit charakteristischem Bruchverhalten unterteilen.

Bereich 1

Bei schwacher Bewehrung überschreitet der Spannstahl mit der maximalen Lastdehnung $\max \epsilon_{z,q\,U} = \epsilon_{bz,U} = 5$ ‰ die Streckgrenze. Der kritische Verformungszustand kündigt sich durch deutliche Rißbildung (z. B. je Meter 5 Risse von je 1 mm Breite) an.

Mit der Gesamtdehnung im Spannstahl von $\epsilon_{z\,U} = 5$ ‰ $+ \epsilon^{(0)}_{z,v+s+k} > \epsilon_{z\,S}$ beträgt die Kraft $Z_U = \beta_S \cdot F_z$. Der Beton kann am Druckrand bis zur maximalen Druckfestigkeit $\beta_R = 0{,}6 \cdot \beta_{wN}$ bei einer Stauchung von $\max \epsilon_{bU} = -3{,}5$ ‰ ausgenutzt werden.

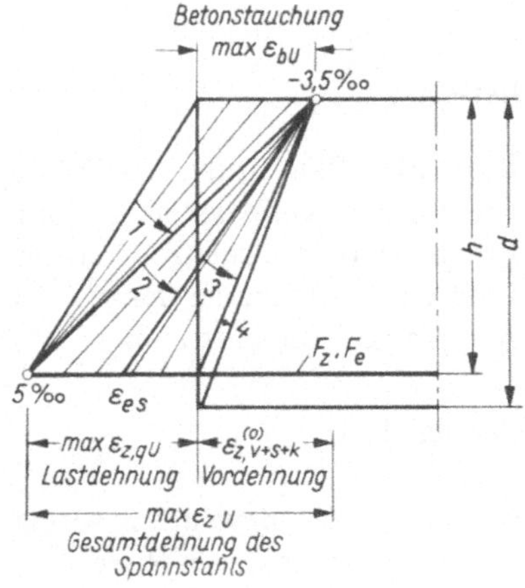

Bild 6.6
Verformungsbereiche innerhalb der Grenzdehnungen nach den Spannbetonrichtlinien

Der Bruch des Trägers würde bei weiterer Laststeigerung durch das sehr große Dehnvermögen des Stahls im Fließbereich (Dehnung bis ≈ 55 ‰ möglich) eingeleitet werden, weil mit zunehmender Dehnung des Stahls die Nullinie so weit nach oben wandert, bis infolge der extrem verkleinerten Druckzone der Beton zerstört wird (Bild 6.7).

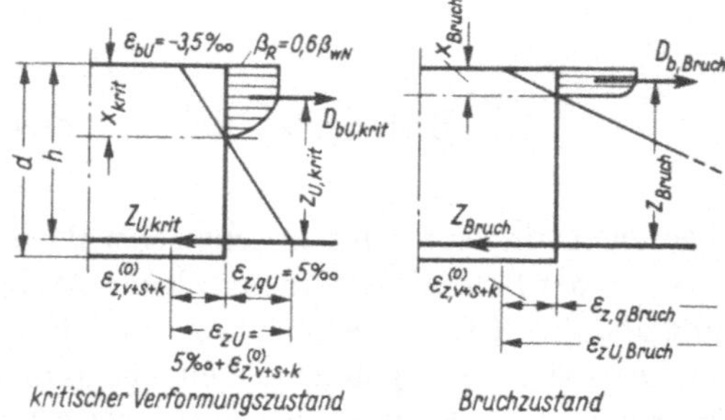

Bild 6.7
Einleitung des Bruches bei schwacher Bewehrung durch extreme Verkleinerung der Druckzone infolge sehr großer Stahldehnung

Bereich 2

Bei mittlerer Bewehrung beträgt die Lastdehnung $\epsilon_{eS} \approx 2{,}4$ ‰ (Dehnung an der Streckgrenze von BSt 50/55). Spannstähle St 90/110 erreichen bei einer Vordehnung von $\epsilon^{(0)}_{z,v+s+k} \approx 2{,}7$ ‰ dort ebenfalls die Streckgrenze mit ≈ 5,1 ‰. Spannstähle höherer Festigkeit, z. B. St 145/160 mit einer Dehnung an der Streckgrenze von ≈ 7,1 ‰, benötigen bei einer Vordehnung von $\epsilon^{(0)}_{z,v+s+k} \approx 4$ ‰ bis zur Streckgrenze noch eine Lastdehnung von 3,1 ‰, also nur knapp über $\epsilon_{eS} \approx 2{,}4$ ‰. Die Streckgrenze des Spannstahls wird also ausgenutzt, ebenso die Betondruckfestigkeit am oberen Rand mit max $\epsilon_{bU} = -3{,}5$ ‰. Die Vorankündigung des Bruches der Betondruckzone ist an der unteren Lastdehnungsgrenze ϵ_{eS} nicht mehr so deutlich.

Bereich 3

Bei starker Bewehrung erreicht der Spannstahl nicht die Streckgrenze ($\epsilon_{z\,U} < \epsilon_{zS}$). Die Betondruckfestigkeit wird unter rechnerischer Bruchlast voll ausgenutzt. Der Bruch der Betondruckzone erfolgt ohne Vorankündigung, wenn bei Erreichen der unteren Lastdehnungsgrenze des Spannstahls $\epsilon_{z,q\,U} = \epsilon_{bz,U} = 0$ auf der Biegezugseite keine Risse auftreten.

Bereich 4

Bei sehr starker Bewehrung versagt die Betondruckzone bereits im Zustand I ohne Vorankündigung durch Risse.

Zusammenfassend ist festzustellen, daß die Bereiche 1 und 2, die in der Praxis am häufigsten vorkommen, wegen der Vorankündigung des Bruches durch gut sichtbare Risse auf der Biegezugseite erwünscht sind. Die sehr starke Bewehrung (Bereich 4) und der untere Teil von Bereich 3 sollten durch Wahl höherer Querschnitte mit besser ausgeprägten Betondruckzonen vermieden werden. Dadurch wären eine Mindestlastdehnung des Stahls (z. B. 2 ‰) zur Vorankündigung des Bruches und ein geringer Stahlverbrauch gewährleistet.

Zu erwähnen ist noch der Fall s e h r schwacher Bewehrung, der allerdings in der Praxis kaum vorkommt. Hier befindet sich der Träger unter rechnerischer Bruchlast noch im Zustand I und sein Tragmoment ist M_{UI}. Beim Auftreten von Rissen, also im Zustand II, ist der Stahl nicht in der Lage, mit seiner über der Vorspannung liegenden Kraftreserve die Biegezugkraft des Betons vom Zustand I zu übernehmen, so daß $M_{UII} < M_{UI}$ wird. Der Bruch tritt dann durch Versagen des Stahls plötzlich ein. Diese Bruchart ist durch Anordnung einer Mindestbewehrung zu vermeiden.

In „Spannbeton für die Praxis" gibt L e o n h a r d t für die Mindestbewehrung den auf die Fläche der ungerissenen Biegezugzone F_{bz} bezogenen Wert an

$$\min \mu_{bz} = 0{,}04 \cdot \frac{\beta_{wM}}{\beta_Z - \text{zul}\,\sigma_z} \tag{6.14}$$

oder mit $\quad \text{zul}\,\sigma_z = 0{,}55 \cdot \beta_Z \qquad \min \mu_{bz} = 0{,}09 \cdot \frac{\beta_{wM}}{\beta_Z}$ (6.15)

In den Gl. (6.14) und (6.15) bedeuten β_{wM} die mittlere Druckfestigkeit jeder Würfelserie und β_Z die Zerreißfestigkeit des Stahls. Wegen der Vorspannung werden dabei die Nullinie in Höhe der Schwerlinie des Betons und die Vorspannung $\sigma_{zv}^{(0)}$ zu zul σ_z angenommen.

6.4 Grundlagen zur Ermittlung des inneren Momentes M_{Ui} für den rechnerischen Bruchzustand

Für die Ermittlung der inneren Kräfte werden folgende Voraussetzungen getroffen:

1. Die Querschnitte bleiben bei der Verformung eben (Hypothese von B e r n o u l l i); d. h., die Dehnungen nehmen proportional dem Abstand von der Nulllinie zu.

2. Der Beton nimmt keine Zugkräfte auf; diese werden ausschließlich dem Stahl zugewiesen.

3. Es besteht voller Verbund zwischen Stahl und Beton; in Fasern gleichen Abstandes von der Nullinie erfahren Stahl und Beton gleiche Dehnungen.

Nach Bild 6.8 ist das innere Moment

$$M_{Ui} = D_{bU} \cdot z = Z_U \cdot z \tag{6.16}$$

Die Kraft im Spannstahl (Z_U) ergibt sich nach Abschn. 6.2 aus der Gesamtdehnung $\epsilon_{z\,U} = \epsilon^{(0)}_{z,v+s+k} + \epsilon_{z,qU}$, wobei $\sigma_{z\,U} = f(\epsilon_{z\,U})$ der σ–ϵ-Linie des Spannstahls zu entnehmen ist (s. Bilder 6.4 und 6.5). Die Lastdehnung $\epsilon_{z,q\,U}$ ist abhängig vom Bewehrungsgrad und beträgt im kritischen Verformungszustand nach den „Richtlinien" maximal 5 ‰ (s. Abschn. 6.3 und Bild 6.6).

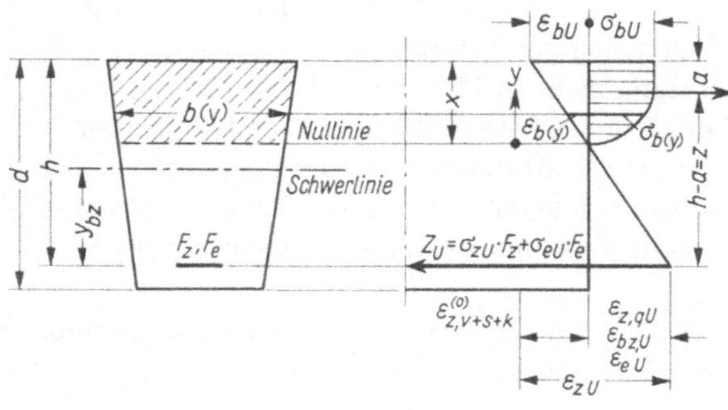

$D_{bU} = \int_0^x \sigma_{b(y)} \cdot b(y) \cdot dy$

$M_{Ui} = D_{bU} \cdot z = Z_U \cdot z$

x = Höhe der Druckzone
a = Abstand der Druckresultierenden D_{bU} vom Druckrand
z = innerer Hebel

Bild 6.8
Die zur Bestimmung von M_{Ui} erforderlichen Größen für einen beliebigen Dehnungszustand $\epsilon_{bU}; \epsilon_{z,\,qU}$

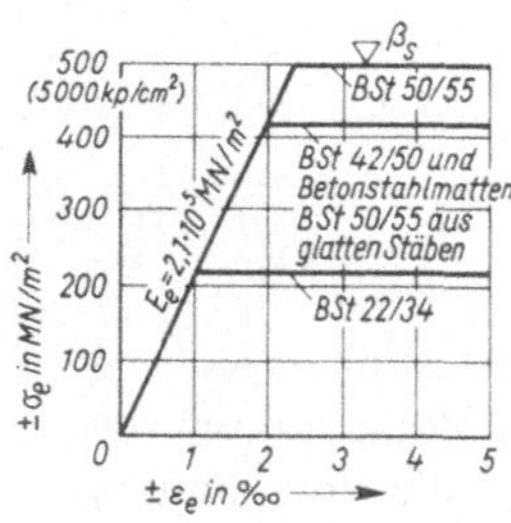

Bild 6.9
Rechenwerte für die Spannungs-Dehnungs-Linien der Betonstähle

Für $\epsilon_{z\,U} < \epsilon_{z\,S}$ bzw. $\epsilon_{z,0,2}$

ist $Z_U = \sigma_{zU} \cdot F_z$

und für $\epsilon_{z\,U} \geq \epsilon_{z\,S}$ bzw. $\epsilon_{z,0,2}$

wird nach Gl. (6.13)

$$Z_U = \beta_S \cdot F_z \quad \text{bzw.} \quad \beta_{0,2} \cdot F_z$$

Der Kraftanteil einer schlaffen Bewehrung ergibt sich für die Lastdehnung $\epsilon_{bz\,U} = \epsilon_{e\,U}$ mit $\sigma_{e\,U} = f(\epsilon_{eU})$ aus der σ–ϵ-Linie nach den „Richtlinien" (s. Bild 6.9).

Die Unterschiede im Dehnungszustand zwischen Spannstahl und schlaffer Bewehrung sind in Bild 6.10 dargestellt.

Für $\epsilon_{e\,U} < \epsilon_{eS}$ ist $Z_{e\,U} = \sigma_{e\,U} \cdot F_e$

für $\epsilon_{e\,U} \geq \epsilon_{eS}$ ist $Z_{e\,U} = \sigma_{eS} \cdot F_e$

I. allg. wird die schlaffe Bewehrung die Streckgrenze erreichen oder überschreiten. Nur bei starker Bewehrung (s. Bild 6.6) bleibt sie im elastischen Bereich.

Zur Ermittlung der Betondruckkraft $D_{bU} = \int_0^x \sigma_b(y) \cdot b(y) \cdot dy$ (vgl. Bild 6.8) ist die Spannungsverteilung über die Druckzone in Abhängigkeit von der Dehnung (Stauchung) nach den „Richtlinien" gemäß Bild 6.11 anzunehmen. Diese Spannungs-Dehnungs-Linie gilt für alle Betongüten und hat etwa die Form wirklicher σ–ϵ-Linien nach Bild 6.1. Die der Grenzstauchung max $\epsilon_b = 3{,}5$ ‰ zugeordnete

Bild 6.10
Unterschiede im Dehnungszustand zwischen Spannstahl und schlaffer Bewehrung

a) Spannstähle mittlerer Festigkeit erreichen ebenso wie die schlaffe Bewehrung die Streckgrenze bei einer Lastdehnung von ≈ 2,4 ‰

b) hochfeste Spannstähle erreichen ihre Streck- bzw. 0,2 %-Grenze erst bei ≈ 4,3 ‰ Lastdehnung

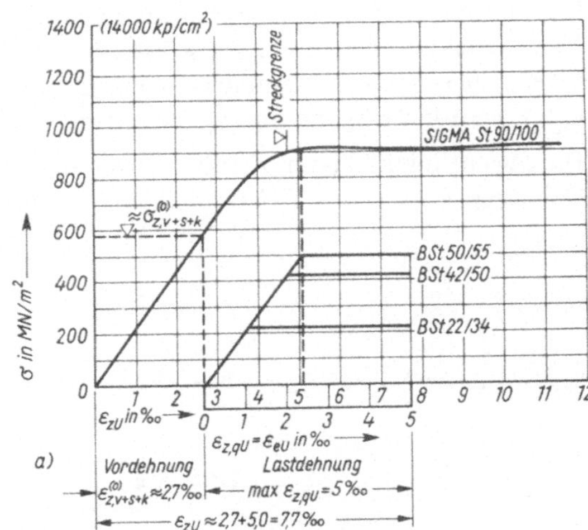

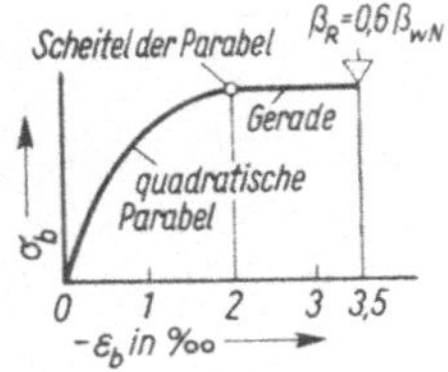

Bild 6.11
Spannungs-Dehnungslinie des Betons nach den Spannbetonrichtlinien (Parabel-Rechteck-Diagramm)

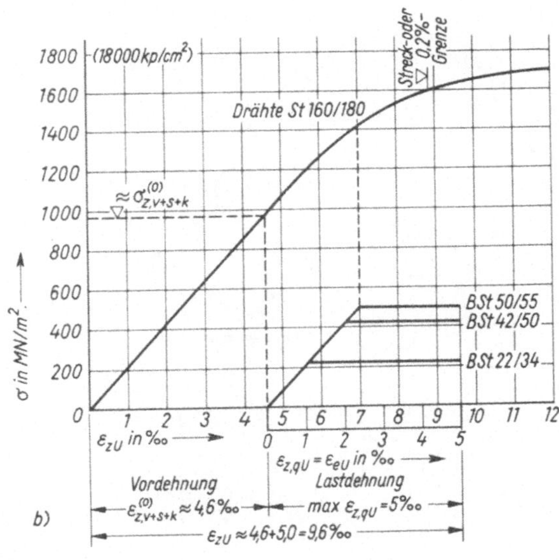

Grenzspannung beträgt nach Abschn. 6.1, Gl. (6.3) $\beta_R = 0{,}6 \cdot \beta_{wN}$ (Rechenwert der Betondruckfestigkeit).

Die Betonspannung $\sigma_b = f(\epsilon_b)$ ist für das Parabel-Rechteck-Diagramm wie folgt zu berechnen:

für ϵ_b von 3,5 bis 2,0 ‰ mit $\sigma_b = \beta_R = 0{,}6 \cdot \beta_{wN} = \text{const}$

für ϵ_b von 2,0 bis 0 ‰ nach einer quadratischen Parabel mit dem Scheitelwert $\sigma_b = \beta_R$

$$\sigma_b = 4 \cdot \beta_R \cdot \omega_R = 4 \cdot \beta_R \cdot \left[\frac{\epsilon_b}{4\,‰} - \left(\frac{\epsilon_b}{4\,‰}\right)^2\right] = \frac{1}{4} \cdot \beta_R \cdot (4 - \epsilon_b) \cdot \epsilon_b \quad (6.17)$$

Damit können die Betonspannungen nach Bild 6.12 bei schwacher Bewehrung für Randstauchungen $\epsilon_{bU} < 2$ ‰ sowie der Spannungsverlauf über die Druckzone berechnet werden. Am einfachsten entnimmt man die einer beliebigen Stauchung ϵ_{bU} zugeordnete Spannung σ_{bU} dem Parabel-Rechteck-Diagramm nach Bild 6.13.

Die ,,Richtlinien" bieten zur Rechenvereinfachung noch eine bilineare Spannungs-Dehnungs-Linie (Dreieck-Rechteck-Diagramm) nach Bild 6.14.

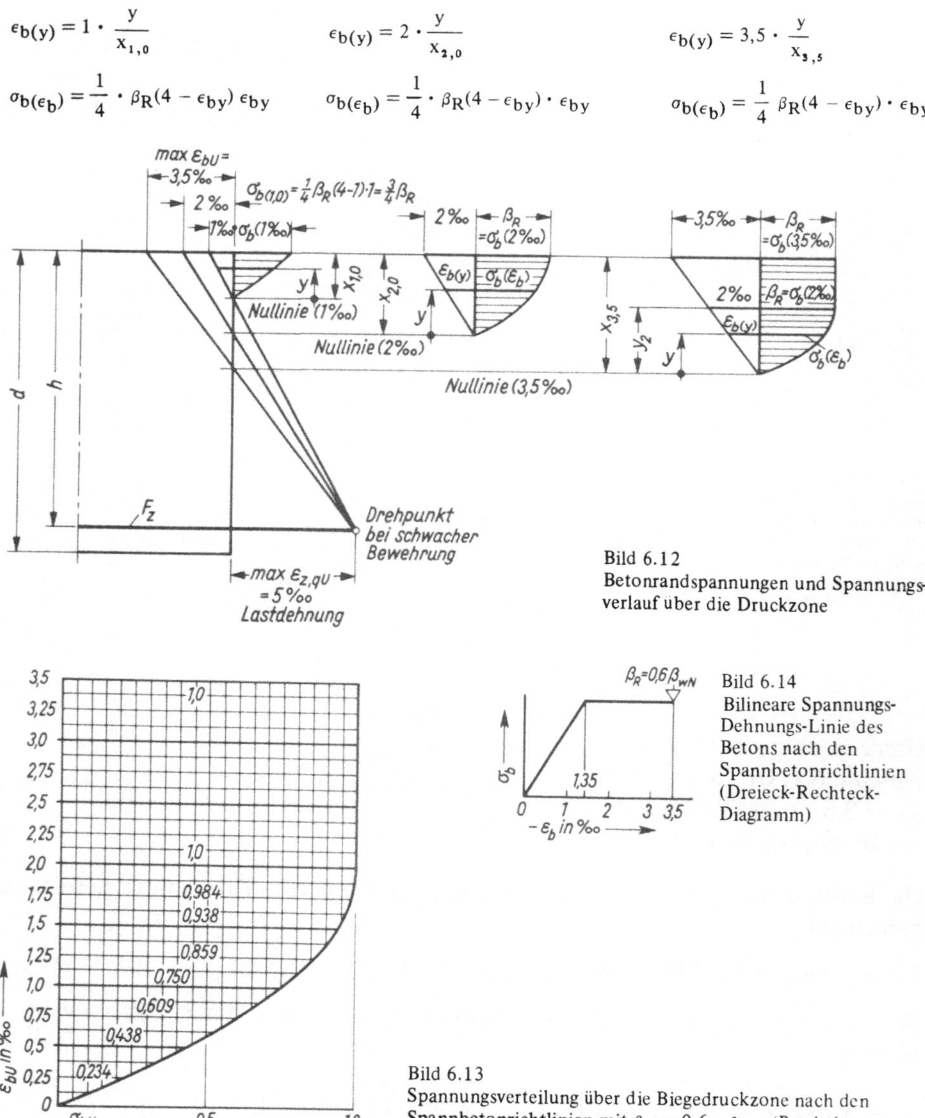

Bild 6.12
Betonrandspannungen und Spannungsverlauf über die Druckzone

Bild 6.14
Bilineare Spannungs-Dehnungs-Linie des Betons nach den Spannbetonrichtlinien (Dreieck-Rechteck-Diagramm)

Bild 6.13
Spannungsverteilung über die Biegedruckzone nach den Spannbetonrichtlinien mit $\beta_R = 0{,}6 \cdot \beta_{wN}$ (Parabel-Rechteck-Diagramm)

6.5 Ermittlung des rechnerischen Bruchmomentes M_{Ui} und der Sicherheit vorh ν

6.5.1 M_{Ui} für rechteckige Druckzone

Bei den hier angesprochenen Querschnittsformen, von denen einige in Bild 6.15 dargestellt sind, wird konstante Breite in der Druckzone vorausgesetzt. Die Querschnitte gelten als einfach bewehrt, so daß schlaffe Bewehrung und Vorspannung in der Druckzone nicht berücksichtigt werden.

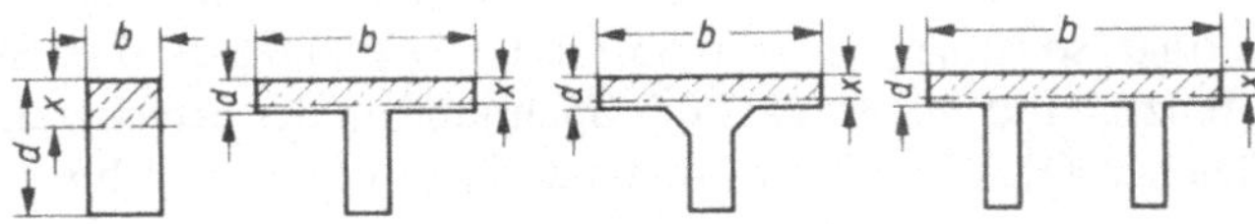

Bild 6.15
Querschnitte mit konstanter Druckzonenbreite

Für die Ermittlung von M_{Ui} sind die Stauchung am Druckrand ϵ_{bU} und die Lastdehnung $\epsilon_{z,q\ U} = \epsilon_{bz,U}$ im Bereich der Grenzdehnungen (s. Bild 6.6) so festzulegen, daß die Gleichgewichtsbedingung für die inneren Kräfte

$$D_{bU} + Z_U = 0 \qquad (6.18)$$

erfüllt ist.

Das zur Erfüllung der Gleichgewichtsbedingung gehörende Wertepaar ϵ_{bU} und $\epsilon_{z,q\ U}$ kann nur durch Probieren gefunden werden.

Dabei ist es zweckmäßig, von max $\epsilon_{bU} = -3{,}5\ ‰$ und max $\epsilon_{z,q\ U} = 5\ ‰$ auszugehen, um festzustellen, ob man mit den vorgegebenen Querschnittswerten in den Bereich der schwachen, mittleren oder starken Bewehrung fällt (s. Bild 6.6 und 6.16).

Mit $Z_U = \beta_S \cdot F_z$ befindet man sich
für $D_{bU} \geqq Z_U$ im Bereich schwacher Bewehrung
für $D_{bU} < Z_U$ im Bereich mittlerer Bewehrung
für $D_{bU} \ll Z_U$ im Bereich starker Bewehrung

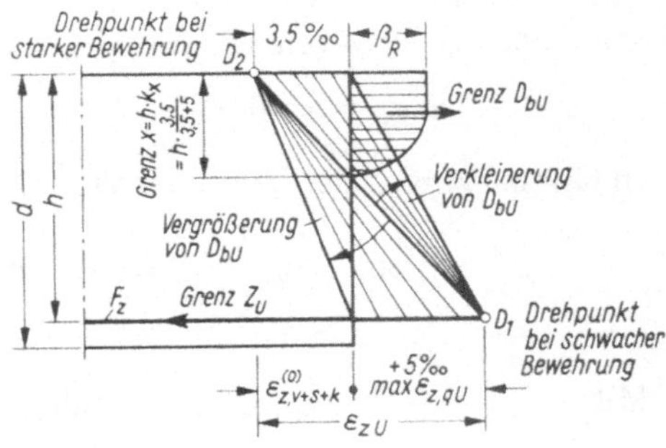

Bild 6.16
Verkleinerung der Druckzone bei schwacher Bewehrung (Drehpunkt D1) und Vergrößerung der Druckzone bei starker Bewehrung (Drehpunkt D2)

Liegt der Fall schwacher Bewehrung vor (vgl. Abschn. 6.3 sowie Bilder 6.6 und 6.12), wird nach Bild 6.16 unter Beibehaltung von max $\epsilon_{z,q\ U} = 5$ ‰ (Drehpunkt D1) durch Verkleinerung von ϵ_{bU} die Druckzonenhöhe x so lange verringert, bis $D_{bU} = Z_U$ ist.

Liegt der Fall mittlerer oder starker Bewehrung vor, wird unter Beibehaltung von max $\epsilon_{bU} = -3{,}5$ ‰ (Drehpunkt D2) durch Verkleinerung der Lastdehnung $\epsilon_{z,q\ U}$ die Druckzone vergrößert, bis $D_{bU} = Z_U$ ist. Hierbei ist zu beachten, daß mit kleiner werdendem $\epsilon_{z,q\ U}$ die Stahlspannung abnimmt, wenn die Gesamtdehnung $\epsilon_{zU} < \epsilon_{zS}$. Im Grenzfall sehr starker Bewehrung ($\epsilon_{z,q\ U} \to 0$) würde der Spannstahl im Bruchzustand nur die Vorspannung $\sigma^{(0)}_{z,v+s+k}$ aufweisen. Nimmt man an, daß $\sigma^{(0)}_{z,v+s+k} \approx \text{zul}\ \sigma_z = 0{,}55 \cdot \beta_Z$ und bei den üblichen Spannstählen $\beta_Z \approx 1{,}1 \cdot \beta_S$ beträgt, so ist $\sigma^{(0)}_{z,v+s+k} \approx 0{,}55 \cdot 1{,}1 \cdot \beta_S \approx 0{,}6 \cdot \beta_S$. Der Stahl wäre in diesem Grenzfall nur mit ≈ 60 % der Spannung an der Streckgrenze ausgenutzt, was bei gleicher Kraft Z_U den 1,66-fachen Spannstahlquerschnitt erfordern würde.

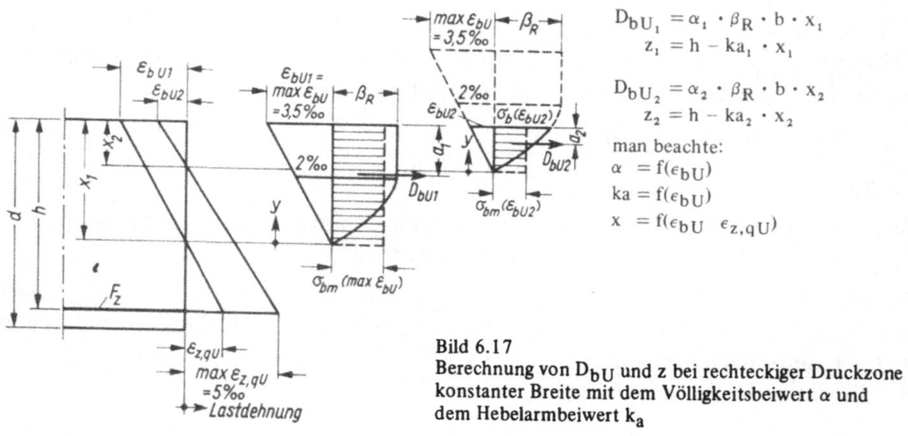

Bild 6.17
Berechnung von D_{bU} und z bei rechteckiger Druckzone konstanter Breite mit dem Völligkeitsbeiwert α und dem Hebelarmbeiwert k_a

Aus wirtschaftlichen Gründen und wegen der erwünschten Vorankündigung des Bruches, soll die sehr starke Bewehrung vermieden werden (vgl. Abschn. 6.3).

Die Berechnung von $D_{bU} = \int_0^x \sigma_b(y) \cdot b \cdot dy$ kann bei rechteckiger Druckzone mit konstanter Breite nach Bild 6.17 sehr einfach über die mittlere Betondruckspannung σ_{bm} erfolgen, die auf β_R bezogen ist. Es gilt

$$\sigma_{bm} = \alpha \cdot \beta_R \tag{6.19}$$

In Gl. (6.19) ist α der Völligkeitsgrad. Er errechnet sich aus

$$D_{bU} = \sigma_{bm} \cdot b \cdot x = \alpha \cdot \beta_R \cdot b \cdot x = b \cdot \int_0^x \sigma_{b(y)} \cdot dy \tag{6.20}$$

Mit $y = x \cdot \frac{\epsilon_{b(y)}}{\epsilon_{bU}}$ (s. Bild 6.12) wird $dy = x \cdot \frac{d\epsilon_b}{\epsilon_{bU}}$

Setzt man für $\sigma_{b(y)}$ nach Gl. (6.17) $\sigma_b(\epsilon_b) = \frac{1}{4} \cdot \beta_R \cdot (4 - \epsilon_b) \cdot \epsilon_b$, so erhält man mit Gl. (6.20) für die Randstauchung bis 2 ‰ (Parabelteil)

$0 < \epsilon_{bU} \leq 2$ ‰

$$\alpha = \frac{\frac{x}{\epsilon_{bU}} \cdot \frac{1}{4} \beta_R \cdot \int_0^{\epsilon_{bU}} (4 - \epsilon_b) \cdot \epsilon_b \cdot d\epsilon_b}{\beta_R \cdot x} = \frac{\epsilon_{bU}}{12} \cdot (6 - \epsilon_{bU}) \quad (6.21)$$

Wird die Randstauchung ϵ_{bU} größer als 2 ‰, so liegt sie im Rechteckteil des Diagramms.

Für 2 ‰ $\leq \epsilon_{bU} \leq$ 3,5 ‰ wird

$$\alpha = \frac{\frac{1}{4} \int_0^{2‰} (4 - \epsilon_b) \cdot \epsilon_b \cdot d\epsilon_b + \int_{2‰}^{\epsilon_{bU}} 1 \cdot d\epsilon_b}{\epsilon_{bU}} = \frac{3 \cdot \epsilon_{bU} - 2}{3 \cdot \epsilon_{bU}} \quad (6.22)$$

Nun ist noch die Lage von D_{bU} zu bestimmen. Vom Druckrand aus gemessen ist der Abstand nach Bild 6.17

$$a = k_a \cdot x \quad (6.23)$$

Man erhält ihn aus der Bestimmungsgleichung ($\Sigma M = 0$, bezogen auf die Nullinie)

$$(x - a) \cdot D_{bU} = b \cdot \int_0^x \sigma_b(y) \cdot y \cdot dy \quad (6.24)$$

zu

$$a = x - \frac{1}{D_{bU}} \cdot b \cdot \int_0^x \sigma_b(y) \cdot y \cdot dy$$

Gl. (6.24) wird mit $y = x \cdot \frac{\epsilon_b}{\epsilon_{bU}}$ und $dy = x \cdot \frac{d\epsilon_b}{\epsilon_{bU}}$ in Abhängigkeit von ϵ_b wie folgt geschrieben:

$$a = x - \frac{1}{D_{bU}(\epsilon_b)} \cdot b \cdot \left(\frac{x}{\epsilon_{bU}}\right)^2 \cdot \int_0^{\epsilon_{bU}} \sigma_b(\epsilon_b) \cdot \epsilon_b \cdot d\epsilon_b \quad (6.25)$$

Daraus ergibt sich k_a zu

$$k_a = \frac{a}{x} = 1 - \frac{1}{D_{bU}(\epsilon_b)} \cdot \frac{b \cdot x}{\epsilon_{bU}^2} \cdot \int_0^{\epsilon_{bU}} \sigma_b(\epsilon_b) \cdot \epsilon_b \cdot d\epsilon_b \quad (6.26)$$

Für $0 < \epsilon_{bU} \leq 2$ ‰ erhält man mit

$$D_{bU} = \alpha \cdot \beta_R \cdot b \cdot x = \frac{\epsilon_{bU}}{12} \cdot (6 - \epsilon_{bU}) \cdot \beta_R \cdot b \cdot x$$

und $$\int_0^{\epsilon_{bU}} \sigma_b(\epsilon_b)\,\epsilon_b \cdot d\epsilon_b = \frac{\beta_R}{4} \cdot \int_0^{\epsilon_{bU}} (4-\epsilon_b) \cdot \epsilon_b^2 \cdot d\epsilon_b$$

$$k_a = \frac{8-\epsilon_{bU}}{4 \cdot (6-\epsilon_{bU})} \tag{6.27}$$

Für 2 ‰ $\leqq \epsilon_{bU} \leqq$ 3,5 ‰ ist mit

$$D_{bU} = \alpha \cdot \beta_R \cdot b \cdot x = \frac{3\,\epsilon_{bU}-2}{3\,\epsilon_{bU}} \cdot \beta_R \cdot b \cdot x$$

und $$\int_0^{\epsilon_{bU}} \sigma_b(\epsilon_b) \cdot \epsilon_b \cdot d\epsilon_b = \frac{\beta_R}{4} \cdot \int_0^{2‰} (4-\epsilon_b) \cdot \epsilon_b^2 \cdot d\epsilon_b$$

$$+ \beta_R \int_{2‰}^{\epsilon_{bU}} 1 \cdot \epsilon_b \cdot d\epsilon_b$$

$$k_a = \frac{\epsilon_b \cdot (3\,\epsilon_{bU}-4)+2}{2 \cdot \epsilon_{bU} \cdot (3 \cdot \epsilon_{bU}-2)} \tag{6.28}$$

Der innere Hebel wird mit k_a berechnet zu

$$z = h - a = h - k_a \cdot x \tag{6.29}$$

Mit den Hilfswerten $\alpha = f(\epsilon_{bU})$ und $k_a = f(\epsilon_{bU})$ können D_{bU} nach Gl. (6.20) und z nach Gl. (6.29) leicht ermittelt werden. In Tafel 6.18 sind α und k_a zusammengestellt.

Tafel 6.18 Zusammenstellung der Völligkeitsbeiwerte α und der Hebelarmbeiwerte k_a

Bereich in ‰	$\alpha = \frac{\sigma_{bm}}{\beta_R}$	$k_a = \frac{a}{x}$
$0 < \epsilon_{bU} \leqq 2$	$\alpha = \frac{\epsilon_{bU}}{12} \cdot (6-\epsilon_{bU})$	$k_a = \frac{8-\epsilon_{bU}}{4(6-\epsilon_{bU})}$
$\epsilon_{bU} = 2$	$\alpha = 0{,}667$	$k_a = 0{,}375$
$2 \leqq \epsilon_{bU} \leqq 3{,}5$	$\alpha = \frac{3 \cdot \epsilon_{bU}-2}{3 \cdot \epsilon_{bU}}$	$k_a = \frac{\epsilon_{bU} \cdot (3 \cdot \epsilon_{bU}-4)+2}{2 \cdot \epsilon_{bU} \cdot (3\,\epsilon_{bU}-2)}$
$\epsilon_{bU} = 3{,}5$	$\alpha = 0{,}81$	$k_a = 0{,}416$

Will man das Auswerten der Gleichungen vermeiden, so können α und k_a sowie die zugehörigen Werte

$$k_x = \frac{x}{h} = \frac{|\epsilon_{bU}|}{|\epsilon_{bU}| + 5\,‰}$$

(k_x nur für Drehpunkt D1 bei schwacher Bewehrung) Bild 6.19 entnommen werden.

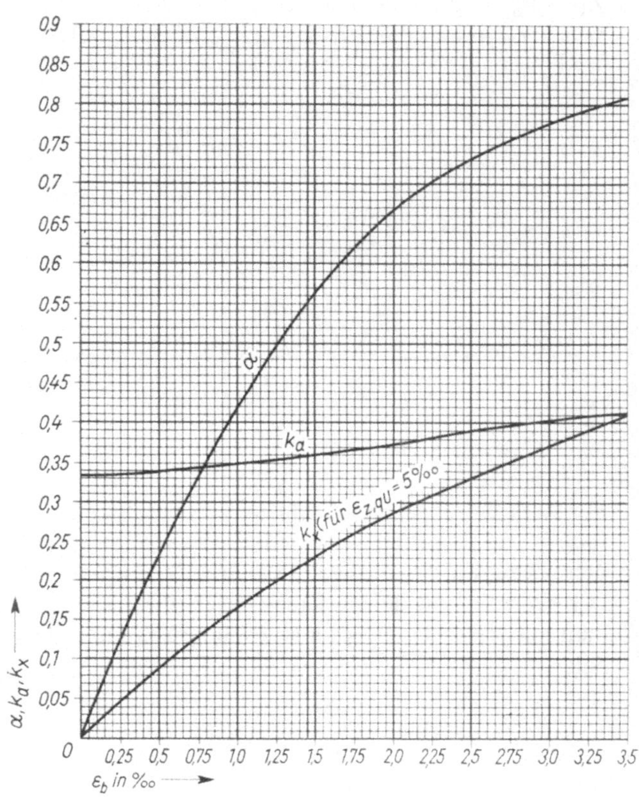

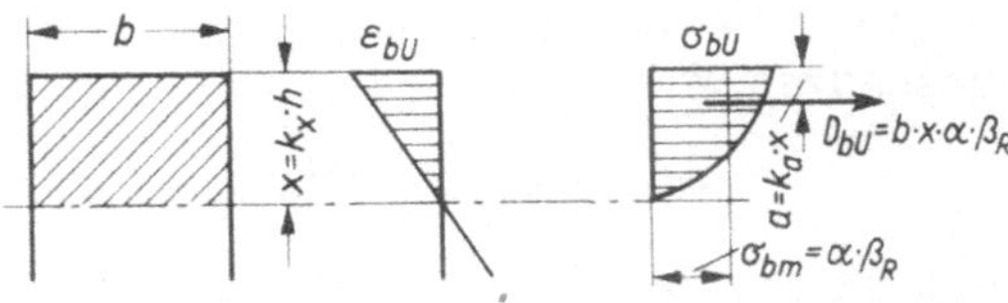

Bild 6.19
Völligkeitsbeiwert α, Hebelarmbeiwert k_a und k_x für Rechteckquerschnitte

Zur Bestimmung des Wertepaares (ϵ_{bU}; $\epsilon_{z,q\,U}$) bzw. der Nullinie, wofür die Bedingung $D_{bU} + Z_U = 0$ erfüllt ist, kann man das zeichnerische Verfahren nach Mörsch anwenden (Bild 6.20).

Für schwach bewehrte Querschnitte zeichnet man vom Drehpunkt D1 ($\epsilon_{z,q\,U} = 5\,‰$) für verschiedene ϵ_{bU} die ϵ-Geraden und legt damit die entsprechenden Nullinienlagen x fest. In jeder Lage trägt man nun die zugehörigen Druckkräfte D_{bU} auf und verbindet die Endpunkte zur D_{bU}-Kurve.

Durch den Schnittpunkt der D_{bU}-Kurve mit der Z_U-Geraden läuft die gesuchte Nullinie. Bei einsträngiger Vorspannung wird im Schwerpunkt des Spannstranges $Z_U = \beta_S \cdot F_z$, da die heute gebräuchlichen Spannstähle bei einer Lastdehnung von 5 ‰ immer die Streckgrenze erreichen (vgl. Bild 6.10).

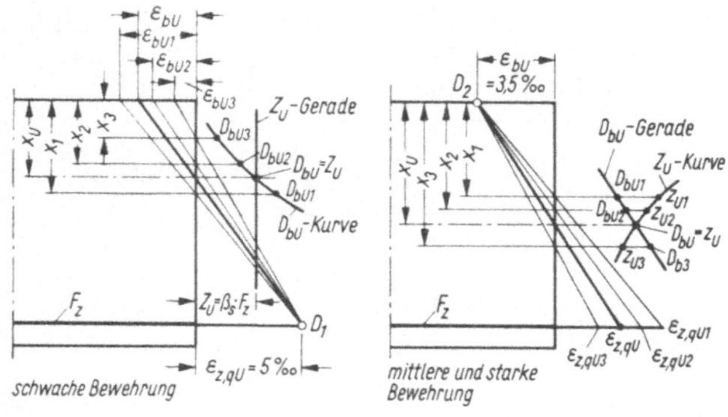

Bild 6.20
Zeichnerische Ermittlung der Nullinie bzw. des Wertepaares (ε_{bU}; $\varepsilon_{z,qU}$) für $D_{bU} + Z_U = 0$

Für stark bewehrte Querschnitte zeichnet man die ϵ-Geraden vom Drehpunkt D2 ($\epsilon_{bU} = -3,5$ ‰) für verschiedene $\epsilon_{z,q\,U}$. In den verschiedenen Nullinienlagen werden wieder die zugehörigen D_{bU} und Z_U aufgetragen. Der Schnittpunkt der D_{bU}-Geraden mit der Z_U-Kurve liefert die gesuchte Nullinienlage. Dafür erhält man mit $M_{Ui} = D_{bU} \cdot z$ für statisch bestimmte Träger die rechnerische Bruchsicherheit

$$\text{vorh } \nu = \frac{M_{Ui}}{\max M_q} \geqq 1{,}75 \tag{6.30}$$

Anstatt die vorhandene Sicherheit nach Gl. (6.30) zu berechnen, genügt auch der Nachweis, daß vorh $\nu \geqq$ erf ν bzw. $M_{Ui} \geqq 1{,}75 \cdot M_q$. Bei schwacher Bewehrung ist für $D_{bU} > Z_U$ als maßgebendes Bruchmoment der kleinere Wert $M_{Ui} = Z_U \cdot z$ einzusetzen. Wenn

$$Z_U \cdot z \geqq 1{,}75 \cdot M_q \tag{6.31}$$

ist ausreichende Sicherheit vorhanden. Wenn $Z_U \cdot z < 1{,}75\ M_q$, dann muß durch eine kleiner gewählte Betonrandstauchung ϵ_{bU} die Nullinie nach oben verlagert und der Hebelarm z vergrößert werden, bis $Z_U \cdot z = 1{,}75 \cdot M_q$ ist.

Bei starker Bewehrung ist für $D_{bU} < Z_U$ als maßgebendes Bruchmoment der kleinere Wert $M_{Ui} = D_{bU} \cdot z$ einzusetzen. Die Sicherheit reicht aus, wenn

$$D_{bU} \cdot z \geqq 1{,}75 \cdot M_q \tag{6.32}$$

Andernfalls muß durch kleiner gewählte Lastdehnung $\epsilon_{z,q\,U}$ die Nullinie nach unten verlagert und D_{bU} vergrößert werden, bis $D_{bU} \cdot z = 1{,}75 \cdot M_q$ ist. Bleiben $Z_U \cdot z$ bzw. $D_{bU} \cdot z$ kleiner als $1{,}75 \cdot M_q$, so reicht die Sicherheit nicht aus.

6.5.2 M_{Ui} für beliebige Form der Druckzone

Auch hier ist das Wertepaar (ϵ_{bU}; $\epsilon_{z,q\,U}$) bzw. die Nullinie durch Probieren so festzulegen, daß die Gleichgewichtsbedingung $D_{bU} + Z_U = 0$ erfüllt ist. Desgleichen wird mit den Grenzdehnungen max $\epsilon_{bU} = -3{,}5$ ‰ und max $\epsilon_{z,q\,U} = 5$ ‰ festgestellt, ob der Bereich der schwachen, mittleren oder starken Bewehrung vorliegt (vgl. Bild 6.16 und Abschn. 6.5.1.). Die Betondruckkraft D_{bU} und deren Abstand a vom Druckrand können aber nicht mehr mit dem Völligkeitsgrad α und dem Hebelarmbeiwert k_a bestimmt werden. Hier muß der Spannungsverlauf über die Druckzone nach Gl. (6.17) oder mit Hilfe des P-R-Diagramms nach Bild 6.13 für das gewählte ϵ_{bU} aufgetragen werden. Auch die bilineare Spannungs-Dehnungs-Linie nach Bild 6.14 kann benutzt werden. Entsprechend Bild 6.21 wird die Druckzone in Abschnitte unterteilt, und man berechnet die Teilflächenkräfte D_{bU1}, D_{bU2} usw. sowie die Teilmomente $M_{Ui1} = D_{bU1} \cdot z_1$, $M_{Ui2} = D_{bU2} \cdot z_2$ usw.

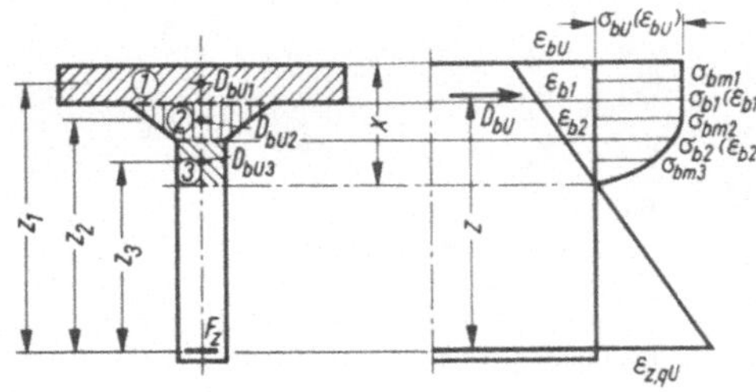

$D_{bU_1} = \sigma_{bm_1} \cdot F_1$ $\quad M_{Ui_1} = D_{bU_1} \cdot z_1$

$D_{bU_2} = \sigma_{bm_2} \cdot F_2$ $\quad M_{Ui_2} = D_{bU_2} \cdot z_2$

$D_{bU_3} = \sigma_{bm_3} \cdot F_3$ $\quad M_{Ui_3} = D_{bU_3} \cdot z_3$

$D_{bU} = \sum_{k=1}^{3} D_{bU,k}$ $\quad M_{Ui} = \sum_{k=1}^{3} M_{Ui,k}$

$z = \frac{M_{Ui}}{D_{bU}}$

Bild 6.21
Berechnung von D_{bU}, M_{Ui} und z für beliebige Form der Druckzone

Damit wird $D_{bU} = \sum_{k=1}^{n} D_{bU,k}$ (6.33)

und $M_{Ui} = \sum_{k=1}^{n} M_{Ui,k}$ (6.34)

Der Hebel der Druckresultierenden D_{bU} ist $z = \frac{M_{Ui}}{D_{bU}}$ (6.35)

Mit diesen Werten kann nun, wie in Abschn. 6.5.1 beschrieben, die zu $D_{bU} + Z_U = 0$ gehörige Nullinie nach dem zeichnerischen Verfahren von M ö r s c h gemäß Bild 6.20 ermittelt werden. Man beachte jedoch, daß hier bei starker Bewehrung die D_{bU}-Gerade zu einer Kurve wird.

Auch der Nachweis, daß vorh $\nu \geq$ erf ν bzw. $M_{Ui} \geq 1{,}75 \cdot M_q$ kann entsprechend Abschnitt 6.5.1 geführt werden.

6.6 Bemessung des erforderlichen Spannstahlquerschnittes für rechnerische Bruchlast

Dieses Verfahren setzt für den Beton vorh ν = erf ν bzw. $M_{Ui} = D_{bU} \cdot z = 1{,}75 \cdot M_q$ voraus. Unter Berücksichtigung von Normalkräften N_U aus äußeren Lasten wird, bezogen auf den Spannstrangschwerpunkt, das Lastmoment nach Bild 6.22

$$M_{zU} = 1{,}75 \cdot M_q - N_U \cdot y_{bz} \tag{6.36}$$

Daraus ergibt sich

$$\text{erf } D_{bU} = \frac{M_{zU}}{z} \tag{6.37}$$

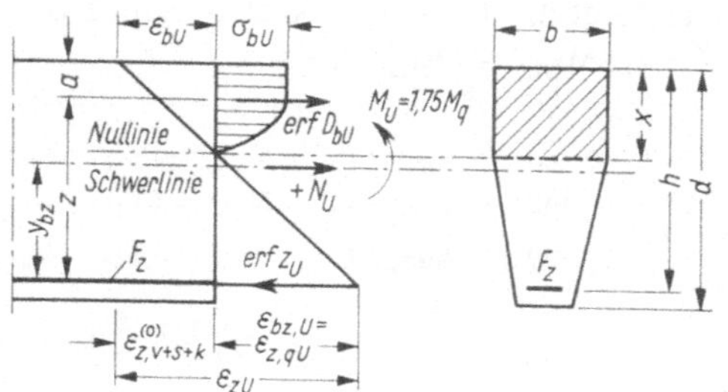

Auf die Schwerlinie des Stahls bezogen ist
$M_{zU} = M_U - N_U \cdot y_{bz} = 1{,}75\ M_q - N_U \cdot y_{bz}$
(N_U als Druckkraft negativ)

$a = x \cdot k_a$ $\quad \epsilon_{z,qU} = \epsilon_{bU} \cdot \frac{h-x}{x}$

$x = h \cdot k_x$ $\quad = \epsilon_{bU} \cdot \frac{1-k_x}{k_x}$

$z = h \cdot k_z$

Bild 6.22
Für das Bemessungsverfahren ist
M_{zU} = erf $D_{bU} \cdot z$
die erforderlichen Hilfswerte sind
k_z und $\epsilon_{z,qU}$ oder k_z, ϵ_{bU} und k_x

Das Gleichgewicht der inneren Kräfte erfordert (Bild 6.22)

$$\text{erf } Z_U - \text{erf } D_{bU} - N_U = 0 \tag{6.38}$$

womit man die erforderliche Kraft im Spannstahl erhält zu

$$\text{erf } Z_U = \text{erf } D_{bU} + N_U \qquad \text{oder} \qquad \text{erf } Z_U = \frac{M_{zU}}{z} + N_U \tag{6.39}$$

Der erforderliche Bewehrungsquerschnitt wird

$$\text{erf } F_{zU} = \frac{\text{erf } Z_U}{\sigma_{zU}} = \frac{1}{\sigma_{zU}} \cdot \left(\frac{M_{zU}}{z} + N_U\right) \tag{6.40}$$

N_U ist als Druckkraft negativ einzusetzen.

Die Stahlspannungen σ_{zU} erhält man aus der σ–ϵ-Linie des Spannstahls für $\epsilon_{zU} = \epsilon^{(0)}_{z,v+s+k} + \epsilon_{z,q\,U}$ nach Gl. (6.4). Man beachte, daß für $\epsilon_{zU} \geq \epsilon_S$ bzw. $\epsilon_{0,2}$ für die Stahlspannungen $\sigma_{zU} = \beta_S$ bzw. $\beta_{0,2}$ zu setzen ist.

Die Bruchsicherheit ist vorhanden, wenn

$$\text{vorh } F_z \geq \text{erf } F_{zU}$$

6.6.1 Einfach bewehrte Querschnitte mit rechteckiger Druckzone

Das Bemessungsverfahren führt sehr rasch zum Ziel, wenn die erforderlichen, dem bezogenen Lastmoment $m_{zU} = \dfrac{M_{zU}}{b \cdot h^2 \cdot \beta_R}$ zugeordneten Hilfswerte wie Lastdehnung $\epsilon_{z,q\ U} = \epsilon_{bz,U}$ und innerer Hebel z dem Diagramm (Bild 6.23) entnommen werden.

Die Hilfswerte erhält man für rechteckige Druckzone und einfach bewehrte Querschnitte aus

$$\text{erf}\, D_{bU} \cdot z = \alpha \cdot \beta_R \cdot b \cdot x \cdot z = \alpha \cdot \beta_R \cdot b \cdot h^2 \cdot k_x \cdot k_z = M_{zU} \qquad (6.41)$$

mit

$$k_x = \frac{x}{h} \text{ und } k_z = \frac{z}{h}$$

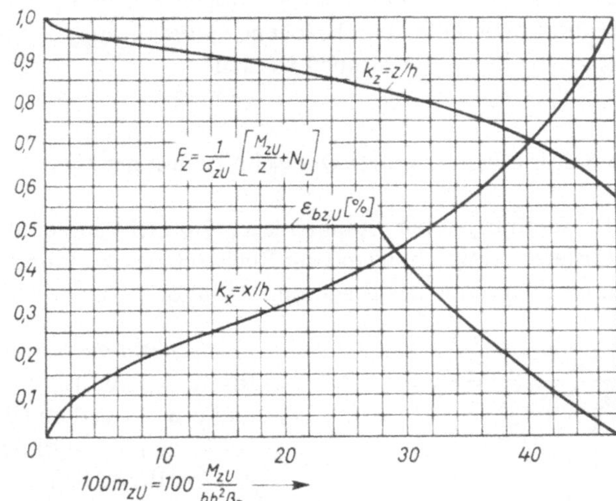

Bild 6.23
Hilfswerte für den Nachweis der Bruchsicherheit für einfach bewehrte Querschnitte mit rechteckiger Druckzone (nach Rüsch-Kupfer, Beton-Kalender 1974)

Setzt man für $z = h - a$ oder mit $a = k_a \cdot x$ für $k_z = 1 - k_a \cdot k_x$, so kann Gl. (6.41) mit dem bezogenen rechnerischen Bruchlastmoment

$$m_{zU} = \frac{M_{zU}}{b \cdot h^2 \cdot \beta_R} \qquad (6.42)$$

wie folgt geschrieben werden:

$$\alpha \cdot k_x \cdot k_z = m_{zU} \quad \text{oder} \quad \alpha \cdot k_x \cdot (1 - k_a \cdot k_x) = m_z U \qquad (6.43)$$

Für die Nullinienlage erhält man daraus

$$k_x = \frac{1}{2 \cdot k_a} \left(1 - \sqrt{1 - \frac{4 \cdot k_a \cdot m_{zU}}{\alpha}}\right) \qquad (6.44)$$

In Gl. (6.44) sind α und k_a abhängig von der Betonrandstauchung ϵ_{bU}.

Im Bereich der starken Bewehrung ist mit max $\epsilon_{bU} = -3{,}5$ ‰; $\alpha = 0{,}81$ und $k_a = 0{,}416$ (Bild 6.16, Taf. 6.18). Mit diesen Konstanten kann Gl. (6.44) leicht gelöst werden.

Im Bereich schwacher Bewehrung mit $\epsilon_{z,q\,U} = 5$ ‰ und $\epsilon_{bU} < 3{,}5$ ‰ erhält man nach Gl. (6.43) für vorgegebene ϵ_{bU} mit

$$k_x = \frac{|\epsilon_{bU}|}{|\epsilon_{bU}| + 5\ ‰}$$

und $\alpha = f(\epsilon_{bU})$ sowie $k_a = f(\epsilon_{bU})$, die man Tafel 6.18 oder Bild 6.19 entnimmt, Werte für m_{zU}. Zweckmäßig wird m_{zU} in Abhängigkeit von ϵ_{bU} über den Bereich $0 < \epsilon_{bU} \leqq 3{,}5$ ‰ mit den zugehörigen Werten k_x und k_a schrittweise berechnet. Damit können die, dem bezogenen Moment m_{zU} zugeordneten Werte für k_x und $k_z = 1 - k_a \cdot k_x$ gewonnen werden.

6.6.2 Einfach bewehrte Querschnitte mit annähernd rechteckiger Druckzone

Hier kann bei hoher Nullinienlage, also nicht ausgenutzter Druckzone, auch bei stärkeren Abweichungen vom Rechteck das Verfahren für rechteckige Druckzone unter Benutzung des Diagramms (Bild 6.23) angewandt werden.

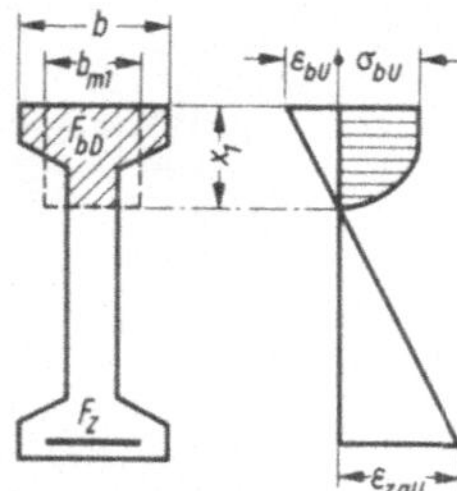

Bild 6.24
Schätzen der mittleren Breite b_{m1} bei annähernd rechteckiger Druckzone und hoher Nullinienlage (kleines m_{zU})

Man schätzt nach Bild 6.24 zunächst eine mittlere Breite b_{m1}, bestimmt dafür m_{zU1} nach Gl. (6.42) und erhält aus dem Diagramm x_1. Wenn $x_1 \cdot b_{m1} \approx F_{bD}$ (F_{bD} = wirkliche Fläche der Druckzone), war die Breite b_{m1} richtig geschätzt. Andernfalls ist b_{m2} neu zu wählen und der Rechnungsgang zu wiederholen. Bei tiefer Nullinienlage (großes m_{zU}) und starker Abweichung vom Rechteck ist das Verfahren wegen des Fehlers beim inneren Hebel z nicht anwendbar. Es ist nach Abschn. 6.6.3 vorzugehen.

6.6.3 Einfach bewehrte Querschnitte mit beliebiger Form der Druckzone

Hier werden die nach Abschn. 6.5.2 und Bild 6.21 berechneten Druckresultierenden $D_{bU} = \Sigma\, D_{bU,k}$ und die inneren Momente $M_{Ui} = \Sigma\, M_{Ui,k}$ für verschiedene Nullinienlagen nach Bild 6.25 auf der jeweiligen Nullinie aufgetragen.

Auf der Momentenskala trägt man nun das rechnerische Bruchlastmoment $M_{zU} = 1{,}75 \cdot M_q - N_U \cdot y_{bz}$ ab und erhält auf der M_{Ui}-Kurve die zu M_{zU} gehörige

Nullinienlage auf der x-Skala. Gleichzeitig liefert der Schnittpunkt dieser Nulllinie mit der D_{bU}-Linie das erf D_{bU}. Damit ist

$$\text{erf } F_{zU} = \frac{1}{\sigma_{z,U}} (\text{erf } D_{bU} + N_U) \tag{6.45}$$

wobei D_{bU} positiv und N_U als Druckkraft negativ einzusetzen sind.

Hier ist – wie in Abschn. 6.6 erwähnt – σ_{zU} der σ–ϵ-Linie des Spannstahls für $\epsilon_{zU} = \epsilon^{(0)}_{z,v+s+k} + \epsilon_{z,q\,U}$ zu entnehmen. Für schwache Bewehrung ist $\epsilon_{z,q\,U} = 5$ ‰ und für starke Bewehrung ist mit dem ermittelten x-Wert $\epsilon_{z,qU} = 3{,}5 \cdot \frac{h - x}{x}$

Die Sicherheit ist ausreichend, wenn

$$\text{vorh } F_z \geqq \text{erf } F_{zU}$$

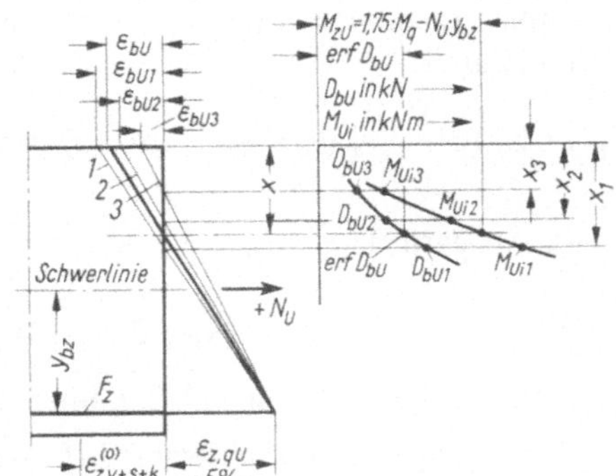

Bild 6.25
Ermittlung von erf D_{bU} für erf F_{zU} bei beliebiger Form der Druckzone

6.6.4 Doppelt bewehrte Querschnitte mit beliebiger Form der Druckzone

Das Verfahren nach Abschn. 6.6.3 kann auch hier angewandt werden. Dabei ist lediglich zu beachten, daß jetzt nach Bild 6.26 die resultierende Kraft der Druckzone lautet

$$D_{bU} + D_{Fe'} - Z_{2U} = D_{U,res} \tag{6.46}$$

und das resultierende Moment mit $M_{Ui} = \Sigma\, M_{Ui,k} = M_{bUi}$

$$M_{bUi} + D_{F'e} \cdot (h - h'_{Fe}) - Z_{2U} \cdot (h - h'_{z2}) = M_{Ui,res} \tag{6.47}$$

Man erhält jetzt mit dem rechnerischen Bruchlastmoment $M_{z1U} = 1{,}75 \cdot M_q - N_U \cdot y_{bz}$ entsprechend Abschn. 6.6.3 erf $D_{U,res}$ auf der $D_{U,res}$-Linie.

Bild 6.26
Kräfte in der Druckzone aus Fe' und F_{z2} für doppelt bewehrte Querschnitte

nach Gl. (6.46) $D_{U,res}$ für x_1 entsprechend für x_2 und x_3

nach Gl. (6.47) $M_{Ui,res}$ für x_1 entsprechend für x_2 und x_3

damit $D_{U,res}$-Linie und $M_{Ui,res}$-Linie sowie erf $D_{U,res}$ entsprechend Bild 6.25

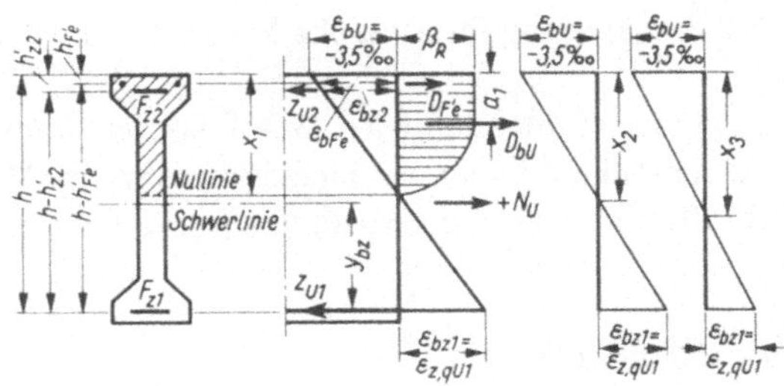

Die erforderliche Bewehrung für den Hauptspannstrang F_{z1} ist dann

$$\text{erf } F_{z1,U} = \frac{1}{\sigma_{z1,U}} \cdot (\text{erf } D_{U,res} + N_U) \tag{6.48}$$

Auch hier ist erf $D_{U,res}$ positiv und N_U als Druckkraft negativ einzusetzen.

Für die Ermittlung von $D_{F'e}$ ist die Stauchung dieser Faser

$$\epsilon_{b,F'e} = -3{,}5\,‰ \cdot \frac{x - h'_{F'e}}{x} \tag{6.49}$$

einzusetzen, womit der $\sigma-\epsilon$-Linie für Betonstähle (Bild 6.9) σ'_e entnommen werden kann.

Es ist für $\epsilon_{b,F'e} < \epsilon_s$ auch $\sigma'_e = E_e \cdot \epsilon_{b,F'e}$

Damit wird $D_{F'e} = \sigma'_e \cdot F'_e$ (6.50)

Man beachte, daß für $\epsilon_{b,F'e} \geq \epsilon_S$, die abgeminderte Spannung $\frac{1{,}75}{2{,}1} \cdot \beta_S$ gem. „Richtlinien" Abschn. 11.2.2 einzusetzen ist.

Für den Spannstahl in Strang 2 (F_{z2}) ist die Laststauchung

$$\epsilon_{bz2} = -3{,}5\,‰ \cdot \frac{x - h'_{z2}}{x} \tag{6.51}$$

Unter Berücksichtigung der Vordehnung $\epsilon^{(0)}_{z2,v+s+k}$ wird die Gesamtdehnung

$$\epsilon_{z2,U} = \epsilon^{(0)}_{z2,v+s+k} + \epsilon_{bz2} \tag{6.52}$$

Die Spannung erhält man bei nur kleinen Dehnungen $\epsilon_{z2,U}$ aus

$$\sigma_{z2,U} = \epsilon_{z2,U} \cdot E_z \tag{6.53}$$

Die Kraft Z_{2U} wird damit $Z_{2U} = \sigma_{z2,U} \cdot F_{z2}$ (6.54)

Für $|\epsilon_{bz2}| > \epsilon^{(0)}_{z2,v+s+k}$, d.h. für Stauchung im Spannstahl, ist in den Gl. (6.46) und (6.47) der Wert für Z_{2U} negativ einzusetzen.

6.6.5 Näherung für schlanke Plattenbalken

Bei Querschnitten mit $b / b_0 > 5$ können die Druckspannungen im Steg schlanker Plattenbalken i. allg. vernachlässigt werden. Man nimmt dann an, daß die Druckresultierende D_{bU} im Abstand $a = d/2$ vom oberen Rand liegt und der innere Hebel

$$z = h - d/2 \tag{6.55}$$

ist (Bild 6.27).

Damit wird nach Gl. (6.39) für vorh ν = erf ν

$$\text{erf } Z_U = \frac{M_{zU}}{h - d/2} + N_U \tag{6.56}$$

und der erforderliche Spannstahlquerschnitt

$$\text{erf } F_{zU} = \frac{\text{erf } Z_U}{\sigma_{zU}}$$

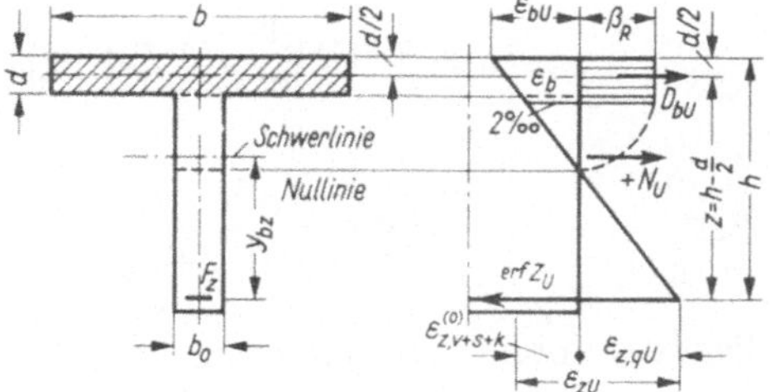

Bild 6.27
Vereinfachende Annahmen beim Plattenbalken $b/b_0 > 5$

In der Regel wird bei diesen Querschnitten schwache Bewehrung vorliegen. Die Dehnung des Spannstahls muß dann mit

$$\epsilon_{zU} = \epsilon^{(0)}_{z,v+s+k} + \epsilon_{z,q\ U} \geqq \epsilon_s \quad \text{bzw.} \quad \epsilon_{0,2}$$

die Streckgrenze erreichen oder überschreiten, womit

$$\sigma_{zU} = \beta_s \quad \text{und} \quad \text{erf } F_{zU} = \frac{1}{\beta_S}\left(\frac{M_{zU}}{h - d/2} + N_U\right) \tag{6.57}$$

wird.

Mit der üblichen Vorspannung, die nach dem Schwind-Kriech-Verlust etwas unter der zulässigen Spannung liegen wird, erreichen oder überschreiten die Spannstähle mit den in Tafel 6.28 angegebenen Lastdehnungen $\epsilon_{z,q\ U}$ i. allg. die Streckgrenze.

Tafel 6.28 Mindestlastdehnungen

Spannstahl	bis St 60/90	bis St 145/160	bis St 160/180
Lastdehnung $\epsilon_{z,q\ U}$	3 ‰	4 ‰	5 ‰

Für den Nachweis $D_{bU} \geqq \frac{M_{zU}}{h - d/2}$ wird die Betonstauchung am oberen Plattenrand mit max $\epsilon_{bU} = -3{,}5$ ‰ festgelegt. Damit verzichtet man im Bereich der schwachen Bewehrung – hier getrennt nach Spannstahlgüten – auf viele mögliche Nullinienlagen und weist nach, daß im Grenzdehnungszustand $\epsilon_{bU} = -3{,}5$ ‰ und $\epsilon_{z,q\ U}$

$$\max D_{bU} \geqq \frac{M_{zU}}{h - d/2} \tag{6.58}$$

Zweckmäßig wird max D_{bU} mit Hilfe der mittleren Betonspannung in der Platte bestimmt

$$\max D_{bU} = \sigma_{bm} \cdot b \cdot d = \alpha \cdot \beta_R \cdot b \cdot d \tag{6.59}$$

Die Völligkeit α ist abhängig von der Betonstauchung ϵ_b am unteren Plattenrand. Mit festgelegter Lastdehnung $\epsilon_{z,q\,U}$ kann sie nach Bild 6.29 durch das Verhältnis d/h ausgedrückt werden

$$\epsilon_b = 3{,}5 - \frac{d}{h} \cdot (3{,}5 + \epsilon_{z,q\,U}) \tag{6.60}$$

Bei $$d/h = x/h = \frac{3{,}5}{3{,}5 + \epsilon_{z,q\,U}} \tag{6.61}$$

liegt der untere Plattenrand in der Nullinie. Hierfür ist $\epsilon_b = 0$ und $\alpha = 0{,}81$.

Für $\frac{d}{h} = \frac{1{,}5}{3{,}5 + \epsilon_{z,q\,U}}$ beträgt $\epsilon_b = 2$ ‰, und die Völligkeit wird $\alpha = 1$.

Wenn am unteren Plattenrand $0 < \epsilon_b \leq 2$ ‰ wird, so ist

$$\alpha = \frac{34 - (6 - \epsilon_b) \cdot \epsilon_b^2}{12(3{,}5 - \epsilon_b)} \tag{6.62}$$

und für 2 ‰ $\leq \epsilon_b \leq$ 3,5 ‰ $\alpha = 1$

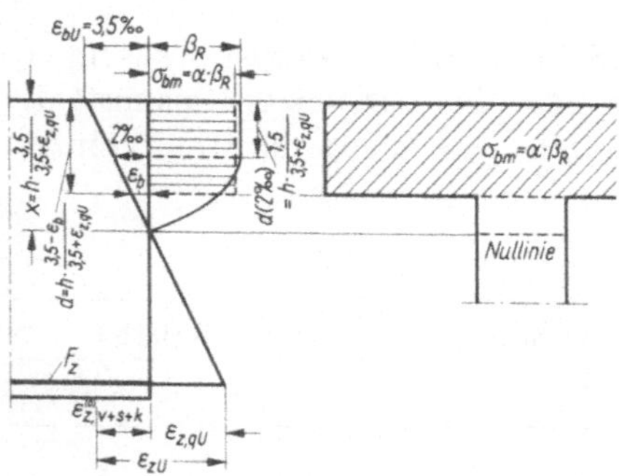

Bild 6.29
Völligkeit α in Abhängigkeit vom Verhältnis d/h bei festgelegter Lastdehnung $\epsilon_{z,qU}$

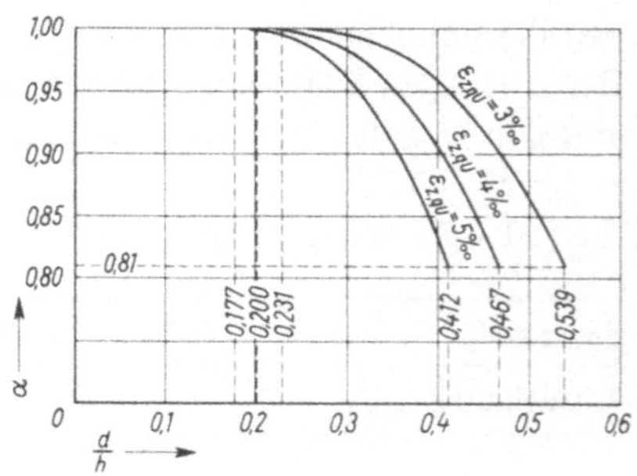

Bild 6.30
Völligkeitsbeiwerte α zur Ermittlung von $\sigma_{bm} = \alpha \cdot \beta_R$

Die α-Werte sind für die Lastdehnungen $\epsilon_{z,q\,U}$ = 3 ‰, 4 ‰ und 5 ‰ in Abhängigkeit von d/h dem Diagramm 6.30 zu entnehmen.

Die Stauchungen am unteren Plattenrand sollten nicht zu weit unter ϵ_b = 2 ‰ liegen, weil sonst mit $z = h - d/2$ zu ungünstig gerechnet wird.

6.7 Berechnungsbeispiele zur Biegebruchsicherheit

6.7.1 Rechteckquerschnitt

Für einen Spannbettbalken (sofortiger Verbund) mit dem in Bild 6.31 dargestellten Balkenquerschnitt einschließlich Materialkennwerten, Querschnittswerten und Gebrauchslastmomenten soll die Bruchsicherheit nachgewiesen werden.

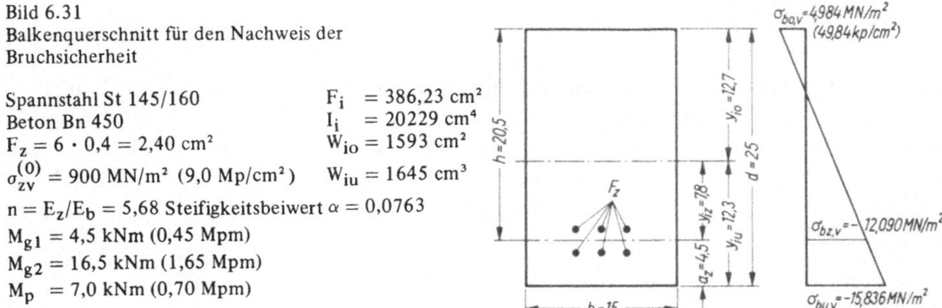

Bild 6.31
Balkenquerschnitt für den Nachweis der Bruchsicherheit

Spannstahl St 145/160 — $F_i = 386{,}23\ \text{cm}^2$
Beton Bn 450 — $I_i = 20229\ \text{cm}^4$
$F_z = 6 \cdot 0{,}4 = 2{,}40\ \text{cm}^2$ — $W_{io} = 1593\ \text{cm}^3$
$\sigma_{zv}^{(0)} = 900\ \text{MN/m}^2$ (9,0 Mp/cm²) — $W_{iu} = 1645\ \text{cm}^3$
$n = E_z/E_b = 5{,}68$ Steifigkeitsbeiwert $\alpha = 0{,}0763$
$M_{g1} = 4{,}5$ kNm (0,45 Mpm)
$M_{g2} = 16{,}5$ kNm (1,65 Mpm)
$M_p = 7{,}0$ kNm (0,70 Mpm)

6.7.1.1 Ermittlung der Sicherheit vorh ν

Zunächst wird für die Grenzdehnungen $\epsilon_{bU} = -3{,}5\ ‰$ und $\epsilon_{z,q\ U} = 5\ ‰$ festgestellt, ob schwache, mittlere oder starke Bewehrung vorliegt (s. Abschn. 6.5.1). Man erhält hierfür

$$\alpha = 0{,}81 \quad \text{(s. Taf. 6.18 oder Bild 6.19)}$$

$$k_x = \frac{3{,}5}{3{,}5 + 5} = 0{,}412 \quad x = h \cdot k_x = 20{,}5 \cdot 0{,}412 = 8{,}45\ \text{cm}$$

$$\beta_R = 0{,}6 \cdot \beta_{wN} = 0{,}6 \cdot 45{,}0 = 27{,}0\ \text{MN/m}^2\ (270\ \text{kp/cm}^2)$$

$$\beta_S = 1450\ \text{MN/m}^2\ (14{,}5\ \text{Mp/cm}^2) \quad (\epsilon_{zU} > \epsilon_S)$$

Die Betondruckkraft ist

$$D_{bU} = \alpha \cdot \beta_R \cdot b \cdot x = 0{,}81 \cdot 2{,}70 \cdot 15 \cdot 8{,}45 = 277{,}2\ \text{kN}\ (27{,}72\ \text{Mp})$$

und die Stahlzugkraft

$$Z_U = \beta_S \cdot F_z = 145 \cdot 2{,}4 = 348\ \text{kN}\ (34{,}8\ \text{Mp})$$

Mit $D_{bU} < Z_U$ liegt man im Bereich mittlerer Bewehrung. Um $D_{bU} = Z_U$ zu erzielen, muß die Nullinie tiefer liegen, also die Lastdehnung des Stahls verkleinert werden. Zur zeichnerischen Ermittlung der für $D_{bU} = Z_U$ erforderlichen Nullinienlage nach Bild 6.33 werden mehrere Wertepaare ($-3{,}5\ ‰$, $\epsilon_{z,q\ U}$) bzw. Nullinienlagen gewählt und die zugehörigen Kräfte D_{bU} und Z_U berechnet (Taf. 6.32). Da bei kleineren Lastdehnungen die Gesamtdehnung $\epsilon_{zU} < \epsilon_S$ werden kann, ist sie für jede gewählte Lastdehnung nach Gl. (6.4) mit

$\epsilon_{zU} = \epsilon^{(0)}_{z,v+s+k} + \epsilon_{z,qU}$ zu berechnen. Die Vordehnung wird für sofortigen Verbund nach Gl. (6.10) mit $\sigma^{(0)}_{zv} = 900\ \text{MN/m}^2$ (9,0 Mp/cm²) und $\sigma_{z,s+k} = -119{,}77\ \text{MN/m}^2$ (− 1197,7 kp/cm²) (s. S. 99)

$$\epsilon^{(0)}_{z,v+s+k} = \frac{1}{E_z} \cdot \left(\sigma^{(0)}_{zv} + \frac{\sigma_{z,s+k}}{1-\alpha}\right) = \frac{10^3}{2{,}1 \cdot 10^5} \cdot \left(900{,}0 - \frac{119{,}77}{1-0{,}0763}\right) = 3{,}67\ ‰$$

Damit ergibt sich $\epsilon_{z\,U} = 3{,}67\ ‰ + \epsilon_{z,q\,U}$

und aus der σ–ϵ-Linie des Spannstahls St 145/160 (s. Zulassung oder Beton-Kalender)

$$Z_U = \sigma_{z\,U} \cdot F_z\,.$$

Tafel 6.32 Berechnung von D_{bU} und Z_U für vorgegebene Wertepaare $\epsilon_{bU} = -3{,}5\ ‰$ und $\epsilon_{z,q\,U}$ (Nullinienlagen)

Nr.	ϵ_{bU} ‰	$\epsilon_{z,q\,U}$ ‰	k_x	x cm	β_R kN/cm²	α	D_{bU} kN	$\epsilon^{(0)}_{z,v+s+k}$ ‰	ϵ_{zU} ‰	σ_{zU} kN/cm²	Z_U kN
1	−3,5	4	0,467	9,57	2,70	0,81	313,9	3,67	7,76	145	348
2	−3,5	3	0,538	11,04	2,70	0,81	362,1	3,67	6,67	140	336
3	−3,5	2	0,636	13,05	2,70	0,81	428,1	3,67	5,67	120	288

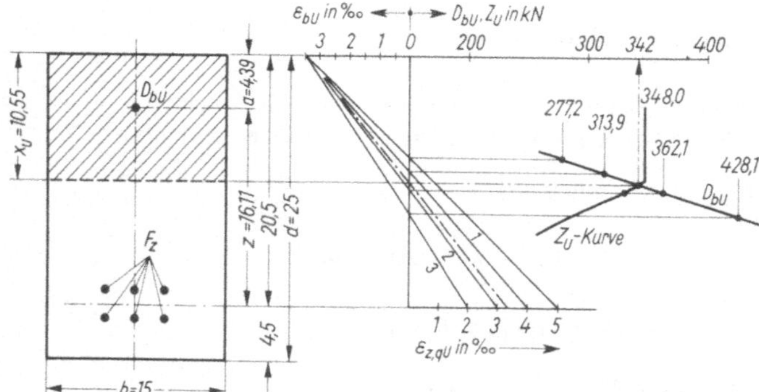

Bild 6.33 Zeichnerische Ermittlung der Nullinie für $D_{bU} = Z_U$

abgelesen
$D_{bU} = Z_U \approx 342$ kN für
$\epsilon_{bU} = 3{,}5\ ‰$ $\epsilon_{z,qU} = 3{,}3\ ‰$

Dem Bild 6.33 entnimmt man für $D_{bU} = Z_U = 342$ kN (34,2 Mp) das Wertepaar −3,5 ‰; 3,3 ‰ bzw. $k_x = \dfrac{3{,}5}{3{,}5 + 3{,}3} = 0{,}515$ oder $x = 20{,}5 \cdot 0{,}515 = 10{,}55$ cm.

Mit dem Hebelarmbeiwert $k_a = 0{,}416$ für $\epsilon_{bU} = -3{,}5\ ‰$ (s. Taf. 6.18 oder Bild 6.19) erhält man $a = k_a \cdot x = 0{,}416 \cdot 10{,}55 = 4{,}39$ cm. Der innere Hebel ist dann $z = h - a = 20{,}5 - 4{,}39 = 16{,}11$ cm und das innere Moment $M_{Ui} = D_{bU} \cdot z = Z_U \cdot z = 342 \cdot 0{,}1611 = 55{,}1$ kNm (5,51 Mpm).

Die vorhandene Sicherheit beträgt

$$\text{vorh}\ \nu = \frac{M_{Ui}}{\max M_q} = \frac{55{,}1}{4{,}5 + 16{,}5 + 7{,}0} = 1{,}97 > 1{,}75$$

6.7.1.2 Bemessung des erforderlichen Spannstahlquerschnittes

Bemessen wird für

$$\text{erf}\,\nu = 1{,}75 = \text{vorh}\,\nu \qquad \text{bzw. für} \qquad M_{Ui} = M_{zU} = 1{,}75 \cdot M_q - N_U \cdot y_{bz}$$

Mit $N_U = o$ ist $M_{zU} = 1{,}75 \cdot (4{,}5 + 16{,}5 + 7{,}0) = 49{,}0$ kNm (4,9 Mpm)

Das bezogene Moment ist nach Gl. (6.42)

$$m_{zU} = \frac{M_{zU}}{b \cdot h^2 \cdot \beta_R} = \frac{49 \cdot 10^2}{15 \cdot 20{,}5^2 \cdot 2{,}70} = 0{,}288$$

bzw. $100 \cdot m_{zU} = 28{,}8$. Nach Bild 6.23 erhält man dafür $k_z = 0{,}82$ und $\epsilon_{bzU} = \epsilon_{z,q\ U} = 0{,}44\ \%$ $= 4{,}4\ ‰$. Mit dem inneren Hebel $z = h \cdot k_z = 20{,}5 \cdot 0{,}82 = 16{,}81$ cm und der zur Gesamtdehnung $\epsilon_{zU} = 3{,}67 + 4{,}4 = 8{,}07\ ‰$ gehörenden Stahlspannung $\sigma_{zU} = \beta_S = 1450$ MN/m² (14,5 Mp/cm²) wird der erforderliche Stahlquerschnitt nach Gl. (6.40)

$$\text{erf}\,F_{zU} = \frac{1}{\sigma_{zU}} \cdot \left(\frac{M_{zU}}{z} + N_U\right) = \frac{1}{145}\left(\frac{49}{0{,}1681} + 0\right) = 2{,}01\ \text{cm}^2$$

Die erforderliche Sicherheit ist vorhanden, weil

$$\text{vorh}\,F_z = 2{,}4\ \text{cm}^2 > 2{,}01 = \text{erf}\,F_{zU}$$

6.7.2 Querschnitt mit beliebiger Form der Druckzone (Plattenbalken)

Für einen mit nachträglichem Verbund vorgespannten Plattenbalken (nach Bild 6.34) soll die Bruchsicherheit nachgewiesen werden.

Bild 6.34
Plattenbalkenquerschnitt für den Nachweis der Bruchsicherheit

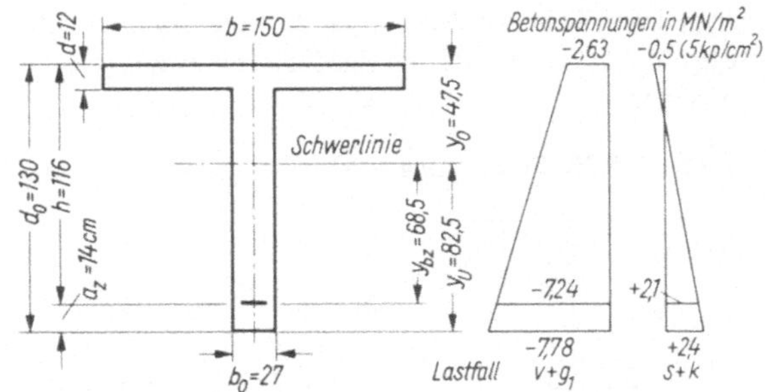

Beton Bn 350
$E_b = 3{,}4 \cdot 10^4$ MN/m²
($3{,}4 \cdot 10^5$ kp/cm²)
$n = 6{,}18$

Spannstahl St 145/160
$E_z = 2{,}1 \cdot 10^5$ MN/m² ($2{,}1 \cdot 10^6$ kp/cm²)
$Z_v = 2250$ kN (225 Mp) (einschl. Z_{g1})
$Z_{s+k} = -280$ kN (−28 Mp)
$F_z = 25{,}6$ cm²

Bruttoquerschnittswerte
$F_b = 4986$ cm²
$I_b = 8{,}58 \cdot 10^6$ cm⁴
$W_{bo} = 1{,}81 \cdot 10^5$ cm³
$W_{bu} = 1{,}04 \cdot 10^5$ cm³
$W_{bz} = 1{,}25 \cdot 10^5$ cm³

Gebrauchsmomente
$M_{g1} = 1200$ kNm (120 Mpm)
$M_p = 900$ kNm (90 Mpm)
$M_q = 2100$ kNm (210 Mpm)

6.7.2.1 Ermittlung der Sicherheit vorh ν

Auch hier wird für den Grenzdehnungszustand $\epsilon_{bU} = -3{,}5$ ‰ und $\epsilon_{z,q\,U} = 5$ ‰ festgestellt, ob schwache, mittlere oder starke Bewehrung vorliegt.

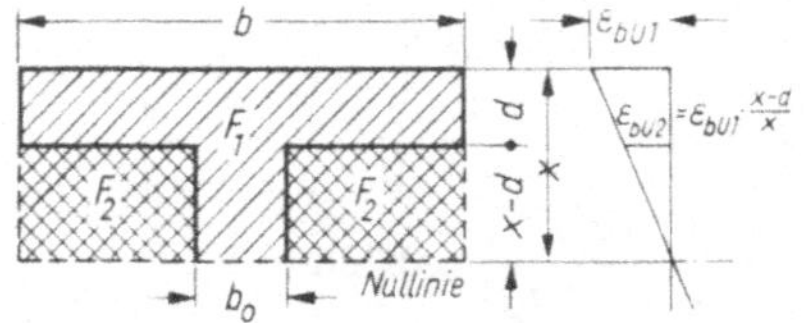

Bild 6.35
Betondruckkraft als Differenzkraft

Die Betondruckkraft D_{bU} wird hier zweckmäßig nach Bild 6.35 als Differenzkraft $D_{bU} = D_{bU,F1} - D_{bU,F2}$ mit Hilfe der α-Werte berechnet.

Mit $k_x = \dfrac{3{,}5}{3{,}5+5} = 0{,}412$ und $x = h \cdot k_x = 116 \cdot 0{,}412 = 47{,}79$ cm wird

$$\epsilon_{bU2} = -3{,}5 \cdot \frac{35{,}79}{47{,}79} = 2{,}621 \text{ ‰}$$

Aus Bild 6.19 entnimmt man für $\epsilon_{bU1} = -3{,}5$ ‰ den Wert $\alpha_1 = 0{,}81$ für $\epsilon_{bU2} = -2{,}621$ ‰ ist $\alpha_2 = 0{,}745$.

Die Druckkraft wird mit $\beta_R = 0{,}6 \cdot 35{,}0 = 21{,}0$ MN/m² (210 kp/cm²)

$$D_{bU} = D_{bUF1} - D_{bUF2} = 1{,}5 \cdot 0{,}4779 \cdot 21000 \cdot 0{,}81 - (1{,}5 - 0{,}27) \cdot$$
$$\cdot (0{,}4779 - 0{,}12) \cdot 21000 \cdot 0{,}745 = 12190 - 6890 = 5300 \text{ kN (530 Mp)}$$

Der Stahl erreicht mit $\epsilon_{z,q\,U} = 5$ ‰ die Streckgrenze, so daß mit $\beta_S = 1450$ MN/m² (14,5 Mp/cm²)

$$Z_U = 145 \cdot 25{,}6 = 3712 \text{ kN (371,2 Mp)}$$

Da $D_{bU} = 5300 > Z_U = 3712$ kN, liegt schwache Bewehrung vor.

In gleicher Weise werden nun für die konstante Lastdehnung $\epsilon_{z,q\,U} = 5$ ‰ und verschiedene $\epsilon_{bU1} < 3{,}5$ ‰, also für verschiedene Nullinienlagen, die Betondruckkräfte D_{bU} in Tafel 6.36 berechnet.

Tafel 6.36 Berechnung von $D_{bU} = D_{bU1} - D_{bU2}$ $\beta_R = 21{,}0$ MN/m² (2100 Mp/m²)

Nr.	ϵ_{bU1} ‰	$\epsilon_{z,q\,U}$ ‰	k_x	x m	F_1 m²	α_1	D_{bU1} kN	ϵ_{bU2} ‰	α_2	F_2 m²	D_{bU2} kN	D_{bU} kN
1	−3,5	5	0,412	0,478	0,717	0,810	12190	2,621	0,745	0,440	6890	5300
2	−3,0	5	0,375	0,435	0,653	0,780	10690	2,172	0,692	0,387	5620	5070
3	−2,5	5	0,333	0,386	0,579	0,733	8910	1,723	0,614	0,327	4220	4690
4	−2,0	5	0,286	0,332	0,498	0,667	6980	1,277	0,503	0,261	2760	4220
5	−1,5	5	0,231	0,268	0,402	0,563	4750	0,828	0,357	0,182	1360	3390

Mit den D_{bU}-Kräften wird zeichnerisch die Nullinienlage für $D_{bU} = Z_U$ bestimmt (Bild 6.37). Man erhält für x = 29 cm die Randstauchung

$$\epsilon_{bU1} = \frac{x}{h-x} \cdot 5\ ‰ = 1{,}67\ ‰$$

Am unteren Plattenrand wird $\epsilon_{bU2} = 1{,}67\ \frac{17}{29} = 0{,}979\ ‰$

Aus Bild 6.19 wird entnommen für

$$\epsilon_{bU1} = 1{,}67\ ‰ : \alpha_1 = 0{,}603 \qquad k_{a1} = 0{,}365$$
$$\epsilon_{bU2} = 0{,}979\ ‰ : \alpha_2 = 0{,}410 \qquad k_{a2} = 0{,}350$$

Daraus ergeben sich

$$D_{bU1} = 21000 \cdot 0{,}603 \cdot 1{,}5 \cdot 0{,}29 = 5510\ \text{kN}\ (551\ \text{Mp})$$
$$D_{bU2} = 21000 \cdot 0{,}41 \cdot 1{,}23 \cdot 0{,}17 = 1800\ \text{kN}\ (180\ \text{Mp})$$

Zur Kontrolle: $D_{bU} = 5510 - 1800 = 3710\ \text{kN}\ (371\ \text{Mp}) = Z_U$

Das innere Moment ist $M_{Ui} = D_{bU1} \cdot z_1 - D_{bU2} \cdot z_2$

Die Hebelarme werden mit den Beiwerten k_a

$$z_1 = h_1 - k_{a1} \cdot x_1 = 116 - 0{,}365 \cdot 29 = 105{,}4\ \text{cm}$$
$$z_2 = h_2 - k_{a2} \cdot x_2 = (116-12) - 0{,}350 \cdot (29-12) = 98{,}1\ \text{cm}$$

Damit erhält man $M_{Ui} = 5510 \cdot 1{,}054 - 1800 \cdot 0{,}981 = 4040\ \text{kNm}\ (404\ \text{Mpm})$

Die vorhandene Sicherheit beträgt

$$\text{vorh}\ \nu = \frac{M_{Ui}}{M_q} = \frac{4040}{2100} = 1{,}92 > 1{,}75$$

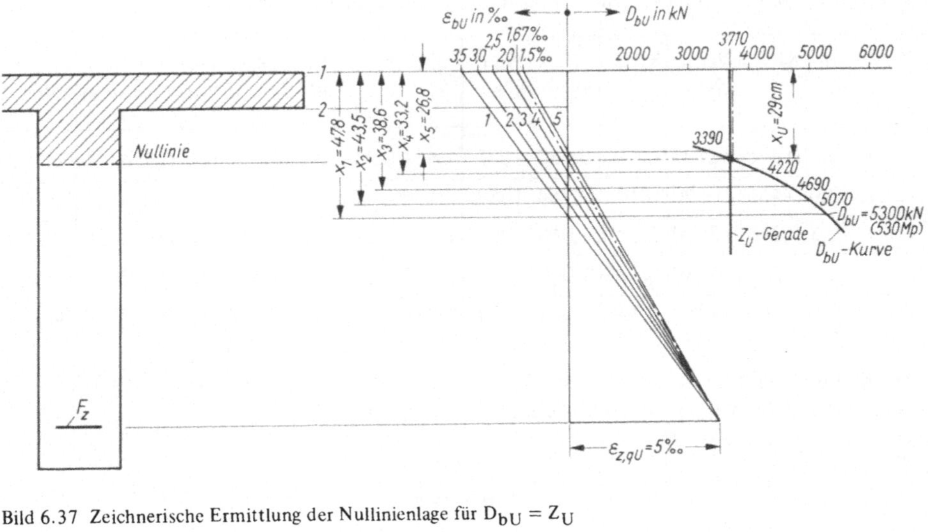

Bild 6.37 Zeichnerische Ermittlung der Nullinienlage für $D_{bU} = Z_U$

6.7.2.2 Bemessung des erforderlichen Spannstahlquerschnittes

Bemessen wird für das erforderliche Bruchmoment $M_{zU} = 1{,}75 \cdot M_q - N_U \cdot y_{bz} = 1{,}75 \cdot 2100 = 3675$ kNm (367,5 Mpm) ($N_U = 0$). Entsprechend Abschn. 6.6.3 und Bild 6.25 werden die Druckkräfte D_{bU} und die inneren Momente M_{Ui} für verschiedene Nullinienlagen in Bild 6.38 aufgetragen.

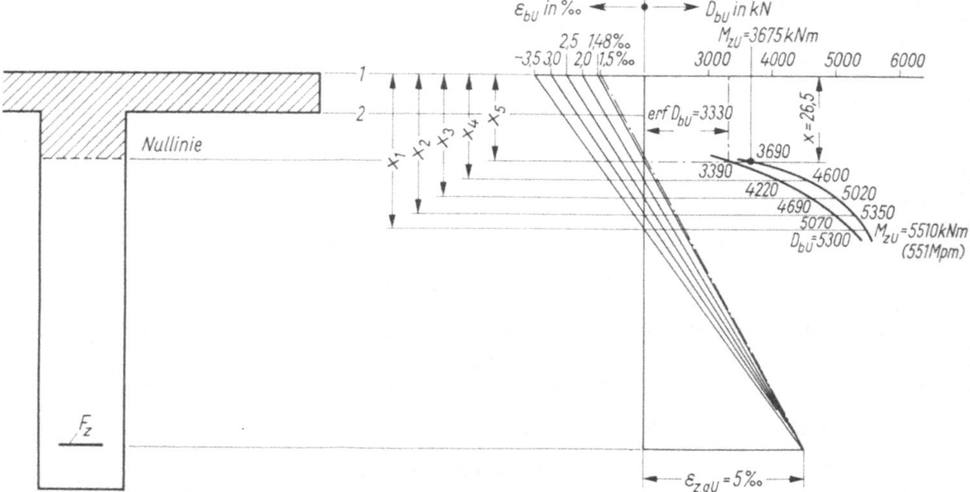

Bild 6.38 Zeichnerische Ermittlung von erf D_{bU} = 3330 kN (333 Mp) für M_{zU} = 3675 kNm (367,5 Mpm)

Randstauchungen und Nullinienlagen werden wie in Tafel 6.36 gewählt, so daß die Kräfte D_{bU} übernommen werden können. Die zugehörigen inneren Momente werden in Tafel 6.39 berechnet.

Tafel 6.39 Berechnung der inneren Momente $M_{Ui} = M_{Ui1} - M_{Ui2}$ für verschiedene Randstauchungen bzw. Nullinienlagen bei konstanter Lastdehnung $\epsilon_{z,q,U} = 5$ ‰

Nr.	ϵ_{bU1} ‰	x_1 m	D_{bU1} kN	k_{a1}	z_1 m	M_{Ui1} kNm	ϵ_{bU2} ‰	x_2 m	D_{bU2} kN	k_{a2}	z_2 m	M_{Ui2} kNm	M_{Ui} kNm
1	−3,5	0,478	12190	0,416	0,960	11700	2,621	0,358	6890	0,395	0,899	6190	5510
2	−3,0	0,435	10690	0,405	0,984	10520	2,172	0,315	5620	0,381	0,920	5170	5350
3	−2,5	0,386	8910	0,391	1,010	9000	1,723	0,266	4220	0,367	0,942	3980	5020
4	−2,0	0,332	6980	0,375	1,040	7260	1,277	0,212	2760	0,356	0,965	2660	4600
5	−1,5	0,268	4750	0,361	1,060	5040	0,828	0,148	1360	0,347	0,989	1350	3690

Aus Bild 6.38 wird für M_{zU} = 3675 kNm (367,5 Mpm) die Druckkraft erf D_{bU} = 3330 kN (333 Mp) und die Nullinienlage x = 26,5 cm abgelesen. Damit wird

$$\epsilon_{bU1} = \frac{x}{h - x} \cdot 5\,‰ = \frac{26{,}5}{116 - 26{,}5} \cdot 5\,‰ = 1{,}48\,‰$$

Der erforderliche Stahlquerschnitt beträgt mit $\beta_S = 145$ kN/cm² (14,5 Mp/cm²)

$$\text{erf } F_{zU} = \frac{3330}{145} = 22{,}96 \text{ cm}^2 < 25{,}6 = \text{vorh } F_z$$

Die Bruchsicherheit ist gewährleistet.

6.7.2.3 Näherung für schlanke Plattenbalken

Die Näherung kann für $\frac{b}{b_0} = \frac{150}{27} = 5{,}56 > 5$ angewandt werden (s. Abschn. 6.6.5).

Mit $z = h - d/2 = 116 - 6 = 110$ cm wird

$$\text{erf } Z_u = \frac{M_{zU}}{h - d/2} = \frac{1{,}75 \cdot 2100}{1{,}16 - 0{,}06} = 3341 \text{ kN } (334{,}1 \text{ Mp})$$

Unter der Voraussetzung, daß mit einer Lastdehnung von 4 ‰ (s. Taf. 6.28) und der üblichen Vordehnung die Streckgrenze erreicht bzw. überschritten wird, erhält man mit $\sigma_{zU} = \beta_S = 145$ kN/cm² (14,5 Mp/cm²) den erforderlichen Spannstahlquerschnitt zu

$$\text{erf } F_{zU} = \frac{\text{erf } Z_u}{\beta_S} = \frac{3341}{145} = 23{,}04 \text{ cm}^2$$

Da erf $F_{zU} = 23{,}04$ cm² $< 25{,}6 =$ vorh F_z, bietet der vorhandene Spannstahlquerschnitt die erforderliche Sicherheit.

Die Betondruckkraft wird für $\beta_R = 21000$ kN/m², $\epsilon_{bU} = -3{,}5$ ‰ und $\epsilon_{z,q\,U} = 4$ ‰ nach Bild 6.30 mit $d/h = 12/116 = 0{,}103$ und $\alpha = 1{,}0$

$$\max D_{bU} = \alpha \cdot \beta_R \cdot b \cdot d = 1{,}0 \cdot 21000 \cdot 1{,}5 \cdot 0{,}12 = 3780 \text{ kN } (378 \text{ Mp})$$

Da max $D_{bU} = 3780$ kN (378 Mp) $>$ erf $Z_U = 3341$ kN (334,1 Mp), ist auch seitens des Betons die Sicherheit gewährleistet.

Das Näherungsverfahren führt am schnellsten zum Ziel. Der etwas größere Stahlquerschnitt erf $F_{zU} = 23{,}04$ cm² gegenüber der Bemessung nach Bild 6.38 mit erf $F_{zU} = 22{,}96$ cm² ist auf den etwas kleineren inneren Hebelarm beim Näherungsverfahren zurückzuführen.

Die Vordehnung kann zur Kontrolle mit den Angaben auf Bild 6.34 nach Gl. (6.12) berechnet werden.

Man erhält $\epsilon^{(0)}_{z,v+s+k} = \frac{1}{E_z} (\sigma_{z,v+g1+s+k} - n \cdot \sigma_{bz,v+g1+s+k})$

$$= \frac{1}{2{,}1 \cdot 10^4} \left[\frac{2250 - 280}{25{,}6} - 6{,}18 \cdot (-0{,}724 + 0{,}21)\right]$$

$$= \frac{1}{2{,}1 \cdot 10^4} (76{,}95 + 3{,}18) = 3{,}82 \cdot 10^{-3} = 3{,}82 \text{ ‰}$$

Mit der angenommenen Lastdehnung von $\epsilon_{z,q\,U} = 4$ ‰ wird die Gesamtdehnung $\epsilon_{zU} = 3{,}82 + 4{,}0 = 7{,}82$ ‰ $> \epsilon_S \cong 7{,}1$ ‰. Der Stahl überschreitet voraussetzungsgemäß die Streckgrenze.

7 Nachweis der Rissebeschränkung

Zum Nachweis der Rissebeschränkung gehört zunächst die Einhaltung der in den „Richtlinien" festgesetzten Betonzugspannungen unter Gebrauchslast.

Ferner sind – wie im Stahlbetonbau – alle Betonzugkräfte durch Bewehrung aufzunehmen, da trotz Einhaltung der zulässigen Betonzugspannungen Risse infolge von Zusatzspannungen (z. B. aus Schwinden und Temperatur) entstehen können.

Die Rißbewehrung ist möglichst nahe am gezogenen Rand anzuordnen und über die Breite der Zugzone zu verteilen. Dadurch sollen zu große Rißbreiten vermieden und Gebrauchsfähigkeit und Dauerhaftigkeit gewährleistet werden.

7.1 Ermittlung der Bewehrung für die Aufnahme von Betonzugkräften

Für die Zugkraft wird am einfachsten nach Zustand I die Betonzugkeilkraft berechnet. Diese Zugkeildeckung ergibt etwas höhere Werte als die Berechnung der Zugkraft nach Zustand II. Wenn der Zugkeil in der vorgedrückten Zugzone liegt, so ergibt sich kaum ein Unterschied. Tritt der Zugkeil in der Druckzone auf und ergibt sich nach Zustand I eine wesentlich höhere Bewehrung als die Mindestbewehrung nach Abschn. 6.7 und 6.8 der „Richtlinien", so kann durch die Berechnung nach Zustand II die Zugkraft und damit die erforderliche schlaffe Bewehrung verringert werden.

Bei anteilmäßiger Durchsetzung der vorgedrückten Zugzone mit im Verbund liegenden Spanngliedern ist die Zugkraft nach Abschn. 10.2.1 der „Richtlinien" für Gebrauchslasten zu berechnen.
Die Zugkraft ist durch schlaffe Bewehrung aufzunehmen. Für die Bemessung gelten die zulässigen Spannungen nach den „Richtlinien" Tab. 6, Zeile 68 bzw. 69.

Spannungsreserven von im Zugkeil liegenden Spanngliedern können zur Deckung der Zugkraft herangezogen werden. Als Spannungsreserve ist die Differenz zwischen der zulässigen und der Gebrauchslastspannung im Spannstahl einzusetzen, die aber nicht mehr als 240 MN/m^2 (2400 kp/cm^2) betragen darf.

Bei nicht anteilmäßiger Durchsetzung der vorgedrückten Zugzone ist die Zugkraft für den Lastfall Vorspannung + Schwinden und Kriechen + 1,35-fache Summe aus ständiger Last, Verkehrslast, Temperatur und wahrscheinlicher Baugrundbewegung zu berechnen. Bei der Bemessung darf hier der Betonstahl jedoch mit den Spannungen nach den „Richtlinien" Tab. 6, Zeile 70 bzw. 71 – Streckgrenze, aber nicht über 420 MN/m² (4200 kp/cm²) – angesetzt werden. Ebenfalls kann bei Heranziehung der Spannglieder die Spannungsreserve bis 420 MN/m² (4200 kp/cm²) ausgenutzt werden.

7.2 Berechnungsbeispiel zur Rißbeschränkung

Für den in Bild 7.1 dargestellten Querschnitt eines Spannbettbalkens (einschl. Berechnungsdaten) wird zunächst festgestellt, ob eine anteilmäßige Durchsetzung der vorgedrückten Zugzone mit Spanndrähten gegeben ist.

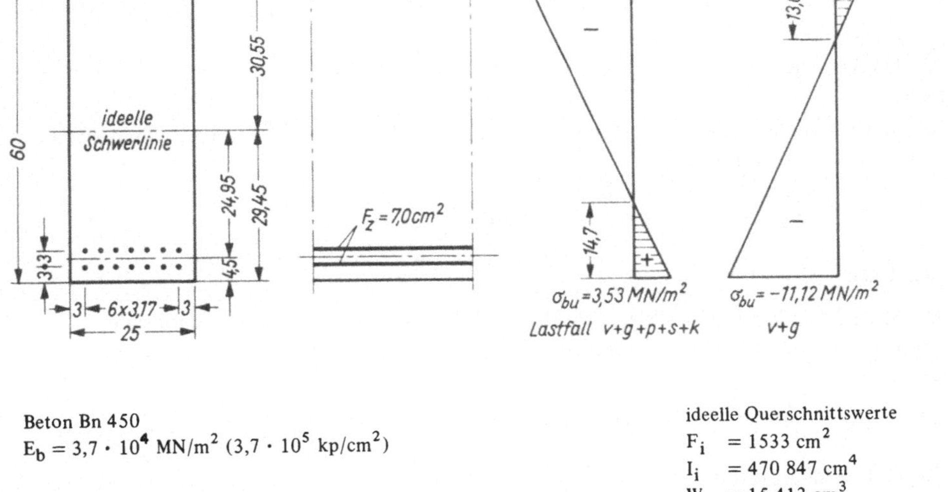

Beton Bn 450
$E_b = 3,7 \cdot 10^4$ MN/m² $(3,7 \cdot 10^5$ kp/cm²)

Spannstahl St 145/160 (Oval 50)
$E_z = 2,1 \cdot 10^5$ MN/m² $(2,1 \cdot 10^6$ kp/cm²) $n = 5,68$
$\sigma_{zv}^{(0)} = 920$ MN/m² (9,2 Mp/cm²)
$F_z = 14 \cdot 0,5 = 7,0$ cm²
$Z_v^{(0)} = 644$ kN (64,4 Mp)

ideelle Querschnittswerte
$F_i = 1533$ cm²
$I_i = 470\,847$ cm⁴
$W_{io} = 15\,413$ cm³
$W_{iu} = 15\,989$ cm³
$\alpha = 0,0785$

Gebrauchslastmoment
$M_{g+p} = 250$ kNm (25,0 Mpm)

Bild 7.1 Zugkeildeckung bei beschränkter Vorspannung (sofortiger Verbund)

Nach Abschn. 10.2.1 der „Richtlinien" darf der Spanndrahtabstand für den mittleren Drahtdurchmesser $d_z = 0,8$ cm höchstens $0,8 \cdot 20 = 16$ cm betragen. Die Spanndrähte haben nach Bild 7.1 nur 3,17 cm gegenseitigen Abstand. Der Abstand vom gezogenen Rand darf $\leq 16/2 = 8$ cm betragen. Hier haben die Spanndrähte nur 3 cm Randabstand. Die Zugzone ist also anteilmäßig durchsetzt. Damit ist die Zugkeilkraft in der vorgedrückten Zugzone für den Gebrauchslastfall v + g + p + s + k zu berechnen. Nach Bild 7.1 ergibt sich

$$Z_b = \frac{0{,}353}{2} \cdot 25 \cdot 14{,}7 = 64{,}86 \text{ kN } (6486 \text{ kp})$$

Die Spannungsreserve im Spannstahl ist mit

$$\text{zul } \sigma_z = 1600 \cdot 0{,}55 = 880 \text{ MN/m}^2 \ (8{,}8 \text{ Mp/cm}^2) \quad \text{und}$$

$$\sigma_{z,v+g+p+s+k} = \sigma_{zv}^{(0)} \cdot (1-\alpha) + n \cdot \sigma_{bz,g+p} + \sigma_{z,s+k} = 92{,}00 \cdot (1-0{,}0785) +$$

$$+ 5{,}68 \cdot \frac{250 \cdot 10^2}{4{,}70847 \cdot 10^5} \cdot 24{,}95 - 0{,}15 \cdot 92{,}00 \cdot (1-0{,}0785)$$

$$= 84{,}778 + 7{,}524 - 0{,}15 \cdot 84{,}778 = 79{,}585 \text{ kN/cm}^2$$

$$= 795{,}85 \text{ MN/m}^2 \ (7958{,}5 \text{ kp/cm}^2)$$

$$\text{res } \sigma_z = 880{,}0 - 795{,}85 = 84{,}15 \text{ MN/m}^2 \ (841{,}5 \text{ kp/cm}^2) < 240 \text{ MN/m}^2 \ (2400 \text{ kp/cm}^2)$$

Für den Spannungsabfall infolge S und K wurden dabei 15 % von $\sigma_{zv} = \sigma_{zv}^{(0)} \cdot (1-\alpha)$ angenommen.

Die Kraftreserve im Spannstahl beträgt damit res Z = 8,415 · 7,0 = 58,905 kN (5890,6 kp). Es ist eine schlaffe Bewehrung

$$F_e = \frac{64{,}86 - 58{,}905}{24{,}0} = 0{,}25 \text{ cm}^2$$

einzulegen.

Als Mindestbewehrung nach Abschn. 6.7 der „Richtlinien" ist für Betonstahl BSt 42/50 an der Unterseite erforderlich

$$F_e = 25 \cdot 60 \cdot \frac{0{,}1}{100} \cdot \frac{25}{120} = 0{,}31 \text{ cm}^2$$

Gewählt werden 2 ϕ 8 = 1,0 cm².

In der Druckzone beträgt die Betonzugkeilkraft nach Bild 7.1

$$Z_b = \frac{0{,}309}{2} \cdot 25 \cdot 13 = 50{,}21 \text{ kN } (5021 \text{ kp})$$

Diese Zugkraft ist voll durch Bewehrung aufzunehmen, wobei für BSt 42/50 gemäß Tab. 6, Zeile 68 der „Richtlinien" mit $\sigma_e = \frac{420{,}0}{1{,}75} = 240 \text{ MN/m}^2 = 24 \text{ kN/cm}^2$ (2400 kp/cm²) zu rechnen ist.

Die erforderliche Bewehrung am oberen Rand beträgt somit $F_e = \frac{50{,}21}{24{,}00} = 2{,}1 \text{ cm}^2$. Gewählt werden 2 ϕ 12 mit $F_e = 2{,}3 \text{ cm}^2$. Da für die Mindestbewehrung nur 0,31 cm² erforderlich sind, könnte mit der Berechnung der Zugkraft nach Zustand II Bewehrung eingespart werden.

8 Schubsicherung

8.1 Allgemeines

Die bisher geführten Nachweise im Gebrauchszustand unter Momenten- und Längskraftbelastung beschränkten sich auf die Einhaltung der zulässigen Biege- bzw. Längsspannungen. Dadurch sollen zu große Verformungen und damit verbundene Biegezugrisse vermieden werden.

In querkraftfreien Bereichen sind die Biegespannungen die größten Normal- bzw. Hauptspannungen. Mit wachsender Querkraft weichen die Hauptspannungen jedoch immer stärker von der Längs- oder Achsrichtung ab (Bild 8.1).

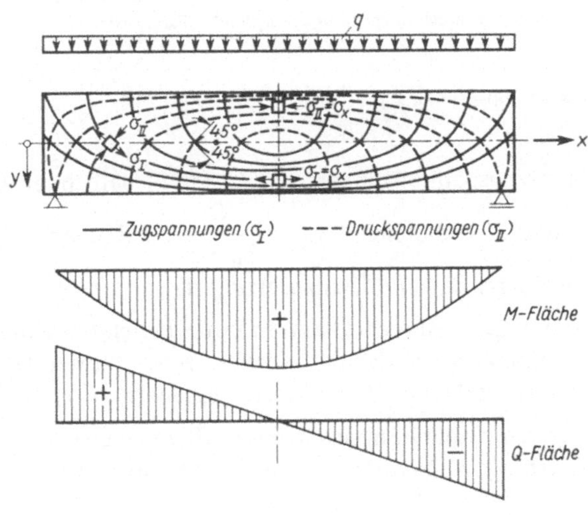

Bild 8.1
Hauptspannungsverlauf bei einem Balken unter Gleichlast (Zustand I)

Um Schrägrisse unter Gebrauchslast einzuschränken, muß in Bereichen größerer Querkräfte getrennt nachgewiesen werden, daß auch die schiefen Hauptzugspannungen innerhalb zulässiger Grenzen bleiben. Größe und Richtung der schiefen Hauptzugspannung σ_I werden mit Hilfe der Längsspannung σ_x und der Schubspannung τ_{xy} berechnet. Schubspannungen aus Torsionsmomenten sind ebenfalls zu berücksichtigen.

Unter rechnerischer Bruchlast wurde nur die Sicherheit gegen Biegebruch unter dem Einfluß von M_U und N_U ermittelt. Dieser Nachweis beschränkt sich ebenfalls auf die Biegedruck- bzw. Längsdruckkraft D_{bU} und die Biegezug- bzw. Längszugkraft Z_U.

Um einen Schubbruch zu vermeiden, ist im Bereich größerer Querkräfte unter rechnerischer Bruchlast nachzuweisen, daß die Hauptzugspannungen die zulässigen Höchstgrenzen nicht überschreiten und daß von einer weit darunterliegenden Nachweisgrenze ab die schiefen Zugkräfte durch Bewehrung abgedeckt sind.

Da der vorgespannte Balken unter rechnerischer Bruchlast sich bereichsweise im Zustand I und im Zustgand II befinden kann, ist der Spannungsnachweis für die Zonen a und b (Bild 8.2) getrennt zu führen.

In Zone a treten infolge geringer Biegezugspannungen im Zuggurt keine Biegerisse auf (von Haarrissen zwischen unterem Rand und Bewehrung abgesehen). Stegschubrisse aber sind möglich. In Zone b können sich Schubrisse aus Biegerissen entwikkeln.

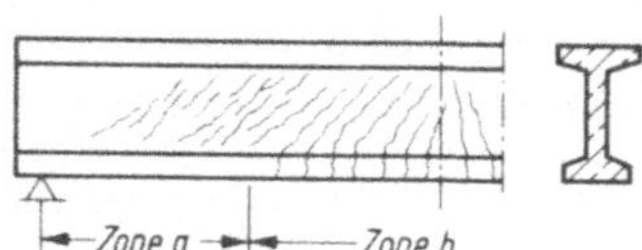

Höchstbiegezugspannung für Zone a

Beton	Bn 250	Bn 350	Bn 450	Bn 550
σ_{bz} (MN/m^2)	2,5	2,8	3,2	3,5

Umrechnung von σ_{bz} in kp/cm^2 : Tafelwerte · 10

Bild 8.2
Stegschubrisse in Zone a und Biegeschubrisse in Zone b

In Zone a werden die Hauptzugspannungen σ_I nach Zustand I berechnet, während in Zone b – wie auch im Stahlbeton üblich – $\tau_0 = \dfrac{Q}{b_0 \cdot z}$ als Rechenwert oder maßgebende Spannungsgröße im Zustand II anzusetzen ist.

Bei schmalen Stegen und breitem Druckgurt kann in Zone a auch die schiefe Hauptdruckspannung σ_{II} zum Versagen der Betondruckstreben führen. Die Hauptdruckspannung ist daher durch zulässige Höchstwerte begrenzt.

Wie schon bemerkt, ist der Hauptspannungsnachweis im Bereich großer Querkräfte zu führen, wobei die Entfernung vom Auflager i. allg. nicht vorgegeben werden kann. Deshalb sind häufig mehrere Schnitte zu untersuchen.

Die Laststellungen sind für die Schnittgrößenkombinationen

Größtwert Q mit zugehörigem M_T und M

oder Größtwert M_T mit zugehörigem Q und M

oder Größtwert M mit zugehörigem Q und M_T

zu wählen. Meistens liefert die Kombination mit dem Größtwert von Q die größte schiefe Hauptzugspannung.

8.2 Ermittlung der Hauptspannungen im Zustand I

Im allgemeinen Fall des zweiachsigen Spannungszustandes treten die Koordinatenspannungen σ_x als Längsspannung aus Biegung und Normalkraft, lotrecht dazu σ_y aus Auflagerpressungen und lotrechter Vorspannung und τ_{xy} aus Querkraft und Torsion auf.

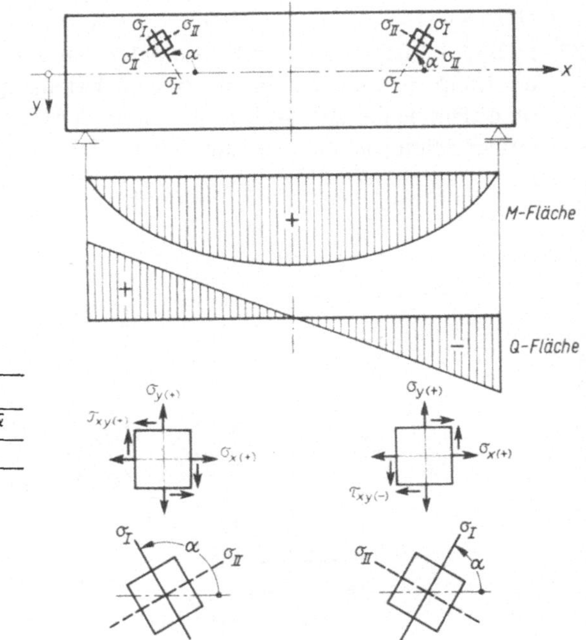

	$\tan 2\bar{\alpha}$ (+)	$\tan 2\bar{\alpha}$ (−)
τ (+)	$\alpha = 180° - \bar{\alpha}$	$\alpha = 90° + \bar{\alpha}$
τ (−)	$\alpha = 90° - \bar{\alpha}$	$\alpha = \bar{\alpha}$

$2\bar{\alpha} = 0°$ bis $90°$ bzw. $\bar{\alpha} = 0°$ bis $45°$

Bild 8.3
Ermittlung des Neigungswinkels α

Mit den Koordinatenspannungen erhält man die Hauptspannungen σ_I bzw. σ_{II} aus der bekannten Hauptspannungsformel

$$\sigma_{I,II} = \frac{\sigma_x + \sigma_y}{2} \pm \sqrt{\left(\frac{\sigma_x - \sigma_y}{2}\right)^2 + \tau_{xy}^2} \tag{8.1}$$

Die Hauptzugspannung σ_I ist dabei um den Winkel α gegen die Längsspannung σ_x geneigt. Den Winkel bestimmt man mit dem Hilfswert

$$\tan 2 \cdot \bar{\alpha} = \frac{2 \cdot \tau_{xy}}{\sigma_x - \sigma_y} \tag{8.2}$$

Im Regelfall ist $\sigma_y = 0$ und damit

$$\sigma_{I,II} = \frac{\sigma_x}{2} \pm \sqrt{\left(\frac{\sigma_x}{2}\right)^2 + \tau^2} \tag{8.3}$$

und
$$\tan 2\bar{\alpha} = \frac{2 \cdot \tau}{\sigma_x} \tag{8.4}$$

In allen Gleichungen sind Zugspannungen positiv und Druckspannungen negativ einzusetzen.

In Bild 8.4 ist der aus den Koordinatenspannungen σ_x und τ sich ergebende Verlauf der Hauptspannungen einschließlich der Hauptspannungsrichtungen über die Querschnittshöhe dargestellt. Das Maximum der Hauptzugspannung σ_I liegt im Bereich großer Schubspannungen τ und kleiner Druckspannungen σ_x.

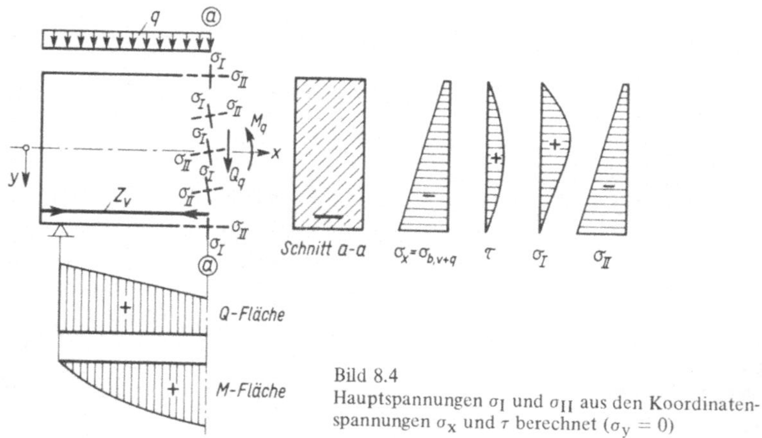

Bild 8.4
Hauptspannungen σ_I und σ_{II} aus den Koordinatenspannungen σ_x und τ berechnet ($\sigma_y = 0$)

Die Berechnung der Längs- bzw. Biegespannung $\sigma_x = \sigma_{b,v+q}$ oder $\sigma_{b,v+q+s+k}$ für die maßgebende Laststellung erfolgt nach den Abschn. 2 und 3.

Die Schubspannung infolge der auf den Betonquerschnitt wirkenden Querkraft Q_b erhält man für Balken mit gleichbleibendem Querschnitt aus der bekannten Formel

$$\tau_1 = \frac{Q_b \cdot S_1}{I_b \cdot b_1} \tag{8.5}$$

für eine senkrecht zum Querschnitt verlaufende Schnittfaser 1 – 1 von der Breite b_1. Vereinfachend werden in Gl. (8.5) das statische Moment $S_1 = F_1 \cdot y_{b1}$ (Bild 8.5) um die Schwerachse des Betons und das Trägheitsmoment I auf den Betonquerschnitt anstatt auf den ideellen Querschnitt bezogen.

Die auf den Betonquerschnitt wirkende Querkraft ist bei konstantem Querschnitt und geneigten Spanngliedern (Bild 8.5)

$$Q_b = Q_q - Z_{v+q+s+k} \cdot \sin\varphi = Q_q - F_z \cdot \sigma_{z,v+q+s+k} \cdot \sin\varphi \qquad (8.6)$$

Da die Lastspannung $\sigma_{zq} \ll \sigma_{z,v+s+k}$ ist, weicht $Z_{v+q+s+k}$ nur wenig von der auf den Beton wirkenden Spannkraft Z_{v+s+k} ab. Unter rechnerischer Bruchlast wird man wegen $1{,}75 \cdot \sigma_{z,q} \ll \sigma_{z,v+s+k}$ auf die erhöhte Lastspannung verzichten und mit

$$Q_{bU} = 1{,}75 \cdot Q_q - Z_{v+q+s+k} \cdot \sin\varphi \qquad (8.7)$$

rechnen.

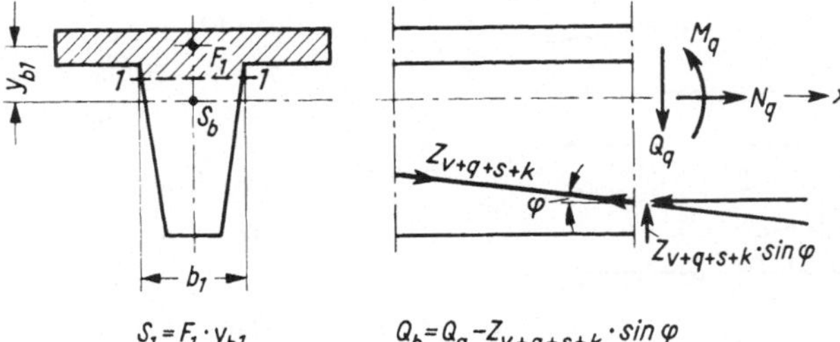

Bild 8.5
Zur Berechnung des statischen Momentes S_1 und der Querkraft Q_b

Bei veränderlicher Balkenhöhe haben die geneigten Betondruck- und -zugspannungen aus M und N eine in Richtung der Querkraft wirkende Komponente. Diese zusätzliche Beeinflussung der Schubspannung durch Biegemoment und Längskraft kann näherungsweise durch Abminderung der Querkraft Q_b um ΔQ_b berücksichtigt werden. Dabei wird ΔQ_b am einfachsten aus den geneigten Spannungsresultierenden D_b und Z_b als in Richtung von Q_b wirkende Komponente ermittelt. Dazu berechnet man Größe und Angriffspunkt von D_b und Z_b im untersuchten Querschnitt (Bild 8.6, Schnitt 1–1) für die Schnittgrößen $N_{b,v+q}$ und $M_{b,v+q}$ sowie die Angriffspunkte von D_b und Z_b im benachbarten Querschnitt für die gleichen Schnittgrößen. Die Neigungen von D_b und Z_b sind dann durch die Verbindungslinien der Angriffspunkte ausreichend genau gegeben.

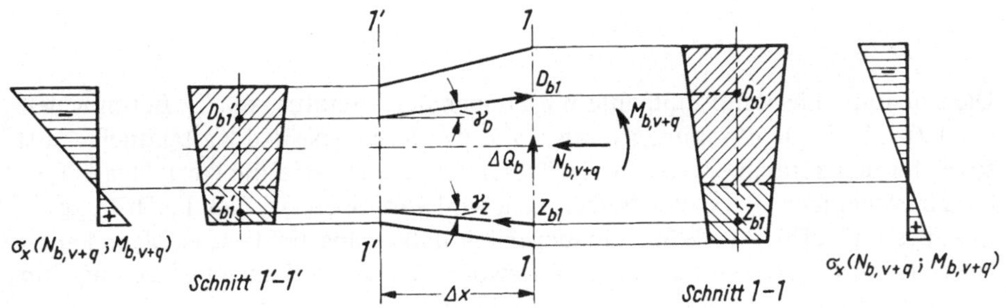

Bild 8.6
Ermittlung von $\Delta Q_b = D_{b1} \cdot \tan\gamma_D + Z_{b1} \cdot \tan\gamma_Z$

Man erhält nach Bild 8.6

$$\Delta Q_b = D_b \cdot \tan \gamma_D + Z_b \cdot \tan \gamma_Z \qquad (8.8)$$

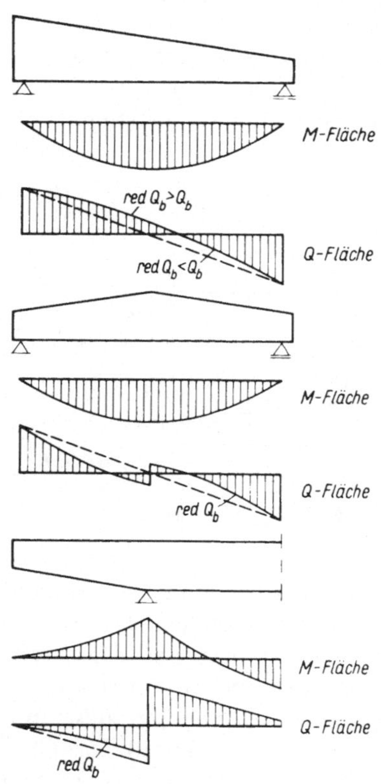

Bild 8.7
Vergrößerung und Verkleinerung von Q_b durch ΔQ_b

Bei Querschnitten mit breiten Gurtplatten werden D_b und Z_b etwa in Plattenmitte angreifen, so daß hier die Winkel γ_D und γ_Z der Neigung der Plattenmittelfläche entsprechen.

Für geneigtes Spannglied und veränderliche Trägerhöhe kann nun die Schubspannung nach Gl. (8.5) mit Hilfe der reduzierten Querkraft

$$\begin{aligned} \text{red } Q_b &= Q_b - \Delta Q_b = \\ &= Q_q - Z_{v+q+s+k} \cdot \sin \varphi - \\ &\quad - D_b \cdot \tan \gamma_D - Z_b \cdot \tan \gamma_Z \end{aligned} \qquad (8.9)$$

berechnet werden.

Oft wird man – sofern ΔQ_b die Querkraft Q_b verkleinert – auf den Anteil ΔQ_b verzichten. Bewirkt ΔQ_b eine Vergrößerung von Q_b, ist es zu berücksichtigen. Der Anteil ΔQ_b wirkt vermindernd, wenn der Betrag von M u n d die Trägerhöhe sich in Längsrichtung gleichsinnig ändern. Bei gegenläufiger Tendenz wirkt ΔQ_b vergrößernd (Bild 8.7).

Die Torsions-Schubspannungen werden im Zustand I mit den aus der Festigkeitslehre bekannten Gleichungen ermittelt zu

$$\tau_T = \frac{M_T}{W_T} \qquad (8.10)$$

Die Torsionswiderstandsmomente W_T können der Literatur (s. z. B. Beton-Kalender 1974, S. 586) entnommen werden. Für den Rechteck- und Kastenquerschnitt sowie für den zusammengesetzten, offenen Querschnitt sind die Werte der Tafel 8.8 zu entnehmen. Bei dieser Berechnung wird vorausgesetzt, daß die Drillung „zwangsfrei", also ohne Wölbbehinderung in Balkenlängsrichtung erfolgen kann. Dies gilt nur bei konstanter Querschnittswölbung über die Länge und bei ungehinderter Wölbung der Endquerschnitte. Andernfalls entstehen Normalspannungen, die bei den gedrungenen Stahlbeton- oder Spannbetonquerschnitten i. allg. vernachlässigt werden.

Tafel 8.8 Widerstandsmomente W_T und Trägheitsmomente I_T gegen Verdrehen (nach Heft 220 DAfST)

Querschnittsform	I_T	W_T	
Rechteck ($d > b$)	$\alpha\, b^3\, d$	$\beta\, b^2\, d$	
Kastenquerschnitt $t_1, t_2 \ll b$; $t_3, t_4 \ll d$	$\dfrac{4\,bd}{\frac{1}{b}\left(\frac{1}{t_1}+\frac{1}{t_2}\right)+\frac{1}{d}\left(\frac{1}{t_3}+\frac{1}{t_4}\right)}$	$2\, b\, d\, \min t$	
zusammengesetzter offener Querschnitt	$\approx \frac{1}{3}\sum b_i^3 d_i$	*)	*) Die Aufteilung des Torsionsmomentes für die Bemessung auf die einzelnen Querschnittsteile kann unter der Voraussetzung vorgenommen werden, daß sich alle Teile gleich verdrehen. Es gilt dann für das anteilige Torsionsmoment $M_{Ti} = M_T \dfrac{I_{Ti}}{\Sigma I_{Ti}}$ wobei I_{Ti} das Torsionsträgheitsmoment des Querschnitteils i ist.

Beiwerte für Rechteck:

d/b	1,00	1,25	1,50	2,00	3,00	4,00	6,00	10,00	∞
α	0,140	0,171	0,196	0,229	0,263	0,281	0,299	0,313	0,333
β	0,208	0,221	0,231	0,246	0,267	0,282	0,299	0,313	0,333

8.3 Ermittlung der Hauptspannungen im Zustand II

Überschreiten die Biegezugspannungen die in Bild 8.2 angegebenen Grenzwerte, so gilt in Zone b als Hauptzugspannung der Rechenwert der Schubspannung nach der bekannten Formel

$$\tau_0 = \frac{Q_b}{b_0 \cdot z} \tag{8.11}$$

Unter rechnerischer Bruchlast ist für Q_b der Wert Q_{bU} nach Gl. (8.7) einzusetzen. Bei geneigten Gurten kann wegen der gerissenen Zugzone die Querkraft um den Wert

$$\Delta Q_{bU} = D_{bU} \cdot \tan \gamma_D \tag{8.12}$$

reduziert werden, womit insgesamt für Q_b gesetzt wird

$$\text{red } Q_{bU} = 1{,}75 \cdot Q_q - D_{bU} \cdot \tan \gamma_D - Z_{v+q+s+k} \cdot \sin \varphi \tag{8.13}$$

Der innere Hebel z ist für das der Querkraft $Q_U = 1{,}75 \cdot Q_q$ zugeordnete Biegemoment aus dem Bruchsicherheitsnachweis entsprechend Abschn. 6 zu bestimmen. Für Einfeldträger mit konstanter Nutzhöhe h kann der innere Hebel von der Stelle des maximalen Momentes übernommen werden.

Torsionsschubspannungen τ_T werden auch in Zone b nach Zustand I gemäß Abschn. 8.2 berechnet. Jedoch ist zu beachten, daß unter rechnerischer Bruchlast mit dem 1,75-fachen Torsionsmoment des Gebrauchslastfalles zu rechnen ist.

Beispiele für den Verlauf der Hauptzugspannungen σ_I über die Querschnittshöhe nach Zustand I und II in Abhängigkeit von Querschnittsform, Längs- und Schub-

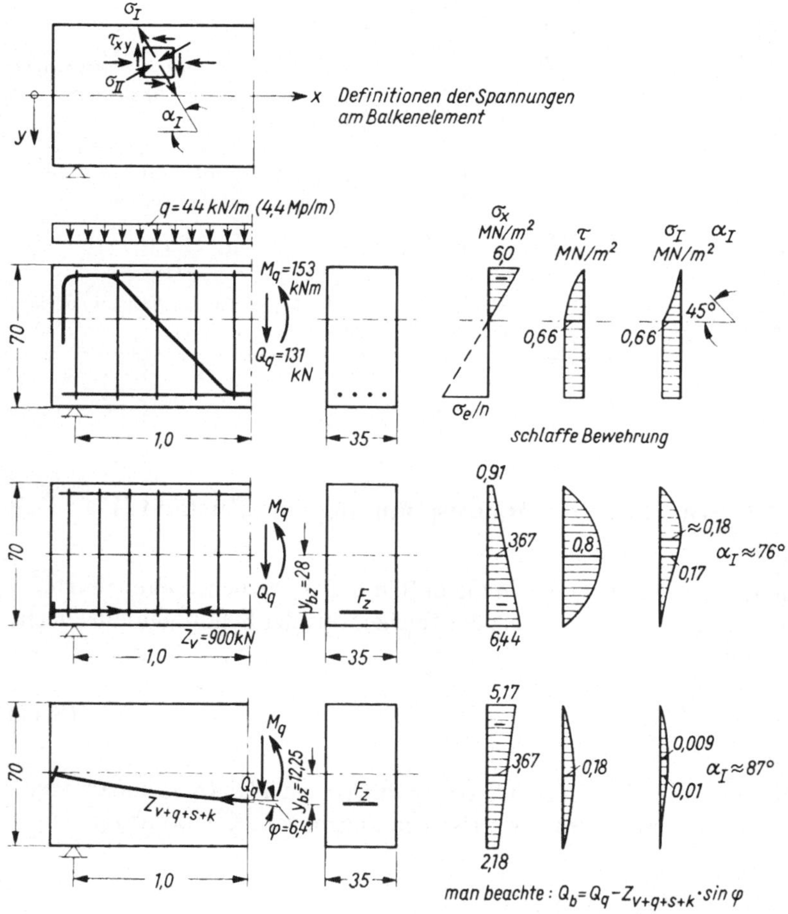

Bild 8.9 Verlauf der schiefen Hauptzugspannungen σ_I über die Querschnittshöhe bei schlaff bewehrten und vorgespannten Balken.

spannungsverlauf sind in Bild 8.9 dargestellt. Damit sind Anhaltspunkte für die Lage von max σ_I gegeben.

Fortsetzung Bild 8.9

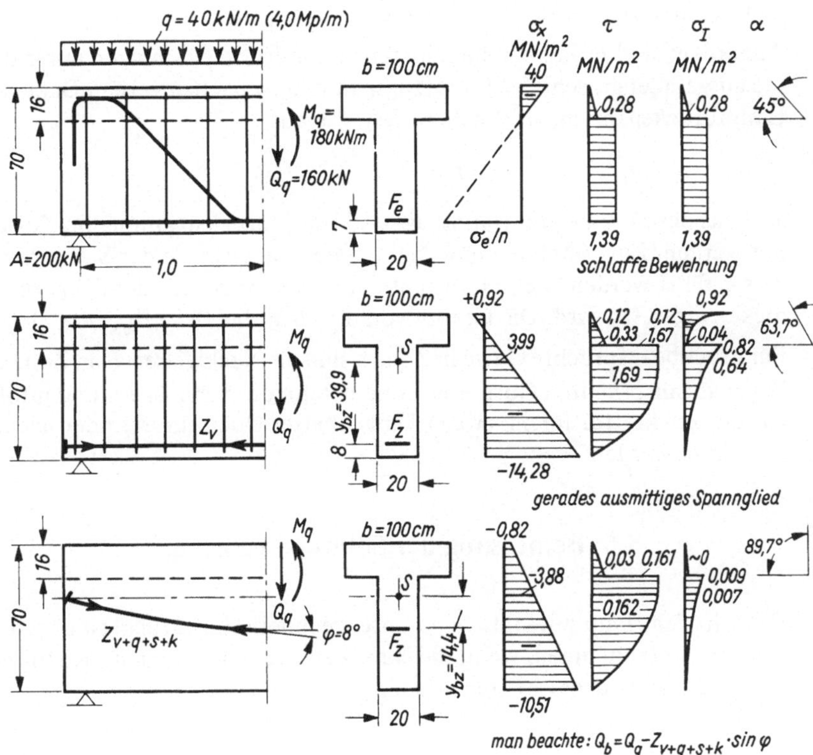

8.4 Erforderliche Spannungsnachweise unter Gebrauchslast

Unter Gebrauchslast wird nur der Nachweis der Hauptzugspannungen σ_I verlangt, und zwar für Träger ohne Zuggurte nur im Bereich von Biegedruckspannungen, womit Schrägrisse eingeschränkt werden sollen. Sind Zuggurte vorhanden, wie z. B. bei Kasten- und Plattenbalkenquerschnitten, so müssen auch im Bereich von Biegezugspannungen die Hauptzugspannungen in der Mittelfläche von Gurten und Stegen innerhalb der zulässigen Grenzen liegen. Biegespannungen aus Quertragwirkung müssen nur unter ständiger Last und Vorspannung berücksichtigt werden. Bei Überschreitung der zulässigen Grenzen sind die Querschnittsabmessungen zu verändern oder Vorspannkraft und Spanngliedneigung zu erhöhen.

8.5 Erforderliche Nachweise unter rechnerischer Bruchlast

Die Begrenzung der schiefen Hauptzugspannung ist für die Zonen a und b gleich. Die Spannungsberechnung erfolgt in Zone a nach Zustand I – wobei Längszugspannungen vernachlässigt werden können – und in Zone b nach Zustand II mit dem Rechenwert τ_0 der Schubspannungen.

Außerdem sind in Zone a die schiefen Hauptdruckspannungen unter der Annahme ausgefallener, schiefer Hauptzugspannungen nachzuweisen. Dabei darf die Hauptdruckspannung $\sigma_{II}^{(II)}$ näherungsweise aus

$$\sigma_{II}^{(II)} = |\sigma_I^{(I)}| + |\sigma_{II}^{(I)}| \tag{8.14}$$

also aus der Summe von Hauptzug- und Hauptdruckspannung im Zustand I berechnet werden. Zur Vereinfachung kann dieser Nachweis in der Schwerlinie des Trägers geführt werden, wenn konstante Stegdicke vorliegt oder die geringste Stegdicke eingesetzt wird. Die Grenze von $\sigma_{II}^{(II)}$ liegt bei $0{,}5 \cdot \beta_{wN}$.

Für druckbeanspruchte Gurte in Zone b sind die Nachweise wie in Zone a zu führen. Bei zugbeanspruchten Gurten in Zone b kann die Schubspannung infolge Querkraft aus der Zugkraftdifferenz zweier benachbarter Querschnitte oder nach Zustand I berechnet werden.

8.6 Bemessung der Schubbewehrung

Die schiefen Hauptzugkräfte sind unter rechnerischer Bruchlast durch Schubbewehrung aufzunehmen, wenn die Nachweisgrenzen nach den „Richtlinien" Tab. 6, Zeile 50 bis 55, überschritten werden.

8.6.1 Bewehrung zur Aufnahme der Querkräfte

Die schiefen Hauptzugkräfte Z_{IU} werden in Zone a aus dem Größtwert der Hauptzugspannung σ_{IU} nach der Fachwerksanalogie als Zugstrebenkräfte berechnet. Dabei wird angenommen, daß die Druckstreben senkrecht zur Richtung von σ_{IU} verlaufen, so daß nach Bild 8.10 auf die Balkenlänge Δx bei voller Schubdeckung (Schubbereich 3) die Hauptzugkraft

$$Z_{IU} = \sigma_{IU} \cdot b \cdot \Delta x \cdot \sin \alpha \tag{8.15}$$

oder auf die Länge $\Delta x = 1$

$$Z_{IU} = \sigma_{IU} \cdot b \cdot \sin \alpha \tag{8.16}$$

entfällt.

Volle Schubdeckung ist erforderlich, wenn die Hauptzugspannung σ_{IU} den nach den „Richtlinien" Tab. 6, Zeile 56, festgesetzten Grenzwert überschreitet.

Bleibt σ_{IU} darunter, so darf die verminderte Schubdeckung (Schubbereich 2) mit einer abgeminderten Hauptzugspannung

$$\text{red}\ \sigma_{IU} = \sigma_{IU} \cdot \frac{\sigma_{IU}}{\text{zul}\ \sigma_{IU}} \geq 0{,}4 \cdot \text{vorh}\ \tau_U \tag{8.17}$$

und der sich daraus ergebenden schiefen Hauptzugkraft nach Gl. (8.15) oder (8.16) durchgeführt werden.

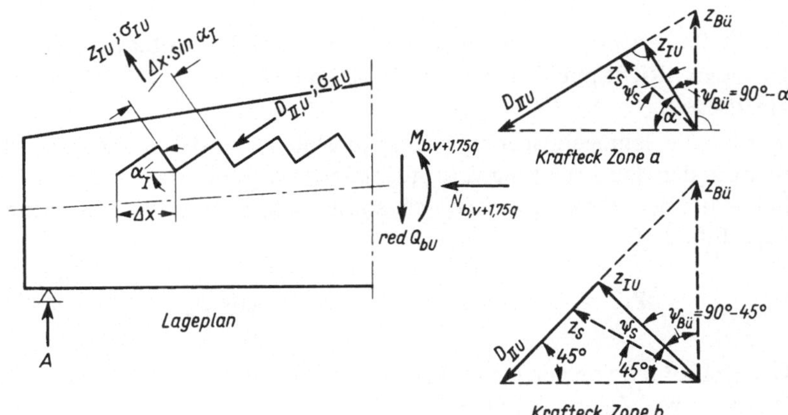

Bild 8.10
Schiefe Hauptzugkraft Z_{IU} und Aufnahme von Z_{IU} durch Bügel und Schrägeinlagen

In Gl. (8.17) ist zul σ_{IU} die obere Grenze des Schubbereichs 2 („Richtlinien", Tab. 6, Zeile 56). Diese vereinfachte Form der verminderten Schubdeckung soll der günstigen Wirkung der geneigten Druckresultierenden entsprechend der erweiterten Fachwerkanalogie Rechnung tragen.

Für Zone b gelten die gleichen Ansätze, nur ist für die Hauptzugspannung σ_{IU} der Rechenwert $\tau_0 = \dfrac{\text{red}\ Q_{bU}}{b_0 \cdot z}$ der Schubspannung als maßgebende Spannungsgröße einzusetzen. Wegen der gerissenen Zugzone (Zustand II) sind Hauptzugkraft Z_{IU} und Hauptdruckkraft D_{IIU} unter 45° gegen die Trägerachse geneigt (vgl. Bild 8.10), so daß nach Gl. (8.16) die Hauptzugkraft hier

$$Z_{IU} = \frac{\tau_0 \cdot b}{\sqrt{2}} \tag{8.18}$$

beträgt.

Im Schubbereich 2 kann für τ_0 die reduzierte Schubspannung

$$\text{red}\ \tau_0 = \tau_0 \cdot \frac{\tau_0}{\text{zul}\ \tau_0} \geq 0{,}4 \cdot \tau_0 \tag{8.19}$$

eingesetzt werden.

Der obere Grenzwert zul τ_0 des Schubbereichs 2 ist – wie in Zone a – den „Richtlinien“ Tab. 6, Zeile 56, zu entnehmen.

Wird die schlaffe Schubbewehrung mit dem Einzelquerschnitt F_{eI} und dem Abstand a_I in Richtung der schiefen Hauptzugkraft Z_{IU} verlegt, so ergibt sich der erforderliche Schrägstab- bzw. Schrägbügelquerschnitt zu

$$F_{eI} = \frac{a_I \cdot Z_{IU}}{\sigma_{eU}} \tag{8.20}$$

Da die Bemessung für rechnerische Bruchlast erfolgt, ist für σ_{eU} die Streckgrenze nach den „Richtlinien“ Tab. 6, Zeile 70 und 71, aber ≤ 420 MN/m^2 (4200 kp/cm^2) einzusetzen.

Werden die Schrägeinlagen mit dem Einzelquerschnitt F_{eS} und dem Abstand a_S nicht in der Hauptrichtung verlegt, sondern weichen – wie in der Praxis meist üblich – um den Winkel ψ_S davon ab, so ist deren Kraftanteil in Richtung von Z_{IU} nach Bild 8.10

$$Z_{IS} = Z_S \cdot \cos \psi_S = \frac{F_{eS}}{a_S} \cdot \sigma_{eU} \cdot \cos \psi_S \tag{8.21}$$

Der Kraftanteil von vertikalen Bügeln mit $F_{eBü}$ und dem Abstand $a_{Bü}$ beträgt in Richtung von Z_{IU} nach Bild 8.10

$$Z_{IBü} = Z_{Bü} \cdot \cos \psi_{Bü} = Z_{Bü} \cdot \cos(90 - \alpha) = \frac{F_{eBü}}{a_{Bü}} \cdot \sigma_{eU} \cdot \sin \alpha$$

Mit $$Z_{IS} + Z_{IBü} = Z_{IU} \tag{8.23}$$

kann die Schubdeckung leicht für Bügel und Schrägeisen erfolgen.

Für den häufigsten Fall nur vertikaler Bügel ist deren Querschnitt aus

$$F_{eBü} = \frac{Z_{Bü}}{\sigma_{eU}} \cdot a_{Bü} = \frac{Z_{IU}}{\sigma_{eU} \cdot \cos \psi_{Bü}} \cdot a_{Bü}$$

$$= \frac{\sigma_{IU} \cdot b \cdot \sin \alpha}{\sigma_{eU} \cdot \sin \alpha} \cdot a_{Bü} = \frac{\sigma_{IU} \cdot b}{\sigma_{eU}} \cdot a_{Bü} \tag{8.24}$$

zu bestimmen. Nach den „Richtlinien“ darf die Neigung der Bewehrung (Zugstreben) i. allg. zwischen 45° und 90° gewählt werden. Schrägstäbe, die flacher als 35° gegen die Trägerachse geneigt sind, dürfen nicht zur Schubdeckung für die Querkraft herangezogen werden.

Bei voller Schubdeckung muß für die Schubbewehrung Rippenstahl oder vorgespannte Bewehrung mit Endverankerung vorgesehen werden. Die Abstände von Schrägbügeln oder aufgebogenen Schrägeisen dürfen dann in Achsrichtung nicht größer als die Nutzhöhe h sein.

Vorhandene, geneigte Spannglieder können zur Schubdeckung herangezogen werden, wenn ihre Neigung gegen die Trägerachse mehr als 35° beträgt. Die in Richtung von Z_{IU} wirkenden Kraftanteile können nach Gl. (8.21) berücksichtigt werden, wobei für σ_{eU} in Zone a

$$\Delta\sigma_{zU} = \beta_S - \text{vorh } \sigma_z \leq 420 \text{ MN/m}^2 \text{ (4200 kp/cm}^2\text{)}$$

und in Zone b $\quad \sigma_{zU} = \text{zul } \sigma_z + 420 \text{ MN/m}^2 \text{ (4200 kp/cm}^2\text{)} \leq \beta_S$

eingesetzt werden darf.

Bei indirekter Lagerung (z. B. Längsträger auf Querträger) ist im Kreuzungsbereich für die Krafteinleitung eine Aufhängebewehrung (lotrechte Bügel oder Schrägbügel) über die volle Querschnittshöhe anzuordnen, deren größter Teil im Durchdringungsbereich einzulegen ist.

Diese Bewehrung ist für die größte Querkraft unter rechnerischer Bruchlast mit $\sigma_{eU} = \beta_S$ zu bemessen.

8.6.2 Bewehrung zur Aufnahme von Torsionsmomenten

Für die Bemessung der Torsionsbewehrung nimmt man vereinfachend an, daß die Torsionsmomente nur von der äußeren, bewehrten Betonschale aufgenommen werden. Diese Annahme führt zu dem Gedankenmodell eines räumlichen Fachwerkkastens, in dem die Druck- und Zugstreben i. allg. unter 45° zur Achse verlaufen. Die Schubbewehrung ist für die Zugstreben zu bemessen. Statt einer Schrägbewehrung werden Bügel und Längsstäbe angeordnet, deren Einzelquerschnitt sich aus

$$F_e = \frac{M_{TU} \cdot a}{2 \cdot F_K \cdot \sigma_{eU}} \tag{8.25}$$

ergibt.

Hierin bedeuten:

M_{TU} = Torsionsmoment unter rechnerischer Bruchlast
a = Abstand der Bügel und Längsbewehrung
F_K = Kernquerschnitt (von der Mitte der Torsionslängsbewehrung umschlossene Betonfläche)
σ_{eU} = Streckgrenze des Betonstahls nach den „Richtlinien" Tab. 6, Zeile 70 und 71

Die nach Gl. (8.25) berechnete Torsionsbewehrung darf nicht abgemindert werden. Die Ableitung der Gl. (8.25) ist vom Stahlbeton her bekannt. In Bild 8.11 sind die Bezeichnungen erläutert.

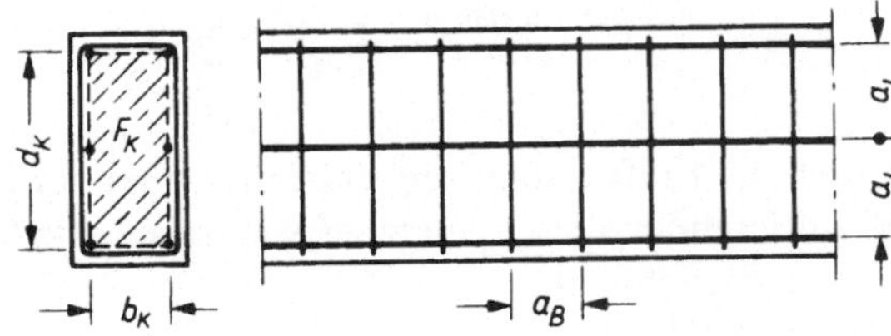

Bild 8.11
Bezeichnungen zur Bemessung der Torsionsbewehrung

9 Einleitung der Spannkräfte

Spannverfahren müssen nach den „Richtlinien" zugelassen sein. Dazu gehört auch die Verankerung der Spannglieder im Beton, deren einwandfreie Funktion durch Versuche und Berechnungen nachzuweisen ist. Auf die verschiedenen, in Deutschland zugelassenen Spannverfahren (s. z. B. Zusammenstellung Beton-Kalender 1970, II, S. 62) wird hier nicht eingegangen. Genaue Angaben über die einzelnen Verfahren kann man den Zulassungen entnehmen. Im Folgenden sollen nur die Fragen der Eintragung der Spannkraft in den Beton behandelt werden.

9.1 Krafteinleitung durch Ankerkörper

Um die Ankerplatten klein zu halten, werden die hohen zulässigen Pressungen für Teilflächenbelastung ausgenutzt. Die konzentriert eingetragene Spannkraft breitet sich innerhalb der Eintragungs- bzw. Störungslänge aus und wirkt dann nach dem Prinzip von de Saint-Venant als Resultierende einer über den Querschnitt linear verteilten Spannung (Bild 9.1). Die Störungslänge s – unabhängig von Lastart und Lastgröße – ist etwa gleich der Verteilungsbreite, also i. allg. gleich der Trägerhöhe. Innerhalb der Störungslänge wird der Kraftfluß durch die Hauptspannungstrajektorien dargestellt, deren Verlauf mit Hilfe der Spannungsoptik oder der Scheibentheorie bestimmt werden kann.

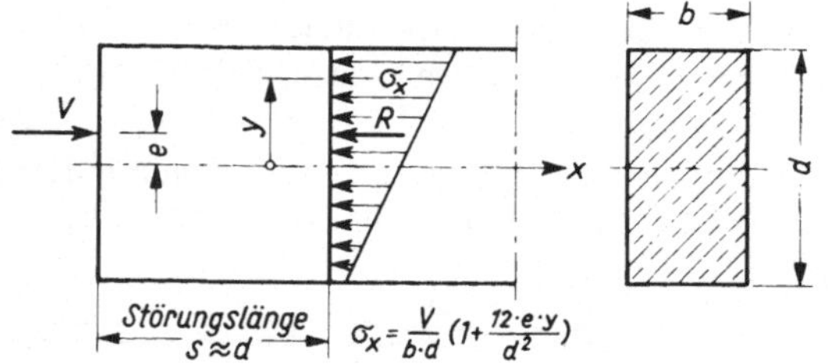

Bild 9.1
Lineare Spannungsverteilung nach der Störungslänge (Prinzip von de Saint-Venant)

Durch die Kraftausbreitung entstehen quer zur Kraftrichtung Zugspannungen. Die Resultierenden dieser Querzugspannungen, die Spaltzugkräfte, sind durch Bewehrung aufzunehmen.

Zur Ermittlung der Spaltzugkräfte dienen Auswertungen wissenschaftlicher Arbeiten oder einfache Gedankenmodelle zur Bestimmung von Umlenkkräften aus dem

Kraftfluß. Für eine auf Mitte Balkenhöhe angreifende Spannkraft ist in Bild 9.2 der Verlauf der Drucktrajektorien dargestellt. Faßt man diese Kraftlinien zu Druckresultierenden zusammen (vereinfachendes Modell), so kann für die Umlenkstelle die gesamte Spaltzug- oder Umlenkkraft des Störbereiches aus dem Krafteck bestimmt werden zu

$$Z = \frac{V}{4} \cdot \left(1 - \frac{d_1}{d}\right) \qquad (9.1)$$

Diese bekannte Näherung wurde bereits von M ö r s c h angegeben.

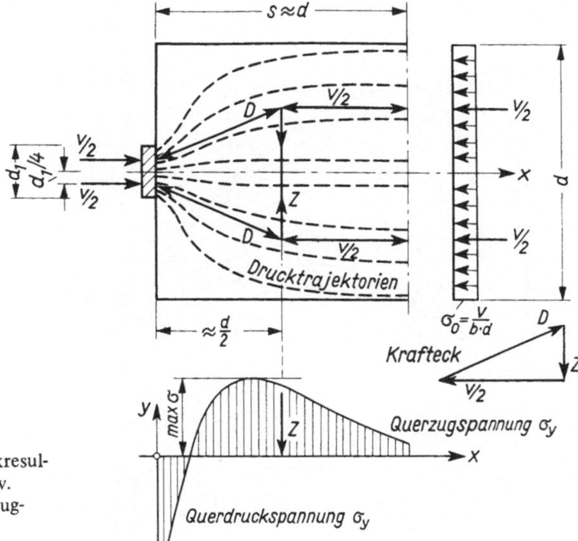

Bild 9.2
Kraftfluß (Drucktrajektorien) und Druckresultierende zur Ermittlung der Umlenk- bzw. Spaltzugkraft Z sowie Verlauf der Querzugspannung längs der x-Achse

Die gesamte Spaltzugkraft kann auch aus dem Inhalt der Querzugspannungsfläche gewonnen werden. Verlauf und Größe der Querzugspannungen σ_y entlang der x-Achse (Bild 9.2) können mit Hilfe der Scheibentheorie ermittelt werden. In Bild 9.3 sind Spaltzugkraft, Lage von max σ_y sowie die Stelle für $\sigma_y = 0$ nach einer Arbeit von I y e n g a r in Abhängigkeit von d_1/d angegeben. Die Spaltzugkraft nach I y e n g a r zeigt gute Übereinstimmung mit der Näherung nach M ö r s c h. Nur im Bereich $d_1/d < 0{,}2$ erhält man nach Iyengar etwas größere Kräfte mit dem Grenzwert $Z = 0{,}3 \cdot V$ (anstatt $0{,}25 \cdot V$) für $d_1/d = 0$. Da Z in Abhängigkeit von d_1/d fast geradlinig verläuft, kann auch die Näherung

$$Z = 0{,}3 \cdot V \cdot (1 - d_1/d) \qquad (9.2)$$

angewandt werden.

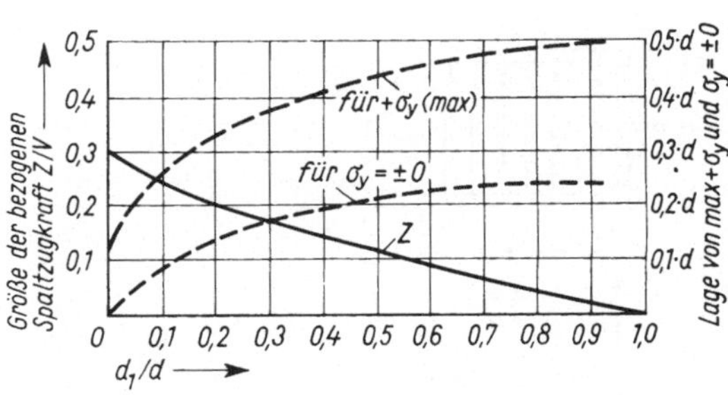

Bild 9.3
Spaltzugkraft Z in der x-Achse sowie Lage von max σ_y und $\sigma_y = 0$ (nach Iyengar; in: Leonhardt, Spannbeton)

Der Verlauf von σ_y entlang der x-Achse in Abhängigkeit von d_1/d ist nach der gleichen Arbeit in Bild 9.4 dargestellt.

Daraus können Anhaltspunkte für die Verteilung der Spaltzugbewehrung gewonnen werden.

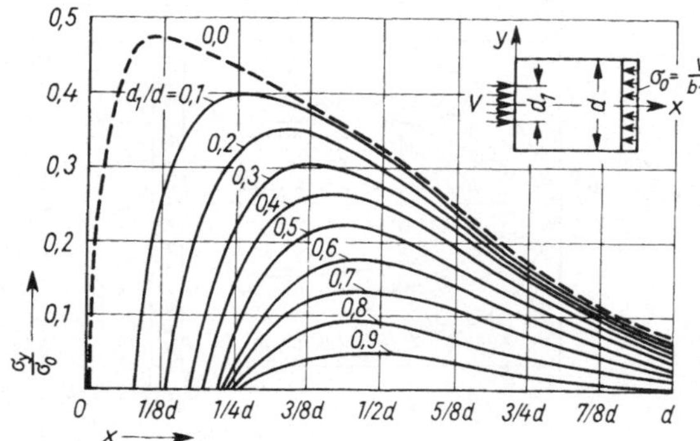

Bild 9.4
Verlauf der Querzugspannung $+\sigma_y$ entlang der x-Achse für verschiedene Verhältnisse d_1/d (nach Iyengar; in: Leonhardt, Spannbeton)

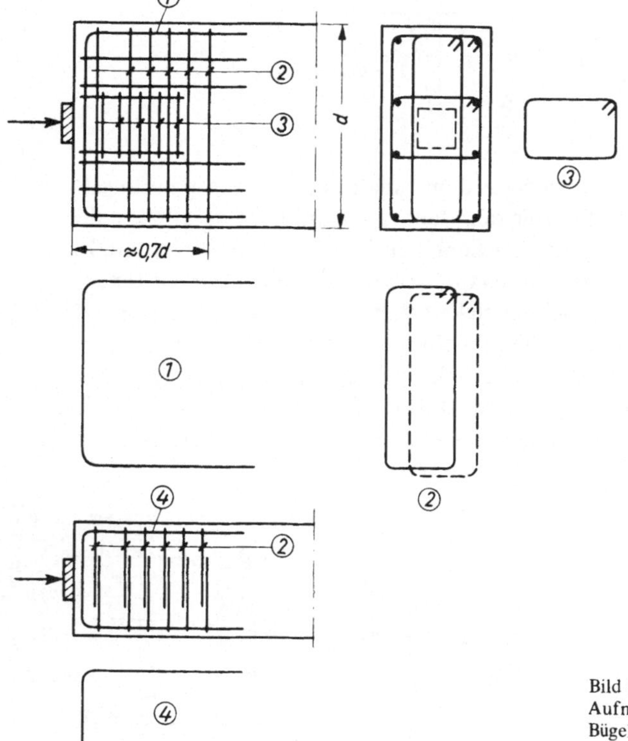

Bild 9.5
Aufnahme der Spaltzugkräfte durch Bügelbewehrung bei mittiger Krafteinleitung

Bild 9.5 zeigt eine Bewehrungsskizze zur Aufnahme der Spaltzugkraft im Einleitungsbereich bei mittiger Krafteinleitung. Man beachte, daß auch in Rand- und Eckbereichen Randzugkräfte außerhalb der Kraftausbreitung auftreten, die in einer Größe von ≈ 1 bis 2 % von V angenommen und konstruktiv gedeckt werden können. Wenn die Ankerplatte mit b_1 schmaler ist als die Balkenbreite b, so ist auch waagerechte Spaltzugbewehrung entsprechend der Ausstrahlung in die Breite anzuordnen. Die Störungslänge in Längsrichtung x beträgt dann etwa b, und die gesamte Spaltzugkraft ergibt sich für das Verhältnis b_1/b nach Bild 9.3 oder Gl. (9.1) bzw. (9.2).

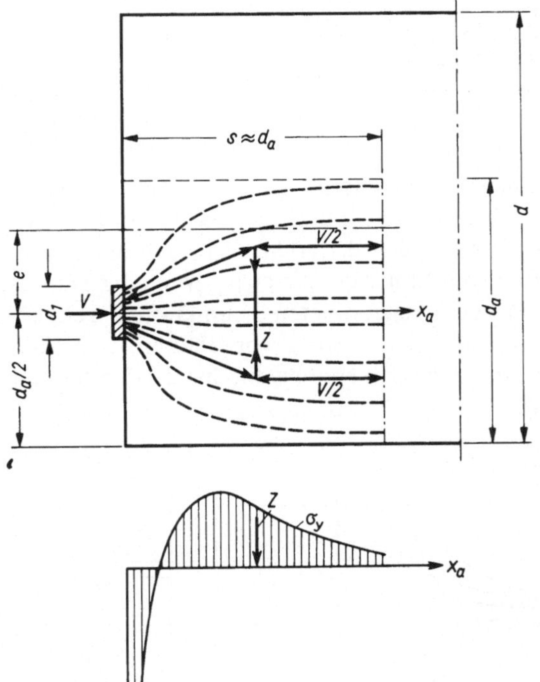

Bild 9.6
Ausmittiger Kraftangriff
Bestimmung der Spaltzugkraft Z am Ersatzprisma

Für eine ausmittig angreifende Spannkraft kann die Spaltzugkraft für ein Ersatzprisma von der Höhe d_a (Bild 9.6) mit d_1/d_a nach Gl. (9.1) bzw. (9.2) berechnet oder Bild 9.3 entnommen werden. Der Verlauf der Querzugspannungen entlang der Achse des Ersatzprismas ergibt sich für d_1/d_a aus Bild 9.4.

Mit wachsender Ausmitte verringert sich mit kleiner werdendem d_a die Spaltzugkraft Z im Ersatzprisma, während die Randzugkraft Z_R am Balkenkopf zunimmt. Wenn die Spannkraft am oberen oder unteren Balkenrand angreift, erreicht die Randzugkraft ihren Größtwert, der sich näherungsweise aus

$$Z_R = \frac{V}{3}\left(1 - \frac{d_1}{d}\right) \tag{9.3}$$

ergibt.

In Bild 9.7 sind der Kraftfluß im Störbereich und die lineare Spannungsverteilung am Ende der Störungs- bzw. Eintragungslänge dargestellt.

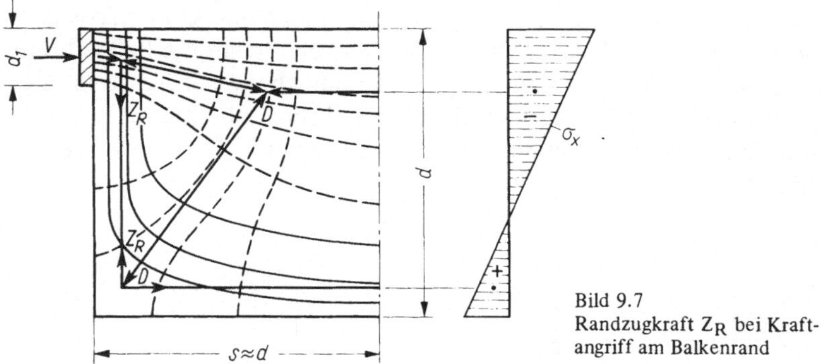

Bild 9.7
Randzugkraft Z_R bei Kraftangriff am Balkenrand

Greifen am Balkenende mehrere Spannkräfte annähernd gleichmäßig über die Höhe verteilt an, so kann jeder Spannkraft ein Ersatzprisma zugeordnet werden. Die Teilhöhen der Ersatzprismen d_{a1}, d_{a2}, d_{a3} erhält man nach Bild 9.8 als Höhe der Spannungstrapeze am Ende des Einleitungsbereichs. Wenn die Trapezschwerpunkte etwa auf den Wirkungslinien der zugeordneten Spannkräfte liegen, können die Spaltzugkräfte für jedes Ersatzprisma – wie zuvor erläutert – berechnet werden. Die Bemessung der über die ganze Balkenhöhe durchgehenden Bügel erfolgt für die größte Spaltzugkraft.

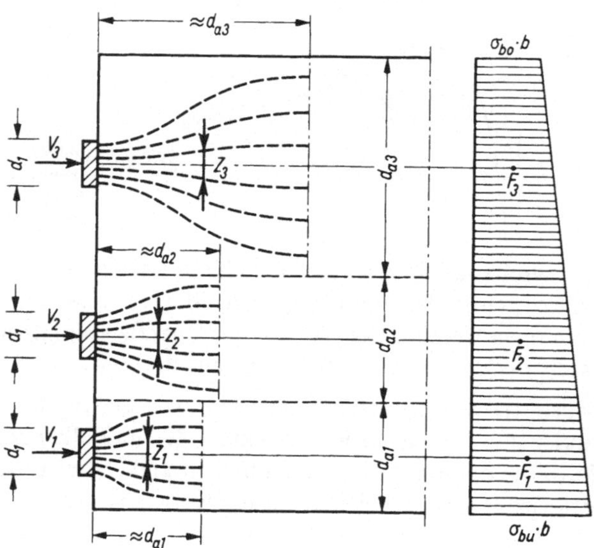

Bild 9.8
Ermittlung der Spaltzugkräfte bei annähernd gleichmäßiger Verteilung der Ankerplatten über die Balkenhöhe

Liegen die am Balkenende angreifenden Spannkräfte weit auseinander, so treten in Querrichtung – zusätzlich zu den Spaltzugkräften in den Ersatzprismen – Randzugkräfte auf, die je nach Anzahl der Spannkräfte, die den Auflagerkräften entsprechen, als Zuggurtkräfte für ein- oder mehrfeldrige wandartige Träger (Feld- und Stützbewehrung) berechnet werden können. Dabei ist das Verhältnis Höhe zu Spannweite i. allg. größer als eins (= d/h nach Bild 9.9).

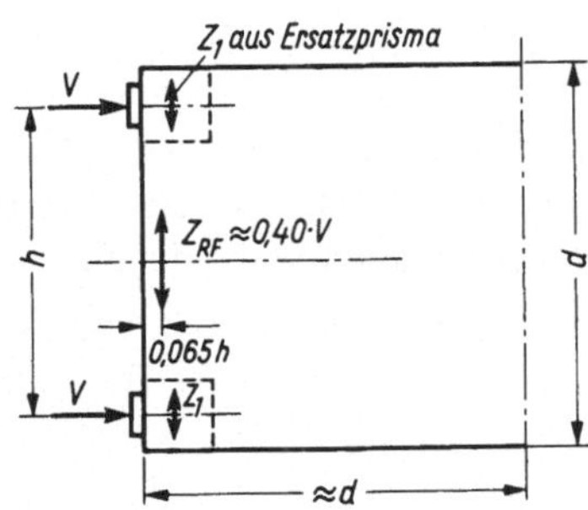

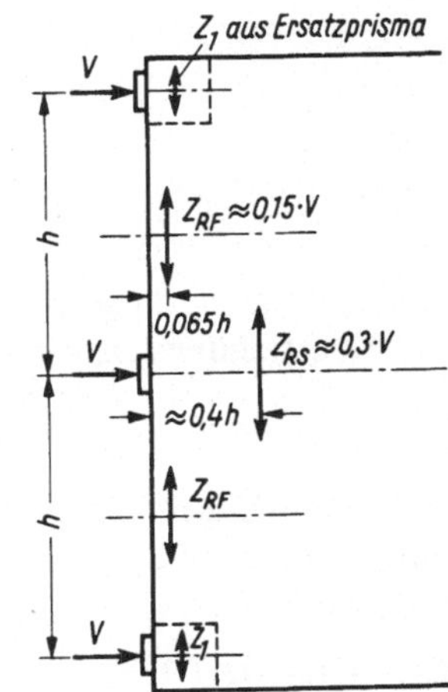

Bild 9.9
Größe und Lage der Randzugkraft Z_{RF}
(Näherung nach Bay, Theimer und Thon; in Leonhardt, Spannbeton)

a) im Feld für zwei Vorspannkräfte V im Abstand h voneinander
b) zwischen den Spanngliedern und Z_{RS} hinter dem mittleren Spannglied für drei Vorspannkräfte V in Abständen h

Für die Sonderfälle des Einfeldträgers (zwei Spannkräfte) und des Zweifeldträgers (drei Spannkräfte) sind Näherungswerte für die Gurtkräfte im Feld und über der Stütze $Z_{R,F}$ und $Z_{R,S}$ sowie deren Abstände vom Balkenkopf in Bild 9.9 nach Bay, Theimer und Thon angegeben. Diese Randzug- oder Zuggurtkräfte können auch entsprechend Bild 9.2 oder Bild 9.7 durch Zusammenfassen von Kraftlinien zu Druckresultierenden als Umlenkkräfte in den Umlenkpunkten graphisch ermittelt werden.

Zu beachten ist noch, daß bei Plattenbalken auch im senkrechten Anschnitt Platte – Steg eine Spaltzugbewehrung im Einleitungsbereich, dessen Länge etwa der Plattenbreite b entspricht, nach den vorstehend behandelten Grundsätzen anzuordnen ist. Hierbei kann für d_1 die Stegbreite und für V die am Ende des Einleitungsbereichs vorhandene Plattendruckkraft aus Vorspannung

$$V_{Platte} = \int_{F_{Platte}} \sigma_x \cdot dF$$

eingesetzt werden.

9.2 Krafteinleitung durch Verbund

Während bei der Krafteinleitung durch Ankerkörper die Störungslänge s gleich der Einleitungslänge ist, muß bei Verankerung durch Verbund, wie z. B. bei Spannbettvorspannung, noch die Übertragungslänge ü berücksichtigt werden.

Nach den Richtlinien ist mit

$$ü = k_1 \cdot d_z \tag{9.4}$$

zu rechnen.

Dabei ist k_1 der dem Zulassungsbescheid des Spannstahls zu entnehmende Verbundbeiwert und d_z der Durchmesser eines Runddrahtes oder der Ersatzdurchmesser bei anderen Querschnittsformen unter Berücksichtigung der Flächengleichheit.

Die Eintragungslänge erhält man aus der Störungslänge s nach Abschn. 9.1 und der Übertragungslänge ü zu

$$e = \sqrt{s^2 + ü^2} \tag{9.5}$$

Rüsch / Kupfer (s. Beton-Kalender 1974, S. 795) bestimmen die durch Bügel aufzunehmende Spaltzugkraft näherungsweise aus der Schubkraft T nach einer Fachwerkanalogie als Zugpfosten bei flach geneigten Druckstreben.

Die Schubkraft T über die gesamte Eintragungslänge ergibt sich in einem Längsschnitt direkt über dem Spannbündel aus dem Gleichgewicht der Normalkräfte im unteren und oberen Trägerteil. Nach Bild 9.10 ist

$$T = Z_{v1} - \int_{F_{b1}} \sigma_{bv} \cdot dF_b = - Z_{v2} + \int_{F_{b2}} \sigma_{bv} \cdot dF_b \tag{9.6}$$

Setzt man im unteren Querschnittsteil für

$$\int_{F_{b1}} \sigma_{bv} \cdot dF_b = \sigma_{bv\,mittel} \cdot F_{b1}$$

so wird

$$T = Z_{v1} - \sigma_{bv\,mittel} \cdot F_{b1} \tag{9.7}$$

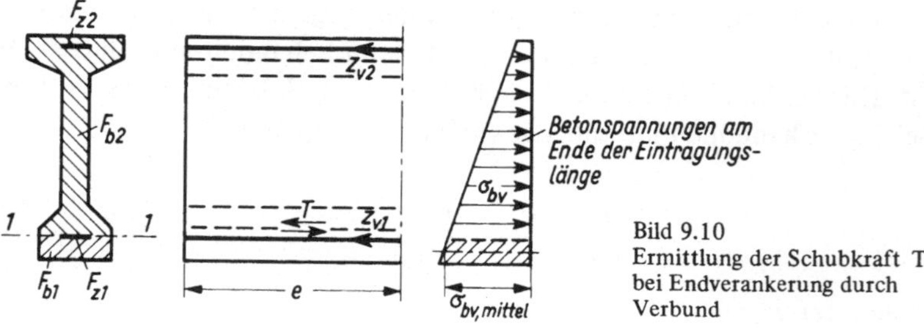

Bild 9.10
Ermittlung der Schubkraft T bei Endverankerung durch Verbund

In Gl. (9.7) ist Z_{v1} die Spannkraft im unteren Spannstrang, F_{b1} die Querschnittsfläche des unteren Trägerteils und $\sigma_{bv\,mittel}$ die mittlere Betonspannung in diesem Teil.

Die durch Bügel aufzunehmende Spaltzugkraft ist dann bei etwa mittiger Vorspannung

$$Z_{Bü} = \frac{T}{2} \tag{9.8}$$

und bei Vorspannung am Querschnittsrand (9.9)

$$Z_{Bü} = \frac{T}{3}$$

Die jeweils erforderliche Bewehrung erhält man aus

$$F_{eBü} = \frac{Z_{Bü}}{\sigma_e} \tag{9.10}$$

Die Schubbewehrung im Einleitungsbereich kann bei unmittelbarer Stützung für einen Querschnitt im Abstand $0{,}5 \cdot d_0$ vom Auflager ermittelt und konstant bis zum Auflager durchgeführt werden (s. „Richtlinien" Abschn. 12.1). Da – insbesondere bei Verbundverankerung – eine lineare Spannungsverteilung in diesem Querschnitt innerhalb des Einleitungsbereiches nicht gewährleistet ist, sollten die Bügel wie im Stahlbetonbau für

$$T' = \frac{Q_{bU}}{z}$$

bemessen werden.

10 Berechnungsbeispiel – TT-Deckenelement (Spannbettvorspannung)

10.1 Abmessungen, statisches System, Baustoffe und Belastung

Die Decken eines Bürogebäudes (Bild 10.1) sollen mit im Spannbett vorgespannten TT-Elementen (Bild 10.3) hergestellt werden. Die Elemente werden in Gebäudequerrichtung verlegt. Sie lagern auf Längsunterzügen (Bild 10.2). Der Stützenabstand in Gebäudelängsrichtung beträgt 4,80 m. Die Stützenachsen A und B haben in Querrichtung einen Abstand von 15,60 m.

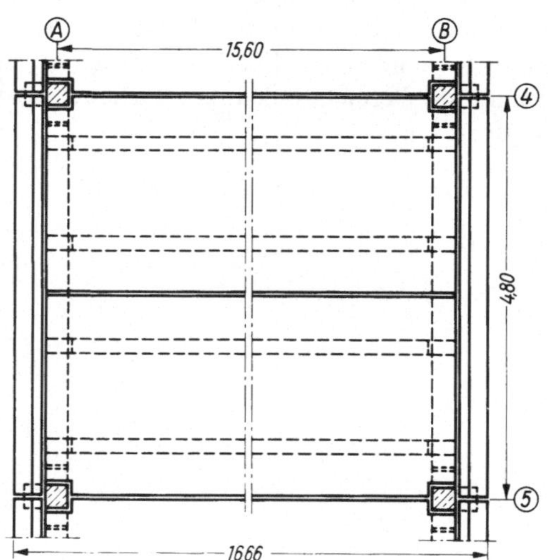

Bild 10.1
Geschoßgrundriß zwischen den Achsen A–B/4–5

Gemäß Auflagerungsdetail (Bild 10.2) liegt, unter der Annahme einer dreieckförmigen Verteilung der Auflagerpressungen, das rechnerische Auflager der TT-Elemente mittig auf den Längsunterzügen. Das statische System für die TT-Elemente ist ein Einfeldträger mit $\ell = 15{,}60$ m Spannweite.

Baustoffe: Beton Bn 550 $E_b = 3{,}9 \cdot 10^4$ MN/m² ($3{,}9 \cdot 10^5$ kp/cm²) Konsistenz K 2

Zement Z 450 F

Spannstahl SIGMA St 145/160 oval 50 gerippt
$E_z = 2{,}1 \cdot 10^5$ MN/m² ($2{,}1 \cdot 10^6$ kp/cm²) (s. Zulassung)

schlaffe Bewehrung BSt 42/50 BSt 50/55

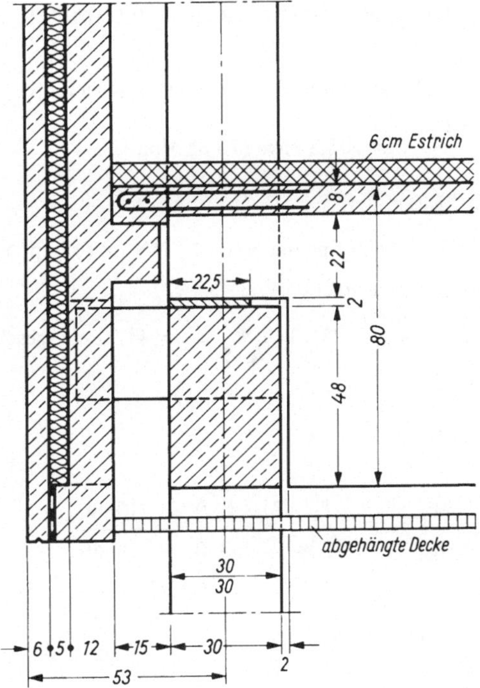

Bild 10.2
Auflagerungsdetail

Mit den Querschnittswerten (Bild 10.3) ergibt sich die Belastung

Eigengewicht der TT-Platte	g_1 =	10,60 kN/m (1,060 Mp/m)
6 cm Estrich + Belag	1,35 · 2,40 =	3,24 kN/m (0,324 Mp/m)
abgehängte Decke	0,70 · 2,40 =	1,68 kN/m (0,168 Mp/m)
	g_2 ≈	4,90 kN/m (0,49 Mp/m)
	g =	15,50 kN/m (1,55 Mp/m)
Verkehrslast + Trennwandzuschlag (2,00 + 1,25) · 2,4 =	p =	7,80 kN/m (0,78 Mp/m)
	q =	23,30 kN/m (2,33 Mp/m)

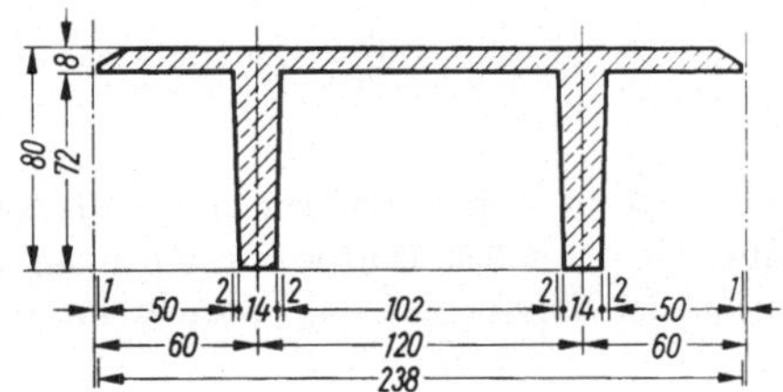

Bild 10.3
TT-Plattenquerschnitt

10.2 Vorbemessung des Spannstahlquerschnittes

Die Bemessung wird für das maximale Moment unter Gebrauchslast durchgeführt

$$M_q = \frac{q\ell^2}{8} = \frac{23{,}3 \cdot 15{,}6^2}{8} = 708{,}8 \text{ kNm } (70{,}88 \text{ Mpm})$$

Annahme $\sigma_{bu,q+s+k} = 4 \text{ MN/m}^2$ (40 kp/cm²)

Nach den „Richtlinien" Tab. 6, Zeile 19, ist eine Spannung von 4,5 MN/m² (45 kp/cm²) zulässig.

Es wird überschläglich mit Bruttowerten gerechnet.

$F_b = 4208 \text{ cm}^2$ $y_{bu} = 54{,}92$ cm $y_{bo} = 25{,}08$ cm $y_{bz} = 44{,}92$ cm (geschätzt)

$I_b = 2545536 \text{ cm}^4$

$$W_{bu} = \frac{I_b}{y_{bu}} = \frac{2545536}{54{,}92} = 46350 \text{ cm}^3$$

$$\sigma_{bu} = 0{,}4 = -\frac{Z_v}{F_b} - \frac{Z_v \cdot y_{bz}}{W_{bu}} + \frac{M_q}{W_{bu}} = -\frac{Z_v}{4208} - \frac{Z_v \cdot 44{,}92}{46350} + \frac{70880}{46350}$$

$Z_{v,t\infty} = 935{,}7$ kN (93,57 Mp)

Verlust infolge s + k geschätzt zu ≈ 15 %

$$Z_{v,to} = \frac{Z_{v,t\infty}}{1-0{,}15} = \frac{935{,}7}{0{,}85} = 1100{,}8 \text{ kN } (110{,}08 \text{Mp})$$

Zulässige Spannungen für St 145/160 (nach „Richtlinien" Tab. 6, Zeile 65)

zul $\sigma_z = 0{,}75\,\beta_S = 0{,}75 \cdot 1450 = 1088 \text{ MN/m}^2$ (10,88 Mp/cm²)
bzw. $0{,}55\,\beta_Z = 0{,}55 \cdot 1600 = 880 \text{ MN/m}^2$ (8,80 Mp/cm²)

$$\text{erf } F_z = \frac{Z_{v,to}}{\text{zul } \sigma_z} = \frac{1100{,}8}{88} = 12{,}51 \text{ cm}^2$$

Es wird gewählt als Spannstahl je Steg 13 Sigma Oval 50 = 13,0 cm² (Bild 10.4).

Zulässige Spannbettspannung (nach „Richtlinien", Tab. 6, Zeile 64):

zul $\sigma_{zv}^{(0)} = 0{,}8\,\beta_S = 0{,}8 \cdot 1450 = 1160 \text{ MN/m}^2$ (11,6 Mp/cm²) bzw.
$= 0{,}65\,\beta_Z = 0{,}65 \cdot 1600 = 1040 \text{ MN/m}^2$ (10,4 Mp/cm²)

Als Spannbettspannung wird gewählt

$$\sigma_{zv}^{(0)} = 890 \text{ MN/m}^2 \text{ } (8900 \text{ kp/cm}^2)$$

Die relativ geringe Spannung wird deshalb gewählt, weil im Endbereich der TT-Platte zul σ_z = = 880 MN/m² (8800 kp/cm²) eingehalten werden sollen. Dort wird nämlich, um zu große Zugspannungen an der Oberseite zu vermeiden, das Abisolieren einiger Spanndrähte erforderlich (s. Abschn. 10.4.1).

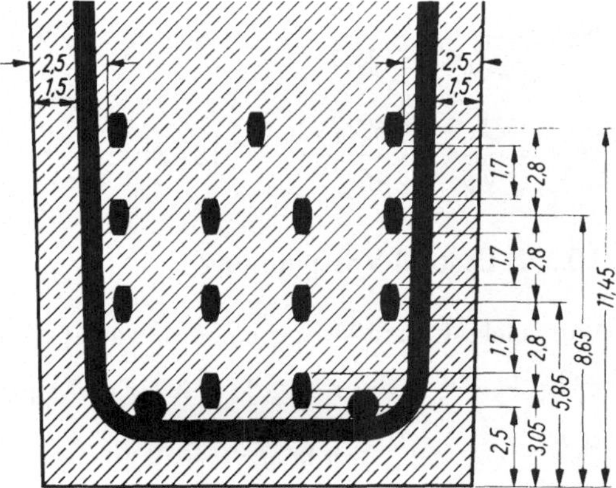

Bild 10.4
Verteilung der Spanndrähte und Schwerpunktberechnung

Schwerpunkt der Spanndrähte

$$a_z = \frac{2 \cdot 3{,}05 + 4(5{,}85 + 8{,}65) + 3 \cdot 11{,}45}{13}$$

$$= 7{,}57 \text{ cm}$$

10.3 Nachweise für den Schnitt $x = \ell/2 = 7{,}8$ m

10.3.1 Ideelle Querschnittswerte (Bild 10.5)

$$n = \frac{E_z}{E_b} = \frac{2{,}1 \cdot 10^5}{3{,}9 \cdot 10^4} = 5{,}38$$

$$(n-1) = 4{,}38$$

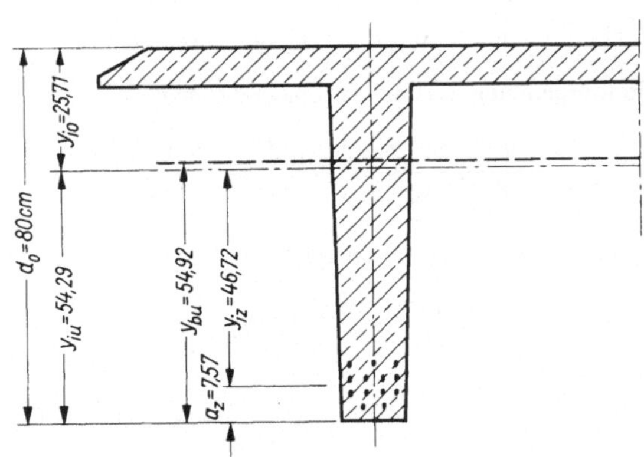

Bild 10.5
Ideelle Querschnittswerte

$$F_i = F_b + (n-1) \cdot F_z = 4208 + 4{,}38 \cdot 13 \approx 4265 \text{ cm}^2$$

$$y_{iu} = \frac{F_b \cdot y_{bu} + (n-1) \cdot F_z \cdot a_z}{F_i} = \frac{4208 \cdot 54{,}92 + 4{,}38 \cdot 13 \cdot 7{,}57}{4265} = 54{,}29 \text{ cm} \quad (a_z \text{ s. Bild 10.4})$$

$$y_{io} = d - y_{iu} = 80 - 54{,}29 = 25{,}71 \text{ cm}$$

$$y_{iz} = y_{iu} - a_z = 54{,}29 - 7{,}57 = 46{,}72 \text{ cm}$$

$$I_i = I_b + F_b \cdot (y_{bu} - y_{iu})^2 + (n-1) \cdot F_z \cdot y_{iz}^2$$

$$= 2545536 + 4208 \cdot (54{,}92 - 54{,}29)^2 + 4{,}38 \cdot 13 \cdot 46{,}72^2 = 2671\,492 \text{ cm}^4$$

$$W_{io} = \frac{I_i}{y_{io}} = \frac{2671492}{25{,}71} = 103909\ \text{cm}^3 \qquad W_{iu} = \frac{I_i}{y_{iu}} = \frac{2671492}{54{,}29} = 49208\ \text{cm}^3$$

$$W_{iz} = \frac{I_i}{y_{iz}} = \frac{2671492}{46{,}72} = 57181\ \text{cm}^3$$

10.3.2 Lastfall Vorspannung

Vorspannkräfte und Vorspannmomente im Spannbett

$$Z_v^{(0)} = F_z \cdot \sigma_{zv}^{(0)} = 13 \cdot 89 = 1157\ \text{kN}\ (115{,}7\ \text{Mp})$$

$$M_{bv}^{(0)} = -Z_v^{(0)} \cdot y_{iz} = -1157 \cdot 0{,}4672 = -540{,}6\ \text{kNm}\ (-54{,}06\ \text{Mpm})$$

Spannungen aus Lastfall Vorspannung (Balken gewichtslos gedacht)
Betonspannung am oberen Rand

$$\sigma_{bo,v} = -\frac{Z_v^{(0)}}{F_i} - \frac{M_{bv}^{(0)}}{W_{io}} = -\frac{1157}{4265} + \frac{54060}{103909} = 0{,}249\ \text{kN/cm}^2 = 2{,}49\ \text{MN/m}^2\ (24{,}9\ \text{kp/cm}^2)$$

Betonspannung am unteren Rand

$$\sigma_{bu,v} = -\frac{Z_v^{(0)}}{F_i} + \frac{M_{bv}^{(0)}}{W_{iu}} = -\frac{1157}{4265} - \frac{54060}{49208} = -1{,}37\ \text{kN/cm}^2 = -13{,}7\ \text{MN/m}^2\ (-137{,}0\ \text{kp/cm}^2)$$

Betonspannung in Höhe der Spanngliedachse

$$\sigma_{bz,v} = -\frac{Z_v^{(0)}}{F_i} + \frac{M_{bv}^{(0)}}{W_{iz}} = -\frac{1157}{4265} - \frac{54060}{57181} = -1{,}217\ \text{kN/cm}^2 = -12{,}17\ \text{MN/m}^2\ (-121{,}7\ \text{kp/cm}^2)$$

Stahlspannung nach Lösen der Verankerung

$$\sigma_{zv} = \sigma_{zv}^{(0)} + n \cdot \sigma_{bz,v} = 890{,}0 - 5{,}38 \cdot 12{,}17 = 824{,}5\ \text{MN/m}^2\ (8245\ \text{kp/cm}^2)$$

oder

$$\sigma_{zv} = \sigma_{zv}^{(0)}(1-\alpha) \qquad \text{mit } \alpha = n\,\frac{F_z}{F_i}\left(1 + \frac{F_i}{I_i}\,y_{iz}^2\right)$$

$$\alpha = 5{,}38 \cdot \frac{13}{4265}\left(1 + \frac{4265}{2671492} \cdot 46{,}72^2\right) = 0{,}07354$$

$$\sigma_{zv} = 890\,(1 - 0{,}07354) = 824{,}5\ \text{MN/m}^2\ (8245\ \text{kp/cm}^2)$$

10.3.3 Lastfall Eigengewicht

g_1 = 10,6 kN/m (1,06 Mp/m)

$$M_{g1} = 10{,}6 \cdot \frac{15{,}60^2}{8} = 322{,}5\ \text{kNm}\ (32{,}25\ \text{Mpm})$$

$$\sigma_{bo,g1} = -\frac{M_{g1}}{W_{io}} = -\frac{32250}{103909} = -0{,}31 \text{ kN/cm}^2 = -3{,}1 \text{ MN/m}^2 \ (-31{,}0 \text{ kp/cm}^2)$$

$$\sigma_{bu,g1} = +\frac{M_{g1}}{W_{iu}} = +\frac{32250}{49208} = 0{,}655 \text{ kN/cm}^2 = 6{,}55 \text{ MN/m}^2 \ (65{,}5 \text{ kp/cm}^2)$$

$$\sigma_{bz,g1} = +\frac{M_{g1}}{W_{iz}} = +\frac{32250}{57181} = 0{,}564 \text{ kN/cm}^2 = 5{,}64 \text{ MN/m}^2 \ (56{,}4 \text{ kp/cm}^2)$$

$$\sigma_{z,g1} = n \cdot \sigma_{bz,g1} = 5{,}38 \cdot 5{,}64 = 30{,}3 \text{ MN/m}^2 \ (303 \text{ kp/cm}^2)$$

g_2 = 4,90 kN/m (0,49 Mp/m)

$$M_{g2} = 4{,}9 \cdot \frac{15{,}60^2}{8} = 149{,}1 \text{ kNm} \ (14{,}91 \text{ Mpm})$$

$$\sigma_{bo,g2} = -\frac{14910}{103909} = -0{,}143 \text{ kN/cm}^2 = -1{,}43 \text{ MN/m}^2 \ (-14{,}30 \text{ kp/cm}^2)$$

$$\sigma_{bu,g2} = +\frac{14910}{49208} = 0{,}303 \text{ kN/cm}^2 = 3{,}03 \text{ MN/m}^2 \ (30{,}3 \text{ kp/cm}^2)$$

$$\sigma_{bz,g2} = +\frac{14910}{57181} = 0{,}261 \text{ kN/cm}^2 = 2{,}61 \text{ MN/m}^2 \ (26{,}1 \text{ kp/cm}^2)$$

$$\sigma_{z,g2} = 5{,}38 \cdot 2{,}61 = 14{,}0 \text{ MN/m}^2 \ (140 \text{ kp/cm}^2)$$

10.3.4 Lastfall Verkehrslast

p = 7,8 kN/m (0,78 Mp/m)

$$M_p = 7{,}8 \cdot \frac{15{,}60^2}{8} = 237{,}3 \text{ kNm} \ (23{,}73 \text{ Mpm})$$

$$\sigma_{bo,p} = -\frac{23730}{103909} = -0{,}228 \text{ kN/cm}^2 = -2{,}28 \text{ MN/m}^2 \ (-22{,}8 \text{ kp/cm}^2)$$

$$\sigma_{bu,p} = +\frac{23730}{49208} = 0{,}482 \text{ kN/cm}^2 = 4{,}82 \text{ MN/m}^2 \ (48{,}2 \text{ kp/cm}^2)$$

$$\sigma_{bz,p} = +\frac{23730}{57181} = 0{,}415 \text{ kN/cm}^2 = 4{,}15 \text{ MN/m}^2 \ (41{,}5 \text{ kp/cm}^2)$$

$$\sigma_{z,p} = 5{,}38 \cdot 4{,}15 = 22{,}3 \text{ MN/m}^2 \ (223 \text{ kp/cm}^2)$$

10.3.5 Lastfall Schwinden und Kriechen

Annahmen zur Ermittlung der Schwind- und Kriechwerte nach den „Richtlinien" Abschn. 8:

1. Beton Bn 550 Konsistenz K2
2. Zement Z 450 F
3. Aufbringen der Vorspannung nach 6 Tagen (Dabei muß entsprechend den „Richtlinien" Tab. 2, Spalte 2, eine Würfelfestigkeit $\beta_{wM} = 48\ MN/m^2$ ($480\ kp/cm^2$) garantiert sein.
4. Lagerung im Freien – mindestens 1 Monat, längstens 3 Monate, danach Einbau in trockene Innenräume, gleichzeitig Aufbringen von g_2.
   (Der Einbau nach spätestens 3 Monaten muß garantiert sein, da nach den „Richtlinien" Abschn. 8.7.3 sonst in der Regel mit einem Einbau nach einem halben Jahr zu rechnen ist.)

Wirksames Betonalter

$$t_w = k_z\ \Sigma\ \frac{T^\circ + 10^\circ}{30^\circ} \cdot \Delta t \quad (T = 20^\circ \text{ angenommen})$$

$$\Delta t_1 = 6 \text{ Tage} \qquad \Delta t_2 = 36 \text{ Tage} \qquad \Delta t_3 = 96 \text{ Tage}$$

Für das Kriechen $k_z = 2{,}0$

$$t_{w1} = 2 \cdot 6 = 12 \text{ Tage} \qquad t_{w2} = 2 \cdot 36 = 72 \text{ Tage} \qquad t_{w3} = 2 \cdot 96 = 192 \text{ Tage}$$

Für das Schwinden $k_z = 1{,}0$

$$t_{w1} = 6 \text{ Tage} \qquad t_{w2} = 36 \text{ Tage} \qquad t_{w3} = 96 \text{ Tage}$$

Wirksame Körperdicke

$$d_w = k_w \cdot \frac{2F}{U} \qquad F = 4208\ cm^2 \qquad U \cong 780\ cm$$

$$k_w = 1{,}5 \text{ (allgemein im Freien)}$$

$$k_w = 1{,}0 \text{ (in trockenen Innenräumen)}$$

$$d_w = 1{,}5 \cdot \frac{2 \cdot 4208}{780} = 16{,}2\ cm \text{ (allgemein im Freien)}$$

$$d_w = 1{,}0 \cdot \frac{2 \cdot 4208}{780} = 10{,}8\ cm \text{ (in trockenen Innenräumen)}$$

Grundschwindmaß

$$\epsilon_{s0} = -25 \cdot 10^{-5} \text{ (allgemein im Freien)}$$

$$\epsilon_{s0} = -40 \cdot 10^{-5} \text{ (in trockenen Innenräumen)}$$

Da sofortiger Verbund vorliegt, wird das Schwinden vom 1. Tag an berücksichtigt.

$$\epsilon_{s,t} = \epsilon_{s0} \cdot (k_{s,tw} - k_{s,twa})$$

Allgemein im Freien

$d_w = 16{,}2$ cm $\quad t_{w2} = 36$ Tage $\quad t_{w3} = 96$ Tage

$k_{s,0} = 0 \quad k_{s,tw2} = 0{,}30 \quad k_{s,tw3} = 0{,}48$

$\epsilon_{s,0,36} = -25 \cdot 10^{-5}\,(0{,}30 - 0) = -7{,}5 \cdot 10^{-5}$

$\epsilon_{s,0,96} = -25 \cdot 10^{-5}\,(0{,}48 - 0) = -12 \cdot 10^{-5}$

In trockenen Innenräumen

$d_w = 10{,}8$ cm $\quad t_{w2} = 36$ Tage $\quad t_{w3} = 96$ Tage

$k_{s,tw2} = 0{,}40 \quad k_{s,tw3} = 0{,}60 \quad k_{s,t\infty} = 1{,}02$

$\epsilon_{s,36,\infty} = -40 \cdot 10^{-5}\,(1{,}02 - 0{,}40) = -24{,}8 \cdot 10^{-5}$

$\epsilon_{s,96,\infty} = -40 \cdot 10^{-5}\,(1{,}02 - 0{,}60) = -16{,}8 \cdot 10^{-5}$

Grundfließzahl

$\varphi_{f0} = 2{,}0$ (allgemein im Freien)

$\varphi_{f0} = 3{,}0$ (in trockenen Innenräumen)

$\varphi_{f,t} = \varphi_{f0}(k_{f,tw} - k_{f,twa})$

Allgemein im Freien

$d_w = 16{,}2$ cm $\quad t_{w1} = 12$ Tage $\quad t_{w2} = 72$ Tage $\quad t_{w3} = 192$ Tage

$k_{f,tw1} = 0{,}44 \quad k_{f,tw2} = 0{,}80 \quad k_{f,tw3} = 1{,}08$

$\varphi_{f,6,36} = 2{,}0\,(0{,}80 - 0{,}44) = 0{,}72 \quad \varphi_{f,6,96} = 2{,}0\,(1{,}08 - 0{,}44) = 1{,}28$

In trockenen Innenräumen

$d_w = 10{,}8$ cm $\quad t_{w2} = 72$ Tage $\quad t_{w3} = 192$ Tage

$k_{f,tw2} = 0{,}88 \quad k_{f,tw3} = 1{,}18 \quad k_{f,t\infty} = 1{,}68$

$\varphi_{f,36,\infty} = 3{,}0\,(1{,}68 - 0{,}88) = 2{,}40 \quad \varphi_{f,96,\infty} = 3{,}0\,(1{,}68 - 1{,}18) = 1{,}50$

Verzögert elastischer Anteil

$\varphi_{verz,t} = 0{,}4 \cdot k_v(t_w - t_{wa})$

$t_{w1} = 12$ Tage $\quad t_{w2} = 72$ Tage $\quad t_{w3} = 192$ Tage

$k_{v(72-12)} = 0{,}61 \quad k_{v(192-12)} = 1{,}0 \quad k_{v\infty} = 1{,}0 \quad k_{v\infty} = 1{,}0$

Kriechzahlen $\varphi_{6,36} = 0{,}72 + 0{,}61 \cdot 0{,}4 = 0{,}96 \quad \varphi_{6,96} = 1{,}28 + 1{,}0 \cdot 0{,}4 = 1{,}68$

$\varphi_{36,\infty} = 2{,}40 + 1{,}0 \cdot 0{,}4 = 2{,}80 \quad \varphi_{96,\infty} = 1{,}50 + 1{,}0 \cdot 0{,}4 = 1{,}90$

Schwind-, Kriechverlust

$$\sigma_{z,s+k} = \frac{n(\sigma_{bz,v} + \sigma_{bz,d}) \cdot \varphi_{ti,t} + \epsilon_{s,ti,t} \cdot E_z}{1 + \frac{\alpha}{1-\alpha}\left(1 + \frac{\varphi_{ti,t}}{2}\right)}$$

Fall 1: Platte mit frühestem Einbau nach 1 Monat

Schwind-, Kriechverlust zum Zeitpunkt t = 1 Monat

$\sigma_{bz,v} = -12{,}17\ \mathrm{MN/m^2}\ (-121{,}7\ \mathrm{kp/cm^2})$ $\sigma_{bz,g1} = 5{,}64\ \mathrm{MN/m^2}\ (56{,}4\ \mathrm{kp/cm^2})$

$\epsilon_{s,0,36} = -7{,}5 \cdot 10^{-5}$ $\varphi_{6,36} = 0{,}72 + 0{,}244 = 0{,}964$

$\alpha = 0{,}07354$ $n = 5{,}38$ $\sigma_{bz,v} + \sigma_{bz,g1} = -6{,}53\ \mathrm{MN/m^2}\ (-65{,}3\ \mathrm{kp/cm^2})$

$$\sigma_{z,s+k} = -\frac{5{,}38 \cdot 6{,}53 \cdot 0{,}964 + 7{,}5 \cdot 10^{-5} \cdot 2{,}1 \cdot 10^5}{1 + \dfrac{0{,}07354}{1 - 0{,}07354}\left(1 + \dfrac{0{,}964}{2}\right)}$$

$$\sigma_{z,s+k} = -44{,}4\ \mathrm{MN/m^2}\ (-444\ \mathrm{kp/cm^2})$$

Spannungsabnahme im Spannstahl

$$\frac{\sigma_{z,s+k}}{\sigma_{zv,t1}} = -\frac{44{,}4}{824{,}5} = -0{,}0538 = -5{,}38\ \%$$

Betonspannung am oberen Rand

$$\sigma_{bo} = \sigma_{bo,v} \cdot \frac{\sigma_{z,s+k}}{\sigma_{zv,t1}} = -2{,}49 \cdot 0{,}0538 = -0{,}14\ \mathrm{MN/m^2}\ (-1{,}4\ \mathrm{kp/cm^2})$$

Betonspannung am unteren Rand

$$\sigma_{bu} = \sigma_{bu,v} \cdot \frac{\sigma_{z,s+k}}{\sigma_{zv,t1}} = 13{,}70 \cdot 0{,}0538 = 0{,}74\ \mathrm{MN/m^2}\ (7{,}4\ \mathrm{kp/cm^2})$$

Schwind-, Kriechverlust zum Zeitpunkt t = ∞

$\sigma_{bz,g1} = 5{,}64\ \mathrm{MN/m^2}\ (56{,}4\ \mathrm{kp/cm^2})$

$\sigma_{bz,g2} = 2{,}61\ \mathrm{MN/m^2}\ (26{,}1\ \mathrm{kp/cm^2})$

$\sigma_{bz,v} + \sigma_{bz,g1} = -6{,}53\ \mathrm{MN/m^2}\ (-65{,}3\ \mathrm{kp/cm^2})$

$\epsilon_{s,0,\infty} = -(24{,}8 + 7{,}5) \cdot 10^{-5} = -32{,}3 \cdot 10^{-5}$

$\varphi_{6,\infty} = 0{,}72 + 2{,}4 + 0{,}4 = 3{,}52$

$\varphi_{36,\infty} = 2{,}8$

$$\sigma_{z,s+k} = -\frac{5{,}38 \cdot 6{,}53 \cdot 3{,}52 + 32{,}3 \cdot 10^{-5} \cdot 2{,}1 \cdot 10^5}{1 + \dfrac{0{,}07354}{1 - 0{,}07354}\left(1 + \dfrac{3{,}52}{2}\right)} + \frac{5{,}38 \cdot 2{,}61 \cdot 2.8}{1 + \dfrac{0{,}07354}{1 - 0{,}07354}\left(1 + \dfrac{2{,}8}{2}\right)} =$$

$$-157{,}1 + 33{,}0 = -124{,}1\ \mathrm{MN/m^2}\ (-1241\ \mathrm{kp/cm^2})$$

Spannungsabnahme in Spannstahl

$$\frac{\sigma_{z,s+k}}{\sigma_{zv,t1}} = -\frac{124,1}{824,5} = -0,1505 = -15,05\ \%$$

Betonspannung am oberen Rand

$$\sigma_{bo} = -2,49 \cdot 0,1505 = -0,37\ \text{MN/m}^2\ (-3,7\ \text{kp/cm}^2)$$

Betonspannung am unteren Rand

$$\sigma_{bu} = 13,70 \cdot 0,1505 = 2,06\ \text{MN/m}^2\ (20,6\ \text{kp/cm}^2)$$

Fall 2: Platte mit spätestem Einbau nach 3 Monaten

Schwind-, Kriechverlust zum Zeitpunkt t = 3 Monate

$$\epsilon_{s,0,96} = -12 \cdot 10^{-5} \qquad \varphi_{6,96} = 1,68$$

$$\sigma_{z,s+k} = -\frac{5,38 \cdot 6,53 \cdot 1,68 + 12 \cdot 10^{-5} \cdot 2,1 \cdot 10^5}{1 + \dfrac{0,07354}{1-0,07354}\left(1 + \dfrac{1,68}{2}\right)} = -73,5\ \text{MN/m}^2\ (-735\ \text{kp/cm}^2)$$

Spannungsabnahme im Spannstahl

$$\frac{\sigma_{z,s+k}}{\sigma_{zv,t1}} = -\frac{73,5}{824,5} = -0,0891 = -8,91\ \%$$

Betonspannung am oberen Rand

$$\sigma_{bo} = -2,49 \cdot 0,0891 = -0,22\ \text{MN/m}^2\ (-2,2\ \text{kp/cm}^2)$$

Betonspannung am unteren Rand

$$\sigma_{bu} = 13,7 \cdot 0,0891 = 1,22\ \text{MN/m}^2\ (12,2\ \text{kp/cm}^2)$$

Schwind-, Kriechverlust zum Zeitpunkt t = ∞

$$\epsilon_{s,0,\infty} = -(12 + 16,8) \cdot 10^{-5} = -28,8 \cdot 10^{-5}$$

$$\varphi_{6,\infty} = 1,28 + 1,50 + 0,4 = 3,18 \quad \varphi_{96,\infty} = 1,9$$

$$\sigma_{z,s+k} = -\frac{5,38 \cdot 6,53 \cdot 3,18 + 28,8 \cdot 10^{-5} \cdot 2,1 \cdot 10^5}{1 + \dfrac{0,07354}{1-0,07354}\left(1 + \dfrac{3,18}{2}\right)} + \frac{5,38 \cdot 2,61 \cdot 1,9}{1 + \dfrac{0,07354}{1-0,07354}\left(1 + \dfrac{1,9}{2}\right)} = -142,8 + 23,1 = -119,7\ \text{MN/m}^2\ (-1197\ \text{kp/cm}^2)$$

Unter den gegebenen Bedingungen liefert der Fall 1 die ungünstigeren Werte. Der Fall 2 braucht deshalb nicht weiter verfolgt zu werden.

10.3.6 Zusammenstellung und Überlagerung der Biegespannungen unter Gebrauchslast

Bei der Überlagerung der Lastfälle ist darauf zu achten, daß die zulässigen Spannungen nach den „Richtlinien", Tab. 6, eingehalten werden.

Tafel 10.6 Zusammenstellung und Überlagerung der Biegespannungen unter Gebrauchslast ($x = \ell/2$)

Lastfall	σ_{bo}(MN/m²)	σ_{bu}(MN/m²)	σ_z(MN/m²)
v	+ 2,49	− 13,70	+ 824,5
g_1	− 3,10	+ 6,55	+ 30,3
g_2	− 1,43	+ 3,03	+ 14,0
p	− 2,28	+ 4,82	+ 22,3
$(s+k)_{6,36}$	− 0,14	+ 0,74	− 44,4
$(s+k)_{6,\infty}$	− 0,37	+ 2,06	− 124,1
Überlagerung			
$v + g_1$	− 0,61	− 7,15	+ 854,8
$v + g_1 + g_2 + p + (s+k)_{6,36}$	− 4,46	+ 1,44	+ 846,7
$v + g_1 + g_2 + p + (s+k)_{6,\infty}$	− 4,69	+ 2,76	+ 767,0

Beim Lastfall $v + g_1$ darf unten in der vorgedrückten Zugzone die zulässige Druckspannung von − 20 MN/m² (− 200 kp/cm²) (Zeile 7) nicht überschritten werden. Der zulässige Wert für die Stahlspannung ist $0{,}55 \cdot \beta_Z = 0{,}55 \cdot 1600 = 880$ MN/m² (8,8 Mp/cm²) (Zeile 65).

Der Lastfall $v+g_1 + g_2 + (s+k)_{t1,t2}$ wird untersucht, da bei einer hohen Stahlspannung aus g_2 und p die zulässige Stahlspannung überschritten werden könnte.

Beim Lastvall $v + g_1 + g_2 + p + (s+k)_{t1,t\infty}$ sind die zulässige Zugspannung von + 4,5 MN/m² (+ 45 kp/cm²) (Zeile 19) und in der Druckzone die zulässige Druckspannung von − 18 MN/m² (− 180 kp/cm²) (Zeile 3) einzuhalten.

10.3.7 Rissebeschränkung

Der maßgebende Lastfall für die Ermittlung der durch Bewehrung aufzunehmenden Betonzugkraft ist nach Abschn. 10.2 der „Richtlinien" von der Durchsetzung der vorgedrückten Zugzone mit im Verbund liegenden Spanngliedern abhängig.

Nach Bild 10.4 beträgt der gegenseitige Spanndrahtabstand 1,7 cm.

Mit $d_z \approx 0{,}8$ cm ist $1{,}7 < 20 \cdot 0{,}8 = 16$ cm,

Der Abstand vom gezogenen Rand ist mit $2{,}5 \text{ cm} < \frac{16}{2} = 8$ cm.

Es liegt der Fall der anteilmäßigen Durchsetzung der vorgedrückten Zugzone vor. Die Betonzugkraft ist daher für den Lastfall $v + g_1 + g_2 + p + (s+k)_{t1,t\infty}$ zu berechnen. Nach Bild 10.7 erhält man mit den Betonspannungen aus Tafel 10.6 die Höhe des Zugkeils

$$x = d \cdot \frac{\sigma_{bu}}{\sigma_{bu} - \sigma_{bo}} = 80 \cdot \frac{2{,}76}{2{,}76 + 4{,}69} = 29{,}64 \text{ cm}$$

und $$Z_b = \frac{\sigma_{bu}}{2} \cdot b_m \cdot x = \frac{0{,}276}{2} \cdot 31{,}3 \cdot 29{,}64 = 128{,}03 \text{ kN } (12803 \text{ kp})$$

mit $$b_m = 2 \cdot 15{,}65 = 31{,}30 \text{ cm.}$$

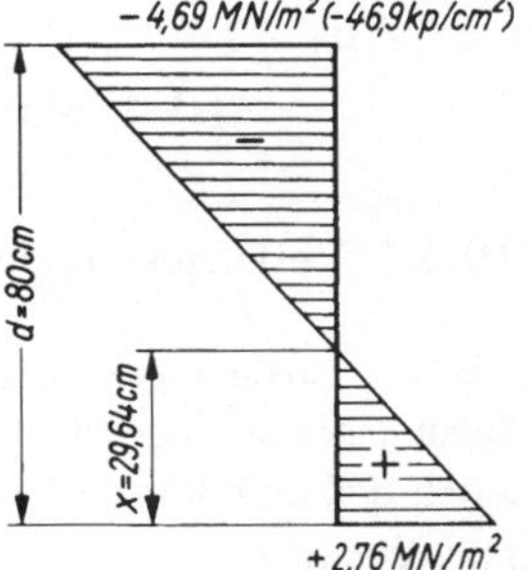

Bild 10.7
Bestimmung der Zugkeilhöhe für $x = \frac{1}{2}$

Für das Heranziehen der Spannungsreserve aller Spanndrähte wird vorausgesetzt, daß der Spannstrangschwerpunkt zwischen dem gezogenen Rand und x/3 liegt.

Mit $a_z = 7{,}57 \text{ cm} < \frac{x}{3} = \frac{29{,}64}{3} = 9{,}88$ cm ist die Voraussetzung erfüllt.

Die Spannungsreserve beträgt

$$\sigma_{z\,Res} = \text{zul}\ \sigma_{z,v+g1+g2+p+(s+k)t1,t\infty} = 880 - 767 =$$
$$= 113 \text{ MN/m}^2 \ (1130 \text{ kp/cm}^2) < 240 \text{ MN/m}^2 \ (2400 \text{ kp/cm}^2)$$

und die Kraftreserve

$$Z_{Res} = 11{,}30 \cdot 2 \cdot 6{,}5 = 146{,}90 \text{ kN} (14690 \text{ kp}) > Z_b = 128{,}03 \text{ kN } (12803 \text{ kp})$$

10.3.8 Biegebruchsicherheit

Es wird das Näherungsverfahren für schlanke Plattenbalken angewendet

$$\frac{b}{b_0} = \frac{238}{2 \cdot 18} = 6{,}61 > 5$$

$$M_{zU} = 1{,}75 \cdot M_q = 1{,}75\,(322{,}5 + 149{,}1 + 237{,}3) = 1240{,}6 \text{ kNm } (124{,}06 \text{ Mpm})$$

innerer Hebel

$$z = 80 - \frac{8}{2} - 7{,}57 = 68{,}43 \text{ cm} \quad \text{erf } D_{bU} = \frac{1240{,}6}{0{,}6843} = 1812{,}9 \text{ kN } (181{,}29 \text{ Mp})$$

$$\text{erf } F_z = \frac{1812{,}9}{145} = 12{,}5 \text{ cm}^2 < \text{vorh } F_z = 13 \text{ cm}^2 \qquad \max D_{bU} = b \cdot d \cdot \alpha \cdot \beta_R$$

Nach Bild 6.30 ist für $\frac{d}{h} = \frac{8}{72{,}43} = 0{,}11$ der Völligkeitsbeiwert $\alpha = 1{,}0$

$\beta_R = 0{,}6 \cdot 55{,}0 = 33 \text{ MN/m}^2$ (330 kp/cm²)

$\max D_{bU} = 238 \cdot 8 \cdot 1 \cdot 3{,}30 = 6283$ kN (628,3 Mp) $>$ erf $D_{bU} = 1812{,}9$ kN (181,29 Mp)

Damit ist die erforderliche Bruchsicherheit vorhanden.

10.4 Nachweise für den Schnitt $x = \ell/10 = 1{,}56$ m

10.4.1 Verringerung der Vorspannkraft durch Abisolieren einiger Spanndrähte

Die Druckspannungen aus äußeren Lasten nehmen im Endbereich des Trägers rasch ab, die Spannungen aus Vorspannung bleiben jedoch bei unveränderter Spanndrahtanzahl gleich. Dadurch sind im Endbereich der TT-Platte oben Zugspannungen zu erwarten.

Eine Abhilfe bringt hier das Abisolieren einiger Spanndrähte im Endbereich. Durch das Abisolieren wird der Verbund verhindert, so daß der Spannstahl in diesem Bereich spannungslos bleibt.

Zur Bestimmung, wie viele Spanndrähte abisoliert werden, wird der gleiche Weg wie bei der Vorbemessung gewählt.

$\sigma_{bo} = 0 \text{ MN/m}^2 \qquad F_b = 4208 \text{ cm}^2 \qquad I_b = 2545536 \text{ cm}^4$

$$W_{bo} = \frac{2545536}{25{,}08} = 101497 \text{ cm}^3$$

$$M_{g1} = 10{,}6 \cdot \frac{15{,}6}{2} \cdot 1{,}56 - 10{,}6 \cdot \frac{1{,}56^2}{2} = 116{,}1 \text{ kNm } (11{,}61 \text{ Mpm})$$

$$\sigma_{bo} = 0 = -\frac{Z_v}{F_b} + \frac{Z_v \cdot y_{bz}}{W_{bo}} - \frac{M_{g1}}{W_{bo}} \qquad \sigma_{bo} = -\frac{Z_v}{4208} + \frac{Z_v \cdot 44{,}92}{101497} - \frac{11610}{101497}$$

$$Z_v = 558{,}2 \text{ kN } (55{,}82 \text{ Mp}) \qquad \text{erf } F_z = \frac{558{,}2}{88} = 6{,}34 \text{ cm}^2$$

Von den gewählten 13 Spanndrähten je Steg werden 6 Drähte abisoliert; 7 Drähte bleiben im Verbund.

vorh $F_z = 7{,}0 \text{ cm}^2$

Bei Staffelung der Bewehrung muß die Zugkraftdeckung nachgewiesen werden. Deshalb ist für diesen Schnitt der Bruchsicherheitsnachweis entbehrlich. Der Nachweis vorh $F_z >$ erf F_z erfolgt mit der Zugkraftdeckung. Ein Versagen des Betons ist mit der Feststellung max D_{bU} $>$ erf D_{bU} im Schnitt $x = \frac{\ell}{2}$ ausgeschlossen.

10.4.2 Zusammenstellung und Überlagerung der Biegespannungen unter Gebrauchslast (s. Taf. 10.8)

Die Querschnittswerte müssen jetzt neu bestimmt werden.
Sie ergeben sich, entsprechend dem Schnitt $x = \frac{\ell}{2}$, zu

$F_i = 4239\ cm^2$ $a_z = 9{,}85$ cm

$y_{iu} = 54{,}59$ cm $y_{io} = 25{,}41$ cm $y_{iz} = 44{,}74$ cm

$I_i = 2607365\ cm^4$

$W_{io} = 102612\ cm^3$ $W_{iu} = 47763\ cm^3$ $W_{iz} = 58278\ cm^3$ $\alpha = 0{,}03780$

Tafel 10.8 Zusammenstellung und Überlagerung der Biegespannungen unter Gebrauchslast $(x = \frac{\ell}{10})$

Lastfall	$\sigma_{bo}(MN/m^2)$	$\sigma_{bu}(MN/m^2)$	$\sigma_z(MN/m^2)$
v	+ 1,25 ,	− 7,30	+ 856,4
g_1	− 1,13	+ 2,43	+ 10,7
g_2	− 0,52	+ 1,12	+ 4,9
p	− 0,83	+ 1,79	+ 7,9
$(s+k)_{6,36}$	− 0,05	+ 0,31	− 35,8
$(s+k)_{6,\infty}$	− 0,18	+ 1,03	− 121,3
Überlagerung			
$v + g_1$	+ 0,12	− 4,87	+ 867,1
$v + g_1 + g_2 + p + (s+k)_{6,36}$	− 1,28	− 1,65	+ 844,1
$v + g_1 + g_2 + p + (s+k)_{6,\infty}$	− 1,41	− 0,93	+ 758,6

Lastfall Vorspannung

$Z_v^{(0)} = 7 \cdot 89 = 623$ kN (62,3 Mp) $M_{bv}^{(0)} = 623 \cdot 0{,}4474 = -278{,}7$ kNm (−27,87 Mpm)

$$\sigma_{bo,v} = -\frac{623}{4239} + \frac{27870}{102612} = 0{,}125\ kN/cm^2 = 1{,}25\ MN/m^2\ (12{,}5\ kp/cm^2)$$

$$\sigma_{bu,v} = -\frac{623}{4239} - \frac{27870}{47763} = -0{,}73\ kN/cm^2 = -7{,}3\ MN/m^2\ (-73{,}0\ kp/cm^2)$$

$$\sigma_{bz,v} = -\frac{623}{4239} - \frac{27870}{58278} = -0{,}625\ kN/cm^2 = -6{,}25\ MN/m^2\ (-62{,}5\ kp/cm^2)$$

$$\sigma_{zv} = 890 - 5{,}38 \cdot 6{,}25 = 856{,}4\ MN/m^2\ (8564\ kp/cm^2)$$

Lastfall g_1

$$A_{g1} = 10{,}6 \cdot \frac{15{,}60}{2} = 82{,}7 \text{ kN } (8{,}27 \text{ Mp})$$

$$M_{g1} = 82{,}7 \cdot 1{,}56 - 10{,}6 \cdot \frac{1{,}56^2}{2} = 116{,}1 \text{ kNm } (11{,}61 \text{ Mpm})$$

$$\sigma_{bo,g1} = -\frac{11610}{102612} = -0{,}113 \text{ kN/cm}^2 = -1{,}13 \text{ MN/m}^2 \; (-11{,}3 \text{ kp/cm}^2)$$

$$\sigma_{bu,g1} = +\frac{11610}{47763} = 0{,}243 \text{ kN/cm}^2 = 2{,}43 \text{ MN/m}^2 \; (24{,}3 \text{ kp/cm}^2)$$

$$\sigma_{bz,g1} = +\frac{11610}{58278} = 0{,}199 \text{ kN/cm}^2 = 1{,}99 \text{ MN/m}^2 \; (19{,}9 \text{ kp/cm}^2)$$

$$\sigma_{z,g1} = 5{,}38 \cdot 1{,}99 = 10{,}7 \text{ MN/m}^2 \; (107 \text{ kp/cm}^2)$$

Lastfall g_2

$$A_{g2} = 4{,}9 \cdot \frac{15{,}60}{2} = 38{,}2 \text{ kN } (3{,}82 \text{ Mp})$$

$$M_{g2} = 3{,}82 \cdot 1{,}56 - 4{,}9 \cdot \frac{1{,}56^2}{2} = 53{,}6 \text{ kNm } (5{,}36 \text{ Mpm})$$

$$\sigma_{bo,g2} = -\frac{5360}{102612} = -0{,}052 \text{ kN/cm}^2 = -0{,}52 \text{ MN/m}^2 \; (-5{,}2 \text{ kp/cm}^2)$$

$$\sigma_{bu,g2} = +\frac{5360}{47763} = 0{,}112 \text{ kN/cm}^2 = 1{,}12 \text{ MN/m}^2 \; (11{,}2 \text{ kp/cm}^2)$$

$$\sigma_{bz,g2} = +\frac{5360}{58278} = 0{,}092 \text{ kN/cm}^2 = 0{,}92 \text{ MN/m}^2 \; (9{,}2 \text{ kp/cm}^2)$$

$$\sigma_{z,g2} = +5{,}38 \cdot 0{,}92 = 4{,}90 \text{ MN/m}^2 \; (49{,}0 \text{ kp/cm}^2)$$

Lastfall p

$$A_p = 7{,}8 \cdot \frac{15{,}6}{2} = 60{,}8 \text{ kN } (6{,}08 \text{ Mp})$$

$$M_p = 60{,}8 \cdot 1{,}56 - 7{,}8 \cdot \frac{1{,}56^2}{2} = 85{,}4 \text{ kNm } (8{,}54 \text{ Mpm})$$

$$\sigma_{bo,p} = -\frac{8540}{102612} = -0{,}083 \text{ kN/cm}^2 = -0{,}83 \text{ MN/m}^2 \; (-8{,}3 \text{ kp/cm}^2)$$

$$\sigma_{bu,p} = +\frac{8540}{47763} = 0{,}179 \text{ kN/cm}^2 = 1{,}79 \text{ MN/m}^2 \; (17{,}9 \text{ kp/cm}^2)$$

$$\sigma_{bz,p} = +\frac{8540}{58278} = 0{,}147 \text{ kN/cm}^2 = 1{,}47 \text{ MN/m}^2 \; (14{,}7 \text{ kp/cm}^2)$$

$$\sigma_{z,p} = +5{,}38 \cdot 1{,}47 = 7{,}9 \text{ MN/m}^2 \; (79 \text{ kp/cm}^2)$$

Lastfall s + k

Alle Vorwerte stimmen mit denen im Schnitt $x = \frac{\ell}{2}$ überein. Lediglich $\sigma_{bz,v}$ und $\sigma_{bz,d}$ haben sich geändert.

Fall 1: Frühester Einbau nach 1 Monat
Schwind-, Kriechverlust zum Zeitpunkt t = 1 Monat

$\sigma_{bz,v} = -6{,}25$ MN/m² (− 62,5 kp/cm²) $\qquad \sigma_{bz,g1} = 1{,}99$ MN/m² (19,9 kp/cm²)

$\sigma_{bz,v} + \sigma_{bz,g1} = -4{,}26$ MN/m² (− 42,6 kp/cm²)

$$\sigma_{z,s+k} = -\frac{5{,}38 \cdot 4{,}26 \cdot 0{,}964 + 7{,}5 \cdot 10^{-5} \cdot 2{,}1 \cdot 10^5}{1 + \dfrac{0{,}0378}{1-0{,}0378}\left(1 + \dfrac{0{,}964}{2}\right)} = -35{,}8 \text{ MN/m}^2 \;(-358 \text{ kp/cm}^2)$$

$$\frac{\sigma_{z,s+k}}{\sigma_{zv,t1}} = -\frac{35{,}8}{856{,}4} = -0{,}0418 = -4{,}18\,\%$$

$\sigma_{bo} = -1{,}25 \cdot 0{,}0418 = -0{,}05$ MN/m² (− 0,5 kp/cm²)

$\sigma_{bu} = +7{,}30 \cdot 0{,}0418 = 0{,}31$ MN/m² (3,1 kp/cm²)

Schwind-, Kriechverlust zum Zeitpunkt t = ∞

$$\sigma_{z,s+k} = -\frac{5{,}38 \cdot 4{,}26 \cdot 3{,}52 + 32{,}3 \cdot 10^{-5} \cdot 2{,}1 \cdot 10^5}{1 + \dfrac{0{,}0378}{1-0{,}0378}\left(1 + \dfrac{3{,}52}{2}\right)} + \frac{5{,}38 \cdot 0{,}92 \cdot 2{,}8}{1 + \dfrac{0{,}0378}{1-0{,}0378}\left(1 + \dfrac{2{,}8}{2}\right)} =$$

$$= -134{,}0 + 12{,}7 = -121{,}3 \text{ MN/m}^2 \;(-1213 \text{ kp/cm}^2)$$

$$\frac{\sigma_{z,s+k}}{\sigma_{zv,t1}} = -\frac{121{,}3}{856{,}4} = -0{,}1416 = -14{,}16\,\%$$

$\sigma_{bo} = -1{,}25 \cdot 0{,}1416 = -0{,}18$ MN/m² (− 1,8 kp/cm²)

$\sigma_{bu} = +7{,}30 \cdot 0{,}1416 = 1{,}03$ MN/m² (10,3 kp/cm²)

Fall 2: Spätester Einbau nach 3 Monaten
Schwind-, Kriechverlust zum Zeitpunkt t = ∞

$$\sigma_{z,s+k} = -\frac{5{,}38 \cdot 4{,}26 \cdot 3{,}18 + 28{,}8 \cdot 10^{-5} \cdot 2{,}1 \cdot 10^5}{1 + \dfrac{0{,}0378}{1-0{,}0378}\left(1 + \dfrac{3{,}18}{2}\right)} + \frac{5{,}38 \cdot 0{,}92 \cdot 1{,}9}{1 + \dfrac{0{,}0378}{1-0{,}0378}\left(1 + \dfrac{1{,}9}{2}\right)}$$

$$= -121{,}0 + 8{,}7 = -112{,}3 \text{ MN/m}^2 \;(-1123 \text{ kp/cm}^2)$$

Auch hier ist, wie beim Schnitt $x = \frac{\ell}{2}$, der Fall 1 maßgebend.

10.4.3 Rissebeschränkung

Beim Schnitt $x = \frac{\ell}{10}$ treten lediglich für den Lastfall $v + g_1$ an der Oberseite der TT-Platte Zugspannungen auf.

Zugkeildeckung für den Lastfall $v + g_1$ $\quad x = 80 \, \frac{0{,}12}{0{,}12 + 4{,}87} = 1{,}92$ cm

$Z_b = \frac{0{,}012}{2} \cdot 1{,}92 \cdot 238 = 2{,}74$ kN (274 kp) $\quad \text{erf } F_e = \frac{2{,}74}{24{,}00} = 0{,}11 \text{ cm}^2$

Die erforderliche Bewehrung wird durch die obere, konstruktive Längsbewehrung abgedeckt.

10.5 Schiefe Hauptspannungen, Zugkraftdeckung und Schubbewehrung

10.5.1 Schiefe Hauptspannungen unter Gebrauchslast

Die maßgebende schiefe Hauptzugspannung ist im Bereich der Längsdruckspannungen zu suchen, im Bereich von Längszugspannungen dagegen nur in der Mittelfläche von Gurten und Stegen, soweit zugbeanspruchte Gurte anschließen. Dies ist bei dem gegebenen Beispiel nicht der Fall.

Für die Anschlußfugen der Druckplatte an die Stege sind jedoch die Hauptzugspannungen in ihrer Mittelfläche zu bestimmen. Dabei braucht gemäß „Richtlinien" Abschn. 12.1, die Schubspannung aus Scheibenwirkung nicht mit der Schubspannung aus Plattenwirkung überlagert zu werden.

Nachweis an der Stelle x = 1,56 m

Schnitt I–I

$y_{bu} = 54{,}92$ cm $\quad y_{bo} = 25{,}08$ cm

Statisches Moment, bezogen auf die Schwerlinie

$$S_b \cong 8 \cdot 238 \left(25{,}08 - \frac{8}{2}\right) = 40136 \text{ cm}^2$$

$$Q = 23{,}3 \cdot \frac{15{,}60}{2} - 23{,}3 \cdot 1{,}56 = 145{,}4 \text{ kN } (14{,}54 \text{ Mp})$$

$$\tau = \frac{Q \cdot S_b}{I_b \cdot b} \qquad \tau_0 = \frac{145{,}40 \cdot 40136}{2545536 \cdot 238} = 0{,}0096 \text{ kN/cm}^2 = 0{,}096 \text{ MN/m}^2 \; (0{,}96 \text{ kp/cm}^2)$$

$$\tau_u = \frac{145{,}40 \cdot 40136}{2545536 \cdot 2 \cdot 18} = 0{,}064 \text{ kN/cm}^2 = 0{,}64 \text{ MN/m}^2 \; (6{,}4 \text{ kp/cm}^2)$$

Schnitt S–S

$$S_b = 40136 + 2 \cdot 17{,}05 \cdot \frac{17{,}08^2}{2} + 2 \cdot 0{,}95 \cdot \frac{17{,}08}{2} \cdot \frac{2}{3} \cdot 17{,}08 = 45295 \text{ cm}^3$$

$$\tau = \frac{145{,}40 \cdot 45295}{2545536 \cdot 2 \cdot 17{,}05} = 0{,}076 \text{ kN/cm}^2 = 0{,}76 \text{ MN/m}^2 \ (7{,}6 \text{ kp/cm}^2)$$

Schnitt II–II

$$S_b = 2 \cdot 14 \cdot 25 \cdot \left(54{,}92 - \frac{25}{2}\right) + 2 \cdot 1{,}39 \cdot \frac{25}{2} \cdot \left(54{,}92 - \frac{2}{3} \cdot 25\right) = 29694 + 1329 = 31023 \text{ cm}^3$$

$$\tau = \frac{145{,}40 \cdot 31023}{2545536 \cdot 2 \cdot 15{,}39} = 0{,}058 \text{ kN/cm}^2 = 0{,}58 \text{ MN/m}^2 \ (5{,}8 \text{ kp/cm}^2)$$

Schnitt III–III

$$S_b = 51 \cdot 8 \cdot \left(25{,}08 - \frac{8}{2}\right) = 8601 \text{ cm}^3$$

$$\tau = \frac{145{,}40 \cdot 8601}{2545536 \cdot 8} = 0{,}061 \text{ kN/cm}^2 = 0{,}61 \text{ MN/m}^2 \ (6{,}1 \text{ kp/cm}^2)$$

Schiefe Hauptzugspannungen (Bild 10.9)

Schnitt I–I

$$\sigma_{Io} = -\frac{1{,}36}{2} + \frac{1}{2}\sqrt{1{,}36^2 + 4 \cdot 0{,}096^2} = 0{,}007 \text{ MN/m}^2 \ (0{,}07 \text{ kp/cm}^2)$$

$$\sigma_{Iu} = -\frac{1{,}36}{2} + \frac{1}{2}\sqrt{1{,}36^2 + 4 \cdot 0{,}64^2} = 0{,}25 \text{ MN/m}^2 \ (2{,}5 \text{ kp/cm}^2)$$

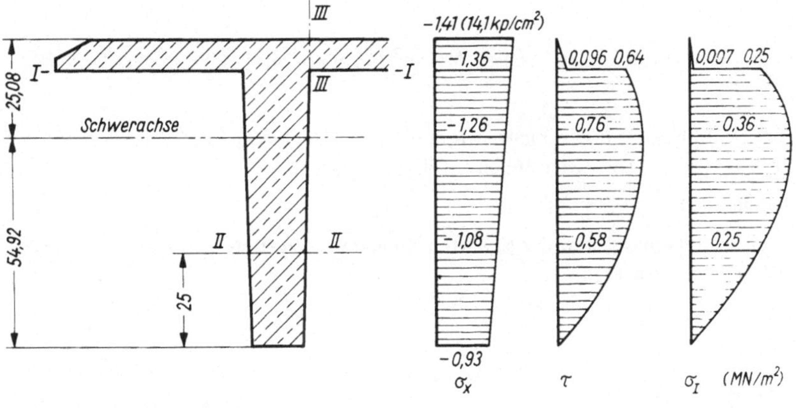

Bild 10.9
Hauptzugspannungen σ_I (x = 1,56 m)

Schnitt S–S

$$\sigma_I = -\frac{1{,}26}{2} + \frac{1}{2}\sqrt{1{,}26^2 + 4 \cdot 0{,}76^2} = 0{,}36\ \text{MN/m}^2\ (3{,}6\ \text{kp/cm}^2)$$

Schnitt II–II

$$\sigma_I = -\frac{1{,}08}{2} + \frac{1}{2}\sqrt{1{,}08^2 + 4 \cdot 0{,}58^2} = 0{,}25\ \text{MN/m}^2\ (2{,}5\ \text{kp/cm}^2)$$

Schnitt III–III (in der Mittelfläche)

$$\sigma_x = -(1{,}41 + 1{,}36)/2 = -1{,}385\ \text{MN/m}^2\ (-13{,}85\ \text{kp/cm}^2)$$

$$\sigma_I = -\frac{1{,}385}{2} + \frac{1}{2}\sqrt{1{,}385^2 + 4 \cdot 0{,}61^2} = 0{,}23\ \text{MN/m}^2\ (2{,}3\ \text{kp/cm}^2)$$

Nach den „Richtlinien“ Tab. 6, Zeile 49, ist zul $\sigma_I = 3{,}5\ \text{MN/m}^2\ (35\ \text{kp/cm}^2)$

$$\max \sigma_I = 0{,}36\ \text{MN/m}^2\ (3{,}6\ \text{kp/cm}^2) < 3{,}5\ \text{MN/m}^2\ (35\ \text{kp/cm}^2)$$

10.5.2 Zugkraftdeckung

Das Versatzmaß v wird überschläglich mit Hilfe der Schubspannung im Schnitt $0{,}5\ d_0 = 40$ cm vom Auflagerrand ermittelt. Da in diesem Bereich die Vorspannung noch nicht voll wirkt, ist die Schubspannung nach Zustand II zu berechnen.

Schnitt $x = 0{,}15 + 0{,}40 = 0{,}55$ m

$$Q_U = 1{,}75 \cdot 23{,}3 \cdot \frac{15{,}60}{2} - 1{,}75 \cdot 23{,}3 \cdot 0{,}55 = 295{,}6\ \text{kN}\ (29{,}56\ \text{Mp})$$

$$z = 0{,}80 - 0{,}0985 - \frac{0{,}08}{2} = 0{,}6615\ \text{m}$$

$$\tau_0 = \frac{295{,}60}{2 \cdot 14 \cdot 66{,}15} = 0{,}159\ \text{kN/cm}^2 = 1{,}59\ \text{MN/m}^2\ (15{,}9\ \text{kp/cm}^2)$$

Ein Nachweis der Schubbewehrung ist nicht erforderlich, da $1{,}59\ \text{MN/m}^2\ (15{,}9\ \text{kp/cm}^2) < < 2{,}2\ \text{MN/m}^2\ (22{,}0\ \text{kp/cm}^2)$ ist („Richtlinien“, Tab. 6, Zeile 50).

Für diesen Fall ergibt sich $v = 0{,}75$ h.

Sollte sich bei der Schubbemessung wider Erwarten ein anderes Ergebnis herausstellen, so wäre die Zugkraftdeckung zu korrigieren.

Zugkraft-Linie

Die Zugkraftlinie erhält man, indem man die $\frac{M_U}{z}$-Linie um das Versatzmaß v in jedem Punkt derart waagerecht verschiebt, daß sich stets eine vergrößerte Zugkraft ergibt.

Für den inneren Hebelarm z und die statische Höhe h wird folgende, auf der sicheren Seite liegende Näherung getroffen:

1. Zur Bestimmung von $\frac{M_U}{z}$ min z an der Stelle $x = \frac{\ell}{10}$

$$z = 80 - 9{,}85 - \frac{8}{2} = 66{,}15 \text{ cm}$$

2. Zur Bestimmung von v max h an der Stelle $x = \frac{\ell}{2}$

$h = 80 - 7{,}57 = 72{,}43$ cm $\quad v = 0{,}75\, h = 0{,}75 \cdot 72{,}43 = 54{,}32$ cm

Tafel 10.10 $\frac{M_U}{z}$-Werte

x (m)	M_U (kNm)	z (cm)	$\frac{M_U}{z}$ (kN)
1,56	446,5	66,15	675,0
3,12	793,7	66,15	1199,8
4,68	1041,7	66,15	1574,8
6,24	1190,5	66,15	1799,7
7,80	1240,6	66,15	1875,4

Zugkraft-Deckungslinie

Die Zugkraft-Deckungslinie wird anhand der Zugkraftlinie zeichnerisch ermittelt (Bild 10.11).

Außerdem wird überschläglich die maximale Spannkraft bzw. die Anzahl der Spanndrähte berechnet, bei der im Lastfall $v + g_1$ an der Oberseite der TT-Platte keine Zugspannungen auftreten.

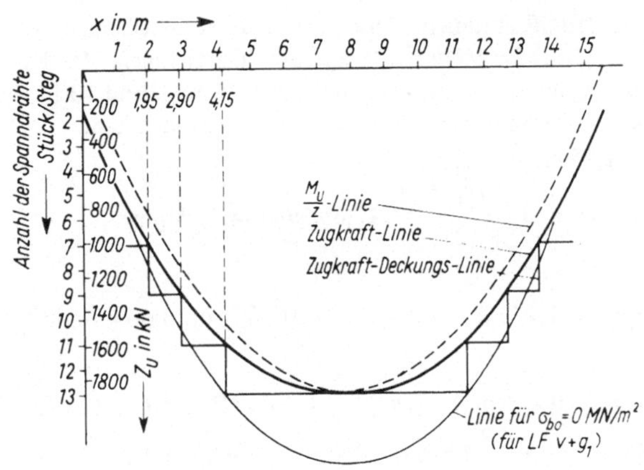

Bild 10.11
Zugkraftdeckung

Bedingung $\sigma_{bo} = 0 \text{ MN/m}^2 \qquad 0 = -\frac{Z_v}{F_b} + \frac{Z_v \cdot y_{bz}}{W_{bo}} - \frac{M_{g1}}{W_{bo}}$

$\max F_z = \frac{Z_v}{88} \mathrel{\widehat{=}}$ max Anzahl der Spanndrähte pro Steg (Taf. 10.12)

Tafel 10.12 max F_z für $\sigma_{bo} \approx 0$ MN/m²

x(m)	a_z(cm)	y_{bz}(cm)	Z_v(kN)	F_z(cm²)
1,56	9,85	45,07	554, 2	6,3
3,12	9,28	45,64	958,6	10,9
4,68	8,71	46,21	1225,9	13,9
6,24	8,14	46,78	1365,8	15,5
7,80	7,57	47,35	1388,3	15,8

Trägt man die so gewonnenen Punkte auf und verbindet sie zu einer Kurve, dann muß die Zugkraft-Deckungslinie zwischen dieser Kurve und der Zugkraft-Linie liegen.

$F_b = 4208 \text{ cm}^2 \qquad W_{bo} = 101497 \text{ cm}^3 \qquad y_{bz} = y_{bu} - a_z = 54{,}92 - a_z$

a_z wird für die einzelnen Schnitte geschätzt. Es liegt zwischen $a_z = 9{,}85$ cm für den Schnitt $x = \frac{\ell}{10}$ und $a_z = 7{,}57$ cm für den Schnitt $x = \frac{\ell}{2}$.

Bild 10.11 zeigt, daß in den Schnitten x = 1,95 m und x = 2,90 m für den Lastfall $v + g_1$ Betonzugkräfte an der Oberseite der TT-Platte auftreten. Sie können jedoch wie diejenigen im Schnitt x = 1,56 m konstruktiv abgedeckt werden, weil sie von gleicher Größenordnung sind.

10.5.3 Schiefe Hauptspannungen unter Bruchlast

Da in Zone a und b Nachweise geführt werden müssen, wird erst die Übergangsstelle von Zone a zur Zone b gesucht. Nach den „Richtlinien" Abschn. 12.3.1, ist die Übergangsstelle bei der Betonspannung $\sigma_{bu,qU+v+s+k} = 3{,}5$ MN/m² (35 kp/cm²) anzunehmen. Man kann erwarten, daß diese Betonzugspannung bis zur Sprungstelle bei x = 1,95 m (s. Bild 10.11) auftritt, so daß mit den Querschnittswerten des Schnittes x = 1,56 gerechnet werden kann.
An der Sprungstelle x = 1,95 erhält man

$$M_{qU} = 318 \cdot 1{,}95 - 1{,}75 \cdot 23{,}3 \cdot \frac{1{,}95^2}{2} = 542{,}6 \text{ kNm } (54{,}26 \text{ Mpm})$$

$$\sigma_{bu,qU} = + \frac{542{,}6 \cdot 10^2}{47{,}763 \cdot 10^3} = 1{,}136 \text{ kN/cm}^2 = 11{,}36 \text{ MN/m}^2 \ (113{,}60 \text{ kp/cm}^2)$$

$\sigma_{bu,v} = -7{,}3 \text{ MN/m}^2 \ (-73{,}0 \text{ kp/cm}^2) \qquad \sigma_{bu,s+k} = 1{,}03 \text{ MN/m}^2 \ (10{,}3 \text{ kp/cm}^2)$ (s. Taf. 10.8)

$\sigma_{bu,qU+v+s+k} = +11{,}36 - 7{,}30 + 1{,}03 = 5{,}09 \text{ MN/m}^2 \ (50{,}9 \text{ kp/cm}^2) > 3{,}5 \text{ MN/m}^2 \ (35 \text{ kp/cm}^2)$

Die Zone b beginnt also zwischen x = 0 und x = 1,95 m.

Die genaue Lage errechnet sich aus der Bedingung

$$\sigma_{bu,v} + \sigma_{bu,s+k} + \frac{1{,}75 \cdot q\,(\ell\,x - x^2)}{2 \cdot W_{iu}} = 3{,}5\ \text{MN/m}^2\ (35\ \text{kp/cm}^2)$$

bzw. $$\frac{(3{,}5 - \sigma_{bu,v} - \sigma_{bu,s+k}) \cdot 2 \cdot W_{iu}}{1{,}75 \cdot q} = x \cdot (\ell - x)$$

Mit $\sigma_{bu,v} = -7{,}3\ \text{MN/m}^2\ (-73{,}0\ \text{kp/cm}^2)$; $\sigma_{bu,s+k} = 1{,}03\ \text{MN/m}^2\ (10{,}3\ \text{kp/cm}^2)$ (s. Taf. 10.8) und $W_{iu} = 47763\ \text{cm}^3$ wird

$$\frac{[0{,}35 - (-0{,}730) - (+0{,}103)] \cdot 2 \cdot 47763}{1{,}75 \cdot 0{,}233} = x\,(1560 - x)$$

Daraus erhält man die Übergangsstelle bei $x_1 = 164$ cm ($x_2 = 1396$ cm). An der Grenze von Zone a zu Zone b ist $Q_U = 318 - 1{,}75 \cdot 23{,}3 \cdot 1{,}64 = 251{,}1$ kN (25,11 Mp)

$$M_{qU} = 318 \cdot 1{,}64 - 1{,}75 \cdot 23{,}3 \cdot \frac{1{,}64^2}{2} = 466{,}7\ \text{kNm}\ (46{,}67\ \text{Mpm})$$

$$\sigma_{bo} = +0{,}125 - 0{,}018 - \frac{466{,}7 \cdot 10^2}{1{,}02612 \cdot 10^5} = -0{,}348\ \text{kN/cm}^2 = -3{,}48\ \text{MN/m}^2\ (-34{,}8\ \text{kp/cm}^2)$$

Zur Kontrolle $$\sigma_{bu} = -0{,}730 + 0{,}103 + \frac{466{,}7 \cdot 10^2}{47{,}763 \cdot 10^3} = 0{,}35\ \text{kN/cm}^2$$

$$= 3{,}5\ \text{MN/m}^2\ (35{,}0\ \text{kp/cm}^2)$$

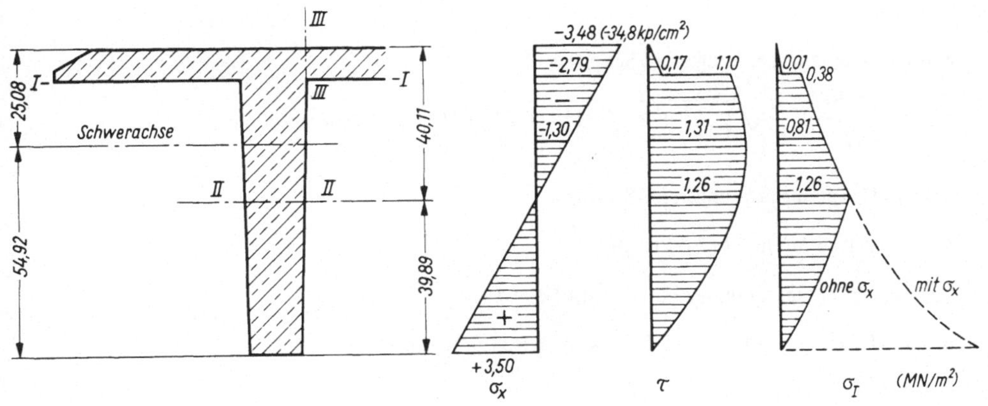

Bild 10.13 Hauptzugspannungen σ_I (x = 1,64 m)

Hauptzugspannungen σ_I (Bild 10.13)

Schubspannungen im Schnitt I–I

$$\tau_0 = \frac{251{,}10 \cdot 40136}{2545536 \cdot 238} = 0{,}017\ \text{kN/cm}^2 = 0{,}17\ \text{MN/m}^2\ (1{,}7\ \text{kp/cm}^2)$$

$$\tau_u = \frac{251{,}10 \cdot 40136}{2545536 \cdot 2 \cdot 18} = 0{,}11 \text{ kN/cm}^2 = 1{,}1 \text{ MN/m}^2 \text{ (11,0 kp/cm}^2\text{)}$$

Schubspannungen im Schnitt S–S

$$\tau = \frac{251{,}10 \cdot 45295}{2545536 \cdot 2 \cdot 17{,}05} = 0{,}131 \text{ kN/cm}^2 = 1{,}31 \text{ MN/m}^2 \text{ (13,1 kp/cm}^2\text{)}$$

Schubspannungen im Schnitt II–II

$$S = 2 \cdot 14 \cdot 39{,}89 \left(54{,}92 - \frac{39{,}89}{2}\right) + 2 \cdot 2{,}22 \cdot \frac{39{,}89}{2}\left(54{,}92 - 39{,}89 \cdot \frac{2}{3}\right) = 39064 + 2509 = 41573 \text{ cm}^3$$

$$\tau = \frac{251{,}10 \cdot 41573}{2545536 \cdot 2 \cdot 16{,}22} = 0{,}126 \text{ kN/cm}^2 = 1{,}26 \text{ MN/m}^2 \text{ (12,6 kp/cm}^2\text{)}$$

Schubspannungen im Schnitt III–III

$$\tau = \frac{251{,}10 \cdot 8601}{2545536 \cdot 8} = 0{,}106 \text{ kN/cm}^2 = 1{,}06 \text{ MN/m}^2 \text{ (10,6 kp/cm}^2\text{)}$$

Schiefe Hauptzugspannungen im Schnitt I–I

$$\sigma_{Io} = -\frac{2{,}79}{2} + \frac{1}{2}\sqrt{2{,}79^2 + 4 \cdot 0{,}17^2} = 0{,}01 \text{ MN/m}^2 \text{ (0,1 kp/cm}^2\text{)}$$

$$\sigma_{Iu} = -\frac{2{,}79}{2} + \frac{1}{2}\sqrt{2{,}79^2 + 4 \cdot 1{,}10^2} = 0{,}38 \text{ MN/m}^2 \text{ (3,8 kp/cm}^2\text{)}$$

Schiefe Hauptzugspannungen im Schnitt S–S

$$\sigma_I = -\frac{1{,}30}{2} + \frac{1}{2}\sqrt{1{,}30^2 + 4 \cdot 1{,}31^2} = 0{,}81 \text{ MN/m}^2 \text{ (8,1 kp/cm}^2\text{)}$$

Schiefe Hauptzugspannungen im Schnitt II–II

$$\sigma_I = \tau = 1{,}26 \text{ MN/m}^2 \text{ (12,6 kp/cm}^2\text{)}$$

Schiefe Hauptzugspannungen im Schnitt III–III

$$\sigma_x = -(3{,}48 + 2{,}79)/2 = -3{,}14 \text{ MN/m}^2 \text{ (}-31{,}4 \text{ kp/cm}^2\text{)}$$

$$\sigma_I = -\frac{3{,}14}{2} + \frac{1}{2}\sqrt{3{,}14^2 + 4 \cdot 1{,}06^2} = 0{,}32 \text{ MN/m}^2 \text{ (3,2 kp/cm}^2\text{)}$$

Gemäß „Richtlinien", Abschn. 12.3.2.1, dürfen bei der Ermittlung der schiefen Hauptzugspannungen die Längszugspannungen unberücksichtigt bleiben, d.h., der σ_I-Verlauf entspricht dann in der Zugzone dem τ-Verlauf.

Nach den „Richtlinien", Tab. 6, Zeile 57 ist zul $\sigma_I = 9{,}0\ MN/m^2$ (90 kp/cm²).

Die größte vorhandene Hauptspannung ist max $\sigma_I = 1{,}26\ MN/m^2$ (12,6 kp/cm²) $< 9{,}0\ MN/m^2$ (90 kp/cm²)

Hauptdruckspannungen σ_{II}

In der Zone a sind auch die schiefen Hauptdruckspannungen nachzuweisen. Diese dürfen näherungsweise ermittelt werden aus

$$\sigma_{II}^{(II)} = |\sigma_I^{(I)}| + |\sigma_{II}^{(I)}| \quad \text{(„Richtlinien" Abschn. 12.3.2.2)}$$

Vereinfachend darf hierbei der Nachweis in der Schwerlinie des Trägers geführt werden, wenn die minimale Stegdicke eingesetzt wird.

Spannungen auf minimale Stegdicke umgerechnet

$$\tau = 1{,}31 \cdot \frac{17{,}05}{14} = 1{,}60\ MN/m^2\ (16{,}0\ kp/cm^2)$$

$$\sigma_I^{(I)} = -\frac{1{,}30}{2} + \frac{1}{2}\sqrt{1{,}30^2 + 4 \cdot 1{,}60^2} = 1{,}08\ MN/m^2\ (10{,}8\ kp/cm^2)$$

$$\sigma_{II}^{(I)} = -\frac{1{,}30}{2} - \frac{1}{2}\sqrt{1{,}30^2 + 4 \cdot 1{,}60^2} = -2{,}38\ MN/m^2\ (-23{,}8\ kp/cm^2)$$

$$\sigma_{II}^{(II)} = 1{,}08 + 2{,}38 = 3{,}46\ MN/m^2\ (34{,}6\ kp/cm^2)$$

Nach den „Richtlinien" Tab. 6, Zeile 63, ist zul $\sigma_{II}^{(II)} = 27{,}5\ MN/m^2$ (275 kp/cm²)

$\sigma_{II}^{(II)} = 3{,}46\ MN/m^2$ (34,6 kp/cm²) $< 27{,}5\ MN/m^2$ (275 kp/cm²)

Als maßgebende Spannungsgröße in Zone b gilt für die Querkraftbeanspruchung der Rechenwert der Schubspannung nach Zustand II.

$$\tau_0 = \frac{\text{red } Q_{bU}}{b_0 \cdot z}$$ (red $Q_{bU} = Q_{bU}$ bei gleichbleibendem Querschnitt und geradliniger Spanngliedführung)

Die größte Querkraft, und damit die größte Schubspannung, tritt bei diesem Beispiel beim Übergang von Zone a zur Zone b auf.

Der innere Hebelarm z ist dem Nachweis der Biegebruchsicherheit im betrachteten Schnitt zu entnehmen.

$$z = 80 - 9{,}85 - \frac{8}{2} = 66{,}15\ cm \qquad \max \tau_0 = \frac{251{,}10}{2 \cdot 14 \cdot 66{,}15} = 0{,}136\ kN/cm^2 =$$

$$= 1{,}36\ MN/m^2\ (13{,}6\ kp/cm^2)$$

Nach den „Richtlinien" Tab. 6, Zeile 57, ist zul $\tau = 9{,}0\ MN/m^2$ (90 kp/cm²).

Die größte vorhandene Schubspannung ist max $\tau_0 = 1{,}36\ MN/m^2$ (13,6 kp/cm²) $<$ $< 9{,}0\ MN/m^2$ (90 kp/cm²)

Weiterhin heißt es in den „Richtlinien“ Abschn. 12.3.3:

„Für druckbeanspruchte Gurte in Zone b sind die schiefen Hauptzug- und Hauptdruckspannungen nachzuweisen und wie in Zone a zu begrenzen.“

Die größte Hauptzugspannung tritt an der Übergangsstelle von Zone a zur Zone b und die größte Hauptdruckspannung in der Zone b als Randlängsspannung in Trägermitte auf.

$\max \sigma_{II} = \sigma_{Rand} = +2{,}49 - 1{,}75\,(3{,}10 + 1{,}43 + 2{,}28) - 0{,}37 = -9{,}8$ MN/m² $(-98{,}0$ kp/cm²$)$ $< 27{,}5$ MN/m² (275 kp/cm²) (s. Taf. 10.6)

10.5.4 Schubbemessung

Die größte, unter rechnerischer Bruchlast auftretende Hauptzugspannung beträgt in diesem Beispiel $\sigma_I = 1{,}36$ MN/m² (13,6 kp/cm²) $< 2{,}20$ MN/m² (22,0 kp/cm²) (vgl. „Richtlinien“ Tab. 6, Zeile 50).

Ein Nachweis der Schubbewehrung ist also nicht erforderlich.

Die Mindest-Schubbewehrung gemäß „Richtlinien“ Abschn. 6.7.4 bezogen auf die Schnittfläche $b_0 \cdot a$, ist $\mu = 0{,}22\,\%$ wobei

b_0 = Stegbreite in Höhe der Schwerlinie des gesamten Querschnittes
a = die Längeneinheit, gemessen in Steglängsrichtung

b_0 = 17,05 cm (pro Steg)

a = 100 cm

$\text{erf } f_{eBü} = 17{,}05 \cdot 100 \cdot 0{,}0022 = 3{,}75$ cm²/m Steg

10.6 Bewehrung im Einleitungsbereich

Die Eintragungslänge beträgt mit

$s = d_0 = 80$ cm und $ü = k_1 \cdot d_z = 60 \cdot 0{,}8 = 48$ cm $(k_1 = 60 \quad d_z = 0{,}8$ cm$)$

$e = \sqrt{s^2 + ü^2} = \sqrt{80^2 + 48^2} = 93{,}3$ cm

Die Aufhängebewehrung wird auf einen Bereich $0{,}5 \cdot d_0$ verteilt. Am Ende dieses Bereiches (x = 0,55 m) ergab sich unter rechnerischer Bruchlast $\tau_0 = 0{,}159$ kN/cm² (15,9 kp/cm²). Daraus folgt die Bügelbewehrung

$$\text{erf } F_{eBÜ} = \frac{0{,}159 \cdot 14}{42{,}00} \cdot 100 = 5{,}3 \text{ cm}^2/\text{m Steg}$$

Diese Schubbewehrung wird über die Eintragungslänge konstant eingelegt, womit

$$\text{erf } F_{eBÜ} = 5{,}3 \cdot 0{,}933 = 4{,}9 \text{ cm}^2/\text{Steg}$$

erforderlich werden.

Die Spaltzugbewehrung ergibt sich nach Bild 10.14

Danach ist

$$T = F_z \cdot \sigma_{zv} - \sigma_{bvm} \cdot b_m \cdot a_{Sp} = 3{,}5 \cdot 85{,}64 - 0{,}666 \cdot 14{,}33 \cdot 12 = 185{,}2\ \text{kN}\ (18{,}52\ \text{Mp})$$

$$Z_{BÜ} = \frac{T}{3} = \frac{185{,}2}{3} = 61{,}7\ \text{kN}\ (6{,}17\ \text{Mp}) \qquad \text{erf}\ F_{eBü} = \frac{61{,}7}{24} = 2{,}57\ \text{cm}^2/\text{Steg}$$

Auch an den Sprungstellen der Zugkraftdeckungslinie ist eine Spaltzugbewehrung erforderlich mit $\text{erf}\ F_{eBÜ} = \frac{2{,}57}{7} = 0{,}37\ \text{cm}^2/\text{Spanndraht}$.

Die Aufhängebewehrung ist für $A = 23{,}3 \cdot \frac{15{,}6}{2} = 181{,}7$ kN (18,17 Mp) zu bemessen.

Es ist

$$\text{erf}\ F_{eBü} \approx 1{,}2 \cdot \frac{181{,}7}{2 \cdot 24} = 4{,}6\ \text{cm}^2/\text{Steg}$$

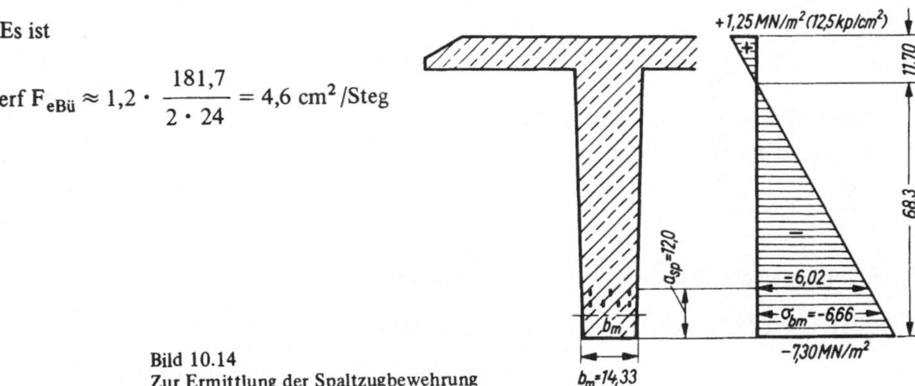

Bild 10.14
Zur Ermittlung der Spaltzugbewehrung

10.7 Nachweis der Verbundspannung und Verankerung der Spanndrähte

10.7.1 Nachweis der Verbundspannung zwischen Spanndraht und Beton

$$\tau_1 = \frac{Z_U - Z_v}{u \cdot a'} \qquad \text{(vgl. „Richtlinien“ Abschn. 13)}$$

Darin ist

Z_U = Zugkraft des Spanndrahtes beim Bruchsicherheitsnachweis

Z_v = zul. Zugkraft des Spanndrahtes unter Gebrauchslast

u = Umfang des Spanndrahtes

a' = Abstand zwischen dem Querschnitt des Maximalmomentes unter rechnerischer Bruchlast und dem Momentennullpunkt unter ständiger Last
(Bei diesem Beispiel (gestaffelte Bewehrung) erhält man den größten τ_1 -Wert, wenn für a' die Länge des kürzesten Spanndrahtes eingesetzt wird.)

$\sigma_U = 1450\ \text{MN/m}^2\ (14{,}5\ \text{Mp/cm}^2)$ zul $\sigma_v = 880\ \text{MN/m}^2\ (8{,}8\ \text{Mp/cm}^2)$

$Z_U = 0{,}5 \cdot 145 = 72{,}5\ \text{kN}\ (7{,}25\ \text{Mp})$/Spanndraht

$Z_V = 0{,}5 \cdot 88 = 44{,}0\ \text{kN}\ (4{,}4\ \text{Mp})$/Spanndraht

Der Umfang ist derjenige eines flächengleichen Rundstabes.

$F = 0{,}5\ \text{cm}^2$ entspricht einem Rundstab mit $d = 0{,}8$ cm $u = 2{,}51$ cm

$$a' = (15{,}60 - 2 \cdot 4{,}15 + 2 \cdot e)/2 = 4{,}58\ \text{m}$$

$$\tau_1 = \frac{72{,}50 - 44{,}00}{2{,}51 \cdot 458} = 0{,}0248\ \text{kN/cm}^2 = 0{,}248\ \text{MN/m}^2\ (2{,}48\ \text{kp/cm}^2)$$

$$\ll 2{,}0\ \text{MN/m}^2\ (20\ \text{kp/cm}^2)$$

Verankerungslänge in Zone a

$$a = \frac{Z_U}{\sigma_{zv} \cdot F_z} \cdot ü \quad \text{(vgl. „Richtlinien" Abschn. 14.2)}$$

σ_{zv} zulässige Vorspannung des Spannstahles

F_z Querschnittsfläche des Spanngliedes

$$Z_U = \frac{M_U}{z} + Q_U \frac{v}{h}$$

Z_U in Zone b, an der Übergangsstelle zu Zone a ermitteln

$Q_U = 251{,}1\ \text{kN}\ (25{,}11\ \text{Mp})$ $M_{qU} = 466{,}7\ \text{kNm}\ (46{,}67\ \text{Mpm})$ $v = 0{,}75\ h$

$$z = 80 - 9{,}85 - \frac{8}{2} = 66{,}15\ \text{cm} \qquad Z_U = \frac{466{,}7}{0{,}6615} + 251{,}1 \cdot 0{,}75 = 893{,}8\ \text{kN}\ (89{,}38\ \text{Mp})$$

$$a = \frac{893{,}80}{88{,}00 \cdot 7} \cdot 48 = 69{,}6\ \text{cm}$$

Vorhanden sind vorh $a = 164 - 15 - 2 = 147\ \text{cm} > 69{,}6$ cm

10.7.2 Verankerung der Spanndrähte im Inneren des Trägers

Die Staffelung der Spannglieder ergab sich nach der Zugkraftlinie.

An der Eintragungslänge e ändert sich nichts. Ebenfalls bleibt die Spaltzugbewehrung im Eintragungsbereich die gleiche, jedoch müssen 25 % der eingetragenen Vorspannkraft durch Bewehrung nach rückwärts verankert werden.

Eine im Bereich der Spannglieder vorhandene Druckspannung darf durch Abzug von $D = 5\ F_1 \cdot \sigma$ berücksichtigt werden. Die Rückhängekraft ergibt sich dann zu

$$Z_R = 0{,}25 \cdot Z_v - 5\ F_1 \cdot \sigma$$

mit F_1 = Aufstandsfläche des Ankerkörpers (bei Verbund: Fläche des Spanndrahtes)

Die zulässige Stahlspannung für schlaffe Bewehrung ergibt sich nach den „Richtlinien" Tab. 6, Zeile 68 bzw. 69.

Auch eine eventuell vorhandene Spannstahlreserve darf berücksichtigt werden, wenn die Zusatzbeanspruchung 240 MN/m² (2400 kp/cm²) nicht überschreitet.

Bei diesem Beispiel bleiben 5 $F_1 \cdot \sigma$ und die aus dem Lastfall v + g sich ergebende Spannungsreserve wegen Geringfügigkeit unberücksichtigt.

$Z_v \approx 0,5 \cdot 88 = 44$ kN (4,4 Mp)/Spanndraht $\qquad Z_R = 0,25 \cdot 44 = 11$ kN (1,1 Mp)

$$\text{erf } F_e^{III} = \frac{11}{24} = 0,46 \text{ cm}^2/\text{Spanndraht}$$

Diese Bewehrung darf nicht weiter als $1,5\sqrt{F_1}$ von der Achse des betreffenden Spanndrahtes entfernt liegen.

$$1,5\sqrt{F_1} = 1,5\sqrt{0,5} = 1,1 \text{ cm}$$

(muß aus konstruktiven Gründen vergrößert werden)

10.8 Schlaffe Bewehrung

10.8.1 Druckplatte in Querrichtung (Bild 10.15)

Der Nachweis erfolgt nach DIN 1045. Zusätzlich fordert Abschn. 15.6 der „Richtlinien", daß die nach Zustand I ermittelten Querbiegezugspannungen die Werte der Tab. 6, Zeile 45, nicht überschreiten.

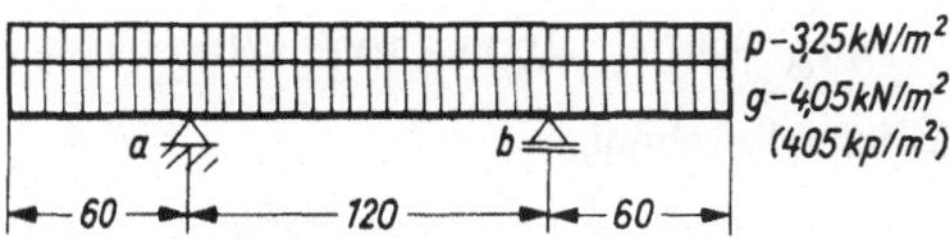

Bild 10.15
Statisches System der Druckplatte in Querrichtung

$$\max m_{Feld} = 7,3 \cdot \frac{1,2^2}{8} - 4,05 \cdot \frac{0,6^2}{2} = 0,59 \text{ kNm/m } (0,059 \text{ Mpm/m})$$

$$\min m_{Feld} = 4,05 \cdot \frac{1,2^2}{8} - 7,3 \cdot \frac{0,6^2}{2} = -0,59 \text{ kNm/m } (-0,059 \text{ Mpm/m})$$

Auf den Anschnitt bemessen wird $\quad m_s = -7,3 \cdot \dfrac{0,51^2}{2} = -0,95$ kNm/m (− 0,095 Mpm/m)

$$W_b = 100 \cdot \frac{8^2}{6} = 1066,7 \text{ cm}^3$$

$$\max \sigma_b = \frac{95,00}{1066,7} = 0,089 \text{ kN/cm}^2 = 0,89 \text{ MN/m}^2 \ (8,9 \text{ kp/cm}^2) < 6,0 \text{ MN/m}^2 \ (60 \text{ kp/cm}^2)$$

Es wird eine Matte in die Mitte der Platte eingelegt.

Mit h = 4 cm werden $m_s = 0{,}95 \cdot \dfrac{15}{4+5} = 1{,}6$ kNm/m (0,16 Mpm/m)

$k_h = 4 \cdot \sqrt{\dfrac{1{,}0}{0{,}16}} = 10$ damit $k_e = 0{,}37$ erf $f_e = \dfrac{0{,}16}{0{,}04} \cdot 0{,}37 = 1{,}48\ cm^2/m$

10.8.2 Konstruktive Mindest- und Gesamtbewehrung

Der größte Abstand der Mindestbewehrung soll 25 cm nicht überschreiten. Die Verankerungslänge a_0 darf nach DIN 1045 auf $\frac{2}{3}$ abgemindert werden.

Bei Vorspannung mit sofortigem Verbund dürfen die Spanndrähte als BSt 42/50 auf die Mindestbewehrung angerechnet werden.
In jedem Querschnitt ist nur der Größtwert von Oberflächen-, Längs- und Schubbewehrung maßgebend (also keine Addition).

Druckplatte

1. Oberflächenbewehrung
   An der Ober- und Unterseite in zwei sich rechtwinklig kreuzenden Bewehrungslagen
   $\mu = 0{,}055\ \%$
   Bei Wahl nur einer Matte wird $\mu = 0{,}11\ \%$
   erf f_{ex} = erf $f_{ey} = 0{,}11 \cdot 100 \cdot 8/100 = 0{,}88\ cm^2/m$
2. Schubbewehrung
   $\mu = 0{,}22\ \%$ erf $f_e = 1{,}76\ cm^2/m$
3. Gesamtbewehrung
   In Querrichtung erf $f_e = 1{,}76 + 1{,}48 = 3{,}24\ cm^2/m$
   Die Schubbewehrung darf auf die Biegebewehrung nicht angerechnet werden („Richtlinien", Abschn. 12.4.1)
   In Längsrichtung erf $f_e = 0{,}88\ cm^2/m$ gewählt: Listenmatte 200 · 5,0 · 100 · 6,5
4. Randeinfassung
   $\mu = 0{,}11\ \%$ erf $f_e = 0{,}88\ cm^2/m$ gewählt: N 94
5. Randlängsbewehrung
   $\mu = 0{,}11\ \%$, bezogen auf $\frac{d}{2}$

erf $F_e = 0{,}0011 \cdot \dfrac{8}{2} \cdot 238 = 1{,}05\ cm^2$ gewählt: 2 ϕ 8 je Rand

Stegängsbewehrung

Seitliche Steglängsbewehrung auf jeder Seite
$\mu = 0{,}055\ \%$, bezogen auf die Querschnittsfläche

$$\text{erf}\ F_e = \frac{14 + 18}{2} \cdot 72 \cdot 0{,}00055 = 0{,}63\ \text{cm}^2/\text{Seite} \qquad \text{gewählt:}\ \ 2\ \phi\ 8\ \text{je Seite}$$

Obere Steglängsbewehrung wie an den Seiten, bezogen auf die Längeneinheit

$$\text{erf}\ F_e = 0{,}63 \cdot \frac{18}{72} = 0{,}16\ \text{cm}^2/\text{Steg} \qquad \text{gewählt:}\ \ 2\ \phi\ 8/\text{Steg}$$

Untere Steglängsbewehrung

$$\text{erf}\ F_e = 0{,}63 \cdot \frac{14}{72} = 0{,}12\ \text{cm}^2/\text{Steg}$$

Auf die Steglängsbewehrung darf die Spannbewehrung angerechnet werden.
Vorhanden sind mindestens 7 Spannglieder/Steg = $3{,}5\ \text{cm}^2 > 0{,}12\ \text{cm}^2$. Deshalb ist keine zusätzliche Bewehrung erforderlich.
Längsbewehrung aus Rückverankerung der Spanndrähte
In einem Schnitt enden höchstens 2 Spanndrähte

$\text{erf}\ F_e = 0{,}46 \cdot 2 = 0{,}92\ \text{cm}^2/\text{Steg}$ gewählt: $2\ \phi\ 8$/Steg unten durchgehend

Sonst je endendem Spanndraht $1\ \phi\ 8$ von der Länge

$2 \cdot a_0 + e = 2 \cdot 16 + 87 = 119\ \text{cm}$ gewählt: $1\ \phi\ 8$ L = 150 cm

Schubbewehrung

Im Normalbereich erf $f_{eBü} = 3{,}75\ \text{cm}^2/\text{m}$

gewählt: BM 180/150 · 6,0 vorh $f_e = 3{,}77\ \text{cm}^2/\text{m}$

Im Einleitungsbereich

Aus Spaltzug erf $f_{eBü} = 3{,}75\ \text{cm}^2/\text{m}$

Aus Schub erf $F_e = 4{,}9 - 3{,}77 \cdot 0{,}933 = 1{,}38\ \text{cm}^2$ auf 93,3 cm

Aus Aufhängebewehrung erf $F_e = 4{,}6\ \text{cm}^2$

gewählt: zusätzlich $7\ \phi\ 10$ pro Steg e = 15 cm

An jeder Sprungstelle der Zugkraft-Deckungslinie
gewählt: zusätzlich $3\ \phi\ 6$ als Spaltzugbewehrung.
Das hochgezogene Auflager und die Querverbindung der TT-Platten (vgl. DIN 1045, Abschn. 19.7.5) werden hier nicht nachgewiesen.

Formelzusammenstellung

Nachfolgende Vorsatzbuchstaben sollen den Gebrauch erleichtern.

S = Anwendung bei Vorspannung mit sofortigem Verbund

N = Anwendung bei Vorspannung mit nachträglichem Verbund

nhV = Anwendung für alle Lastfälle nach Herstellen des Verbundes

Die Zahlen nach den Vorsatzbuchstaben geben die Seite an, auf welcher die Formel zu finden ist.

Formeln ohne Vorsatzbuchstaben gelten allgemein.

In der Praxis übliche Näherungsformeln sind durch „Näherung" gekennzeichnet.

Querschnittswerte

Nettoquerschnittsfläche

$F_n = F_b - F_z$ (S; 15) $F_n = F_b - F_{G\ell}$ (N; 38)

Ideelle Querschnittsfläche

$F_i = F_b + (n-1) \cdot F_z$ mit $n = E_z/E_b$ (S; nhV; 15)

Unterer Randabstand der ideellen Schwerlinie

$$y_{iu} = \frac{F_b \cdot y_{bu} + (n-1) \cdot F_z \cdot a_z}{F_i}$$ (S; nhV; 19)

mit a_z: unterer Randabstand des Spanngliedschwerpunktes

Oberer Randabstand der ideellen Schwerlinie

$y_{io} = d - y_{iu}$ (S; nhV; 19)

Abstand des Spanngliedschwerpunktes von der ideellen Schwerlinie

$y_{iz} = y_{iu} - a_z$ (S; nhV; 19)

Ideelles Trägheitsmoment

$I_i = I_b + F_b \cdot (y_{bu} - y_{iu})^2 + (n-1) \cdot F_z \cdot y_{iz}^2$ (S; nhV; 19)

Ideelle Widerstandsmomente

$W_{io} = I_i/y_{io}$ $W_{iu} = I_{iu}/y_{iu}$ $W_{iz} = I_i/y_{iz}$ (S; nhV; 19)

Steifigkeitsbeiwert $\alpha = n \cdot \frac{F_z}{F_i} \cdot \left(1 + \frac{F_i}{I_i} \cdot y_{iz}^2\right)$ (S; 19)

Trägheitsmoment des Nettoquerschnitts

$$I_n = I_b + F_b \cdot e_b^2 - I_{G\ell} - F_{G\ell} \cdot e_{G\ell}^2 \qquad \text{(N; 41)}$$

Widerstandsmoment des Nettoquerschnitts

$$W_{no} = I_n / y_{no} \qquad W_{nu} = I_n / y_{nu} \qquad \text{(N; 41)}$$

Betonspannungen

Lastfall Vorspannung

$$\sigma_{bv(yi)} = -\frac{Z_v^{(0)}}{F_i} \pm \frac{M_{bv}^{(0)}}{I_i} \cdot y_i \quad \text{mit } M_{bv}^{(0)} = Z_v^{(0)} \cdot y_{iz} \qquad \text{(S; 18)}$$

$$\sigma_{bo,v} = -\frac{Z_v^{(0)}}{F_i} - \frac{M_{bv}^{(0)}}{W_{io}} \quad \text{(S; 18)} \qquad \sigma_{bu,v} = -\frac{Z_v^{(0)}}{F_i} + \frac{M_{bv}^{(0)}}{W_{iu}} \qquad \text{(S; 18)}$$

$$\sigma_{bz,v} = -\frac{Z_v^{(0)}}{F_i} + \frac{M_{bv}^{(0)}}{W_{iz}} \qquad \text{(S; 19)}$$

Bei zweisträngiger Vorspannung

$$\sigma_{bo,v} = -\frac{Z_{v1}^{(0)} + Z_{v2}^{(0)}}{F_i} - \frac{M_{bv1}^{(0)}}{W_{io}} - \frac{M_{bv2}^{(0)}}{W_{io}} \qquad \text{(S; 22)}$$

$$\sigma_{bu,v} = -\frac{Z_{v1}^{(0)} + Z_{v2}^{(0)}}{F_i} + \frac{M_{bv1}^{(0)}}{W_{iu}} + \frac{M_{bv2}^{(0)}}{W_{iu}} \qquad \text{(S; 22)}$$

$$\sigma_{bz1,v} = -\frac{Z_{v1}^{(0)} + Z_{v2}^{(0)}}{F_i} + \frac{M_{bv1}^{(0)}}{W_{iz1}} + \frac{M_{bv2}^{(0)}}{W_{iz1}} \qquad \text{(S; 23)}$$

$$\sigma_{bz2,v} = -\frac{Z_{v1}^{(0)} + Z_{v2}^{(0)}}{F_i} - \frac{M_{bv1}^{(0)}}{W_{iz2}} - \frac{M_{bv2}^{(0)}}{W_{iz2}} \qquad \text{(S; 23)}$$

Äußere Lasten g bzw. p

$$\sigma_{bo,g \text{ bzw. } p} = +\frac{N_{g,p}}{F_i} - \frac{M_{g,p}}{W_{io}} \qquad \text{(S; nhV; 24)}$$

$$\sigma_{bu,g \text{ bzw. } p} = +\frac{N_{g,p}}{F_i} + \frac{M_{g,p}}{W_{iu}} \qquad \text{(S; nhV; 25)}$$

$$\sigma_{bz,g \text{ bzw. } p} = +\frac{N_{g,p}}{F_i} + \frac{M_{g,p}}{W_{iz}} \qquad \text{(S; nhV; 25)}$$

Stahlspannungen

Im Spannbett $\sigma_{zv}^{(0)} = \dfrac{Z_v^{(0)}}{F_z}$ (S; 13)

Nach Lösen der Verankerung

$\sigma_{zv} = \sigma_{zv}^{(0)} + n \cdot \sigma_{bz,v}$ (S; 16) oder $\sigma_{zv} = \sigma_{zv}^{(0)} (1 - \alpha)$ (S; 17)

Bei zweisträngiger Vorspannung

$\sigma_{z1,v} = \sigma_{z,v1}^{(0)} + n \cdot \sigma_{bz1,v}$ (S; 23) $\sigma_{z2,v} = \sigma_{z,v2}^{(0)} + n \cdot \sigma_{bz2,v}$ (S; 23)

Aus den äußeren Lasten g bzw. p $\sigma_{z,g \text{ bzw. } p} = n \cdot \sigma_{bz,g \text{ bzw. } p}$ (S; nhV; 25)

Umlenkkräfte

Umlenkkräfte aus Vorspannung

Bei polygonaler Spanngliedführung

$U_{(x)} = 2 \cdot Z_v(x) \cdot \sin \alpha/2$ (S; N; 45)

$U_{\ell(x)} = Z_v(x) \cdot \sin \alpha$ (S; N; 45)

$U_{w(x)} = Z_v(x) \cdot (1 - \cos \alpha)$ (S; N; 45)

Näherung: $U = Z_v \cdot \alpha$
(α im Bogenmaß)

$U_\ell = U$

$U_w = 0$

Bei stetig gekrümmten Spanngliedern

$u_{(x)} = u_{\ell(x)} = Z_v(x) \cdot y''_{nz}(x)$ Näherung (N; 48)

$u_{w(x)} = Z_v(x) y''_{nz}(x) \cdot \varphi(x)$ Näherung (N; 48)

weitere Näherung $u_w = 0$ (N; 48)

Schnittgrößen

Schnittgrößen aus Vorspannung (N)

Statisch bestimmte Träger

$N_{bv(x)} = - Z_v(x)$ Näherung (N; 49)

$Q_{bv(x)} = - Z_v(x) \cdot \sin \varphi(x)$ (N; 49)

$M_{bv(x)} = - Z_v(x) \cdot y_{nz}(x)$ Näherung (N; 49)

Statisch unbestimmte Träger

$N_{bv(x)} = - Z_v(x)$ Näherung (N; 57)

$Q_{bv(x)} = - Z_v(x) \sin \varphi(x) + Q_{Zw}$ Näherung (N; 57)

$M_{bv(x)} = - Z_v(x)\, y_{nz}(x) + M_{Zw}$ Näherung (N; 57)

Reibung

Reibungsverluste beim Vorspannen (N)

Gesamter Umlenkwinkel $\gamma_{Ax} = \varphi_{Ax} + \beta \cdot x$ (N; 65)

Spannkraft

$Z_v(x) = Z_{vA} \cdot e^{-\mu \cdot \gamma_{Ax}}$ (N; 64) $Z_v(x) = Z_{vA}(1 - \mu \cdot \gamma_{Ax})$ Näherung (N; 64)

Spannkraftverlust

$\Delta Z_v(x) = Z_{vA}(1 - e^{-\mu \cdot \gamma_{Ax}})$ (N; 64) $\Delta Z_v(x) = Z_{vA} \cdot \mu \cdot \gamma_{Ax}$ Näherung (N; 64)

Näherung für kleine Werte $\mu \cdot \gamma_{Ax}$ μ und β s. Zulassung

Spannweg

$\delta_{sp}^{(0)} = \dfrac{Z_v^{(0)} \cdot \ell}{E_z \cdot F_z}$ (S; 14) $\delta_{sp} = \dfrac{Z_{v\,mittel} \cdot \ell}{E_z \cdot F_z} + \dfrac{Z_{v\,mittel} \cdot \ell}{E_b \cdot F_n}$ Näherung (N; 67)

In $\dfrac{Z_{v\,mittel} \cdot \ell}{E_z \cdot F_z}$ ist ℓ die wahre Länge des Spanngliedes.

Spannweg des k-ten Spanngliedes bei insgs. n Spanngliedern gleichgroßer Kraft Z_{vk}.

$\delta_{sp,k} = \delta_{zv} + |\delta_{b1,v}^N| + (n - k) \cdot |\delta_{b1,v}^N|$ (N; 54)

Überspannen, Nachlassen

Überspannen: $Z_{vAü} \leq 0{,}8 \cdot \beta_s \cdot F_z$ bzw. $\leq 0{,}65\, \beta_z \cdot F_z$ (S; N; Ri Abschn. 15)

Nachlassen: Umlenkwinkel bis zum Blockierungspunkt

$$\gamma = \frac{Z_{vAü} - Z_{vAN}}{\mu \cdot Z_{vAü} + \mu_R \cdot Z_{vAN}} \qquad \text{(N; 66)}$$

μ_R Reibungsbeiwert beim Rückgleiten

Abstand bis zum Blockierungspunkt (bei konstanter Spanngliedkrümmung)

$$x_{Bl} = \frac{\gamma}{\varphi' + \beta} \qquad \text{(N; 67)}$$

Spannkraft am Blockierungspunkt

$Z_{vxBl} = Z_{vAü} \cdot e^{-\mu \cdot \gamma} \leq 1{,}05$ zul Z_v (N; Ri, Abschn. 15)

Nachlaßweg

$$\delta_{spN} = \frac{F_N}{E_z \cdot F_z} + \frac{F_N}{E_b \cdot F_n} \quad \text{mit } F_N = (Z_{vAü} - Z_{vAN})\,\frac{x_{Bl}}{2} \qquad \text{(N; 68)}$$

Keilschlupf (N)

Schlupflänge $\Delta \ell_{Schl}$ (nach Zulassung)

Spannkraftverlust an der Spannstelle

$$\Delta Z_{vSchl,A} = \frac{2 \cdot E_z \cdot F_z \cdot \Delta \ell_{Schl}}{x_{Schl}} \qquad (N; 68)$$

Umlenkwinkel bis zum Blockierungspunkt

1. $x_{Schl\,1}$ schätzen
2. $\Delta Z_{vSchl,A1}$ berechnen
3.

$$\gamma_1 = \frac{\Delta Z_{v\,Schl,A1}}{\mu \cdot (2 \cdot Z_{vA\ddot{u}} - \Delta Z_{vSchl,A1})} \quad \text{für } \mu_R = \mu \qquad (N; 69)$$

$$\gamma_1 = \frac{\Delta Z_{v\,Schl,A1}}{\mu \cdot (2{,}5 \cdot Z_{vA\ddot{u}} - 1{,}5\, \Delta Z_{vSchl,A1})} \quad \text{für } \mu_R = 1{,}5\,\mu \qquad (N; 69)$$

Lage des Blockierungspunktes

1. Berechnung von $x_{Schl\,1}$ aus γ_1

$$x_{Schl\,1} = \frac{\gamma_1}{\varphi' + \beta} \qquad (N; 69)$$

2. Es muß sein: Schätzwert $x_{Schl\,1}$ = Rechenwert $x_{Schl\,1}$

Schwinden und Kriechen

Kriechzahlen, Schwindmaße nach DIN 1045 (S; N)

Kriechzahl $\varphi_{ti,t} = \varphi_o \cdot k_{1,ti} \cdot k_{2,(t-ti)}$ (76)

Schwindmaß $\epsilon_{s,to,ti} = \epsilon_{so} \cdot k_{2,(ti-to)}$ (76)

Restschwindmaß $\epsilon_{s,ti,t\infty} = \epsilon_{so} \cdot (1 - k_{2,(ti-to)})$ (76)

Kriechzahlen, Schwindmaße nach den Spannbetonrichtlinien (S; N)

Kriechzahl $\varphi_{ta,t} = 0{,}4 \cdot k_{v,(tw-twa)} + \varphi_{fo} \cdot (k_{ftw} - k_{ftwa})$ (82)

Schwindmaß $\epsilon_{s,ta,t} = \epsilon_{so} \cdot (k_{s,tw} - k_{s,twa})$ (83)

Spannkraftverlust infolge Schwinden und Kriechen (S, N)

Über die mittlere kriecherzeugende Spannung

$$\sigma_{z,s+k} = \frac{(\sigma_{bz,d} + \sigma_{bz,v,ti}) \cdot n \cdot \varphi_{ti,t} + \epsilon_{s,ti,t} \cdot E_z}{1 - \frac{n \cdot \sigma_{bz,v,ti}}{\sigma_{zv,ti}}\left(1 + \frac{\varphi_{ti,t}}{2}\right)} \qquad \text{Näherung (92)}$$

$$\text{oder} \quad \sigma_{z,s+k} = \frac{(\sigma_{bz,d} + \sigma_{bz,v,ti}) \cdot n \cdot \varphi_{ti,t} + \epsilon_{s,ti,t} \cdot E_z}{1 + \frac{\alpha}{1-\alpha}\left(1 + \frac{\varphi_{ti,t}}{2}\right)} \qquad \text{Näherung (92)}$$

Nach Dischinger

$$\sigma_{z,s+k} = (1 - e^{-\alpha \cdot \varphi_{ti,t}})\left(-\sigma_{zv,ti} + \frac{1-\alpha}{\alpha} \cdot \sigma_{z,d} + \frac{1-\alpha}{\alpha} \cdot \frac{\epsilon_{s,ti,t} \cdot E_z}{\varphi_{ti,t}}\right) \qquad (102)$$

oder

$$\sigma_{z,s+k} = (1 - e^{-\alpha \cdot \varphi_{ti,t}}) \cdot \frac{1-\alpha}{\alpha} \cdot n \left(\sigma_{bz,v,ti} + \sigma_{bz,d} + \frac{\epsilon_{s,ti,t} \cdot E_b}{\varphi_{ti,t}}\right) \qquad (102)$$

Näherung für zweisträngige Vorspannung s. Seite 108 ff.

Bruchsicherheit

Nachweis der Bruchsicherheit (S; N)

Statisch bestimmte Tragwerke

$$M_{Ui} \geq 1{,}75\,(M_g + M_p) \qquad \text{mit} \quad M_{Ui} = D_{bU} \cdot z = Z_U \cdot z \qquad (113)$$

Statisch unbestimmte Tragwerke

$$M_{Ui} \geq 1{,}75\,(M_g + M_p) + 1{,}0\,(M_{Zw,T} + M_{Zw,S} + M_{Zw,s+k} + M_{Zw,v}) \qquad (113)$$

Rechenwert der Betondruckfestigkeit

$$\beta_R = 0{,}6 \cdot \beta_{wN} \qquad (113)$$

Gesamtdehnung des Spannstahles

$$\epsilon_{zU} = \epsilon^{(0)}_{z,v+s+k} + \epsilon_{bz,U} \qquad (114)$$

$$\text{mit} \quad \epsilon^{0}_{z,v+s+k} = \frac{1}{E_z}\,(\sigma_{z,v+s+k} - n \cdot \sigma_{bz,v+s+k}) \qquad (115)$$

$$\text{oder} \quad \epsilon^{(0)}_{z,v+s+k} = \frac{1}{E_z}\,(\sigma_{z,v+gl+s+k} - n \cdot \sigma_{bz,v+gl+s+k}) \qquad (\text{N; } 116)$$

Stahlspannung im Bruchzustand $\sigma_{zU} = f(\epsilon_{zU})$ (120)

Betonspannung im Bruchzustand

$$\sigma_b = \frac{1}{4} \cdot \beta_R \cdot (4 - \epsilon_b)\, \epsilon_b \qquad \text{für } 0\,‰ < \epsilon_b \leq 2\,‰ \qquad (122)$$

Bei rechteckiger Druckzone

Betondruckkraft

$$D_{bU} = \alpha \cdot \beta_R \cdot b \cdot x \qquad (124)$$

$$\text{mit } \alpha = \frac{\epsilon_{bU}}{12}(6 - \epsilon_{bU}) \qquad \text{für } 0\,‰ < \epsilon_{bU} \leq 2\,‰ \qquad (125)$$

$$\alpha = \frac{3\,\epsilon_{bU} - 2}{3\,\epsilon_{bU}} \qquad \text{für } 2\,‰ \leq \epsilon_{bU} \leq 3{,}5\,‰ \qquad (125)$$

Hebelarm der inneren Kräfte

$$z = h - k_a \cdot x \qquad (126)$$

$$\text{mit } k_a = \frac{8 - \epsilon_{bU}}{4(6 - \epsilon_{bU})} \qquad \text{für } 0\,‰ < \epsilon_{bU} \leq 2\,‰ \qquad (126)$$

$$k_a = \frac{\epsilon_{bU}\,(3\,\epsilon_{bU} - 4) + 2}{2\,\epsilon_{bU} \cdot (3\,\epsilon_{bU} - 2)} \qquad \text{für } 2\,‰ \leq \epsilon_{bU} \leq 3{,}5\,‰ \qquad (126)$$

Bemessung für rechnerische Bruchlast (S; N)

Lastmoment $M_{zU} = 1{,}75\, M_q - N_U \cdot y_{bz}$ (130)

Erforderliche Bewehrung

$$\text{erf } F_{zU} = \frac{1}{\sigma_{zU}} \cdot \left(\frac{M_{zU}}{z} + N_U\right) \qquad \text{Es muß sein: vorh } F_z \geq \text{erf } F_{zU} \qquad (130)$$

Rechteckige Druckzone, einfache Bewehrung

$$m_{zU} = \frac{M_{zU}}{bh^2 \cdot \beta_R} \qquad k_z = z/h \text{ aus Diagramm} \qquad (130)$$

Doppelt bewehrte Querschnitte s. Seite 133 f.

Näherung für schlanke Plattenbalken ($b/b_0 > 5$)

Erforderliche Bewehrung

$$\text{erf } F_{zU} = \frac{1}{\sigma_{zU}} \cdot \left(\frac{M_{zU}}{h - \frac{d}{2}} + N_U \right) \qquad (135)$$

Betondruckkraft

$$\max D_{bU} = \alpha \cdot \beta_R \cdot b \cdot d \qquad \text{mit } \alpha = f\left(\frac{d}{h}; \epsilon_{z,qU}\right) \qquad (136)$$

$$\text{Es muß sein: } \max D_{bU} \geq \frac{M_{zU}}{h - \frac{d}{2}} \qquad (135)$$

Hauptspannungen

Schub- und Hauptspannungen (S; N)

Querkraft bei gleichbleibendem Querschnitt

$$Q_b = Q_q - Z_{v+q+s+k} \cdot \sin \varphi \qquad (151)$$

$$Q_{bU} = 1{,}75 \cdot Q_q - Z_{v+q+s+k} \cdot \sin \varphi \qquad (151)$$

Querkraft bei veränderlicher Trägerhöhe

$$\text{red } Q_b = Q_q - Z_{v+q+s+k} \cdot \sin \varphi - D_b \cdot \tan \gamma_D - Z_b \cdot \tan \gamma_Z \qquad (152)$$

$$\text{red } Q_{bU} = 1{,}75 \cdot Q_q - D_{bU} \cdot \tan \gamma_D - Z_{v+q+s+k} \cdot \sin \varphi \qquad (153)$$

Schubspannungen

$$\tau_1 = \frac{Q_b \cdot S_1}{I_b \cdot b_1} \quad \text{im Zustand I} \qquad (150)$$

$$\tau_0 = \frac{Q_b}{b_0 \cdot z} \quad \text{im Zustand II} \qquad (153)$$

Hauptspannungen

$$\sigma_{I,II} = \frac{\sigma_x + \sigma_y}{2} \pm \sqrt{\left(\frac{\sigma_x - \sigma_y}{2}\right)^2 + \tau_{xy}^2} \qquad (149)$$

Neigungswinkel α der Hauptzugspannungen

	$\tan 2\bar{\alpha}$ (+)	$\tan 2\bar{\alpha}$ (−)
τ (+)	$\alpha = 180° - \bar{\alpha}$	$\alpha = 90° + \bar{\alpha}$
τ (−)	$\alpha = 90° - \bar{\alpha}$	$\alpha = \bar{\alpha}$

$$\text{mit } \tan 2\bar{\alpha} = \frac{2\,\tau_{xy}}{\sigma_x - \sigma_y} \qquad (149)$$

Torsionsschubspannung $\tau_T = \frac{M_T}{W_T}$ (152)

Schubbewehrung (S; N)

Hauptzugkraft

$Z_{IU} = \sigma_{IU} \cdot b \cdot \sin\alpha$ in Zone a (156) $\quad Z_{IU} = \frac{\tau_0 \cdot b}{\sqrt{2}}$ in Zone b (157)

Anteil der Schrägeinlagen $\quad Z_{IS} = \frac{F_{eS}}{a_S} \cdot \sigma_{eU} \cdot \cos\psi_S$ (158)

Anteil der vertikalen Bügel $\quad Z_{I\,Bü} = \frac{F_{e\,Bü}}{a_{Bü}} \cdot \sigma_{eU} \cdot \sin\alpha$ (158)

Schrägeisen und vertikale Bügel $\quad Z_{IU} = Z_{IS} + Z_{I\,Bü}$ (158)

Vertikale Bügel allein $\quad F_{e\,Bü} = \frac{\sigma_{IU} \cdot b}{\sigma_{eU}} \cdot a_{Bü}$ (158)

Torsionsbewehrung (S; N) $\quad F_e = \frac{M_{TU} \cdot a}{2 \cdot F_K \cdot \sigma_{eU}}$ (159)

Spaltzug

Einleitung der Spannkräfte

Spaltzugkraft

Mittige Lage der Verankerung $\quad Z = \frac{V}{4}\left(1 - \frac{d_1}{d}\right)$ (161)

Randlage der Verankerung $\quad Z_R = \frac{V}{3}\left(1 - \frac{d_1}{d}\right)$ (163)

Verankerung durch Verbund (S)

mit Schubkraft über die Eintragungslänge

Mittige Lage $\quad Z_{Bü} = \frac{T}{2}$ (S; 166)

Randlage $\quad Z_{Bü} = \frac{T}{3}$ (S; 167)

mit $T = Z_{v1} - \sigma_{bv\,mittel} \cdot F_{b1}$ (S; 166)

über die Eintragungslänge $e = \sqrt{s^2 + ü^2}$

mit $ü = k_1 \cdot d_z$ und k_1 aus Zulassung (S; 166)

Baunormen

Es werden nur die unmittelbar zur Berechnung, Bemessung und Konstruktion von Spannbetonbauteilen notwendigen Normen und Richtlinien aufgezählt:

Lastannahmen:

DIN 1055 Lastannahmen für Bauten
DIN 1072 Straßen- und Wegbrücken; Lastannahmen

Berechnungs- und Bemessungsgrundlagen:

DIN 1045 Beton- und Stahlbetonbau; Bemessung und Ausführung
– Bemessung von Beton- und Stahlbetonbauteilen nach DIN 1045 (Heft 220 der Schriftenreihe des Deutschen Ausschusses für Stahlbeton; für das zukünftige Normblatt DIN 4224, Bl. 2)
– Richtlinien für die Bemessung und Ausführung massiver Brücken (Vorläufiger Ersatz für DIN 1075)
– Richtlinien für Bemessung und Ausführung von Spannbetonbauteilen (Vorläufiger Ersatz für DIN 4227)
– Richtlinien für das Einpressen von Zementmörtel in Spannkanäle

Einheiten und Formelzeichen (In Anlehnung an DIN 1080)

Literaturhinweise

Quellenangaben sind im Text vermerkt.

Hahn, J.: Spannbeton, Theorie und Bemessung. 2. Aufl. Düsseldorf 1963

Hampe, E.: Vorgespannte Konstruktionen. Bd. I 1964, Bd. II 1973. Berlin

Herberg, W.: Spannbetonbau. Teil I und II, 2. Aufl. Leipzig 1962

Kirchner, H.: Spannbeton, Begriffe und Grundlagen, Bemessungsverfahren. Teil 1 und 2. Berechnungsbeispiele Teil 3. Düsseldorf 1974

Leonhardt, F.: Spannbeton für die Praxis. 3. Aufl. Berlin 1973

Mehmel, A.: Vorgespannter Beton. 3. Aufl. Berlin–Heidelberg–New York 1973

Rüsch, H.: Stahlbeton-Spannbeton. Bd. 1, Werkstoffeigenschaften und Bemessungsverfahren. Düsseldorf 1972

Rüsch/Jungwirth: Stahlbeton-Spannbeton. Bd. 2. Berücksichtigung der Einflüsse von Kriechen und Schwinden auf das Verhalten der Tragwerke. Düsseldorf 1976

Rüsch/Kupfer: Bemessung von Spannbetonbauteilen. In: Beton-Kalender Teil 1. Anwendung des Spannbetons. In: Beton-Kalender Teil II. Berlin 1975

Sachverzeichnis